矿井水合理调配理论与模式研究

柳长顺　梁犁丽　雷冠军　鞠茜茜等　著

科学出版社

北　京

内 容 简 介

本书包括理论方法和模式案例两部分。理论方法部分,系统构建了区域矿井水(含选矿废水)合理调配的技术、方法与政策体系,包括全国矿井水利用现状及存在的主要问题、矿井涌水量预测、矿区供需水预测技术、含矿井水的区域多水源多目标多用户多层次配置模型、矿井水利用的税费支持政策、矿井水主要利用模式及区域统一配置机制等。模式案例部分,以陕西榆林榆横矿区北区、内蒙古鄂尔多斯乌审旗纳林河矿区与呼吉尔特矿区、山西朔州平朔矿区、江西赣州赣县区为例进行实证研究,形成可复制可推广的单个矿产企业、企业集团、工业园区、行政区域等多个层级的矿井水综合利用及配置模式。

本书可供水文水资源学科的科研人员、大学教师、本科生和研究生,以及从事水资源高效利用、水资源规划和配置调度工作的技术人员参考。

图书在版编目(CIP)数据

矿井水合理调配理论与模式研究 / 柳长顺等著 . —北京:科学出版社,2022.5

ISBN 978-7-03-068794-4

Ⅰ.①矿… Ⅱ.①柳… Ⅲ.①矿井水–水资源管理–资源配置–研究
Ⅳ.①TV213.4

中国版本图书馆 CIP 数据核字(2021)第 090728 号

责任编辑:王 倩 / 责任校对:樊雅琼
责任印制:吴兆东 / 封面设计:无极书装

科学出版社 出版

北京东黄城根北街 16 号
邮政编码:100717
http://www.sciencep.com

北京虎彩文化传播有限公司 印刷
科学出版社发行 各地新华书店经销

*

2022 年 5 月第 一 版 开本:787×1092 1/16
2024 年 3 月第二次印刷 印张:14 1/2
字数:340 000
定价:178.00 元
(如有印装质量问题,我社负责调换)

前 言

矿井水是我国水资源的重要组成部分,是能源基地发展的重要水源。处理达标的矿井水纳入区域水资源统一调配,既是落实《中华人民共和国水法》、建立水资源刚性制度的根本要求,也是推动建设绿色矿山、建设美丽中国的重要内容。矿井水的供需具有特殊性,如何合理调配是需要深入研究的重大课题,本书对此进行了系统性探索。

本书共分7章:第1章绪论介绍研究背景及主要研究内容,由柳长顺(中国水利水电科学研究院)、梁犁丽(中国长江三峡集团有限公司)撰写;第2章阐述区域矿井水及选矿废水优化配置技术方法,由柳长顺、梁犁丽、雷冠军(华北水利水电大学)、鞠茜茜(中国水利水电科学研究院)撰写;第3章构建基于生态修复的矿井水优化配置模式,由雷冠军、柳长顺撰写;第4章建立基于湖泊水生态保护的矿井水综合利用模式,由柳长顺、王琳(中国水利水电科学研究院)、梁犁丽、郑帅(中国水利水电科学研究院)撰写;第5章研究基于煤矿小循环和园区大循环的矿井水综合利用模式,由梁犁丽、王晓(中国水利水电科学研究院)、柳长顺撰写;第6章解析基于场内循环与场外减排的流域选矿废水循环利用模式,由鞠茜茜撰写;第7章总结了区域矿井水的主要利用模式及特点和建议,由柳长顺、梁犁丽、雷冠军、鞠茜茜撰写。全书由柳长顺、梁犁丽、雷冠军、鞠茜茜统稿校核,柳长顺、梁犁丽最终审定。

本书的研究工作得到国家重点研发计划课题"大型煤矿与有色矿矿井水高效利用技术集成示范"(编号:2018YFC0406406)和水利部政策研究项目"水资源综合利用立法研究"的资助。在上述课题研究以及本书的编写过程中,内蒙古农业大学刘廷玺教授给予了具体指导,中国矿业大学(北京)的张春晖教授,内蒙古农业大学段利民副教授,太原理工大学杨军耀副教授,中煤陕西榆林能源化工有限公司的杨国强、肖彬虎、张春雨,赣州世瑞钨业股份有限公司的肖民等专家提供了大量支持与协助,在此表示诚挚的谢意!

由于研究内容本身的复杂性,加之时间仓促及水平有限,书中不妥之处敬请读者批评指正。

作 者

2022 年 4 月

| 目 录 |

第1章 绪 论

1.1 研究背景

1.1.1 我国供用水概况

1. 我国水资源总量丰富

根据《全国水资源综合规划》成果和 1956 ~ 2000 年 45 年同步水文系列，全国水资源总量为 28412 亿 m^3，其中地表水资源量为 27388 亿 m^3，地下水资源量为 8218 亿 m^3，二者重复量为 7194 亿 m^3。我国水资源时空变化大、分布不均且与生产力布局不相匹配，北方地区区域面积、人口、耕地面积和 GDP 分别占全国的 64%、46%、60% 和 45%，但其水资源总量仅占全国的 19%，其中黄河、淮河、海河水资源总量合计仅占全国的 7%。在全国水资源总量中，水资源可利用总量为 8140 亿 m^3，其中地表水可利用量为 7524 亿 m^3。全国地表水资源扣除地表水可利用量后，剩余水量为河道内生态环境用水及难以控制的洪水。

2. 我国人均水资源量少且时空分布不均

我国水资源总量位列世界第 6 位，但人均水资源量仅有 2033m^3（按 2019 年人口计算），约为世界平均水平的 36%，北方地区人均水资源量更少，黄河流域为 656m^3，淮河流域为 451m^3，海河流域甚至低于以色列，仅为 269m^3，远低于国际公认的人均 500m^3 的极度缺水标准。空间分布上，南方水多北方水少，水资源与耕地资源、能源矿产等其他经济要素的空间适配性差。

3. 全国用水总量得到有效控制，用水效率总体达到世界平均水平

面对日益突出的水资源供需矛盾，国家高度重视工程技术节水工作。进入 21 世纪以来，国家大力推进节水型社会建设，实行最严格水资源管理制度，并且明确了"节水优先"的方针，用水结构逐渐优化，水资源利用效率显著提升。近年来，我国用水总量基本保持平稳，总体维持在 6100 亿 m^3 左右（表 1-1），北方部分省份用水量实现零增长，南方丰水省份用水量也进入微增长阶段。2019 年，我国万元 GDP 用水量为 60.8m^3，万元工业增加值用水量为 38.4m^3，农田灌溉水有效利用系数达到 0.559。经比较分析，我国用水效率总体水平与世界平均水平大致相当，主要节水指标排在掌握数据

的 60 个国家中的 30 名左右。

表 1-1　全国供水量情况表　　　　　　（单位：亿 m³）

指标	2011 年	2012 年	2013 年	2014 年	2015 年	2016 年	2017 年	2018 年	2019 年
总供水量	6107	6131	6183	6095	6103	6040	6043	6016	6021
地表水源供水量	4953	4953	5007	4921	4970	4912	4946	4953	4983
地下水源供水量	1109	1134	1126	1117	1069	1057	1017	976	933
其他水源供水量	45	44	50	57	64	71	80	87	105
海水直接利用量	605	663	693	714	815	887	1023	1126	1317

注：根据相应年份《中国水资源公报》数据整理

4. 非常规水源利用量稳步提高，但矿井水利用量偏低

2019 年全国非常规水源利用量（不含海水直接利用量）为 107.7 亿 m³，其中再生水供水量为 87.3 亿 m³，集雨工程利用量为 9.6 亿 m³，矿井水利用量为 6.2 亿 m³，地下水微咸水供水量为 3.3 亿 m³，海水利用量为 1.3 亿 m³；海水直接利用量为 1316.5 亿 m³。与 2015 年相比，再生水利用量增加了 34.6 亿 m³，矿井水利用量增加了 6.2 亿 m³（2019 年开始统计），海水淡化利用量增加了 0.6 亿 m³，集雨工程利用量减少了 1.6 亿 m³，微咸水利用量减少了 0.8 亿 m³，海水直接利用量增加了 501.7 亿 m³。

5. 我国缺水问题依然严峻，对矿井水等非常规水源利用需求增加

由全国水资源综合规划评价可知，全国正常年份缺水超过 500 亿 m³。建设美丽中国及生态文明建设要求退还河湖生态用水、治理地下水超采，对水资源保障提出更高的要求，需要用好非常规水源。中共中央、国务院印发的《关于加快推进生态文明建设的意见》明确积极开发利用再生水、矿井水、空中云水、海水等非常规水源。《国家节水行动方案》要求加强再生水、海水、雨水、矿井水和苦咸水等非常规水多元、梯级和安全利用。2019 年《水利部办公厅关于进一步加强和规范非常规水源统计工作的通知》明确把矿坑水纳入统计范围，包括露天矿坑水、矿井水或疏干水利用量。2020 年生态环境部、国家发展和改革委员会（简称国家发改委）、国家能源局印发了《关于进一步加强煤炭资源开发环境影响评价管理的通知》，对矿井水提出更高的要求：矿井水应优先用于项目建设及生产，并鼓励多途径利用多余矿井水；可以利用的矿井水未得到合理、充分利用的，不得开采及使用其他地表水和地下水水源作为生产水源，并不得擅自外排；矿井水在充分利用后仍有剩余且确需外排的，经处理后拟外排的，除应符合相关法律法规政策外，其相关水质因子值还应满足或优于受纳水体环境功能区划规定的地表水环境质量对应值，含盐量不得超过 1000mg/L，且不得影响上下游相关河段功能需求；安装在线自动监测系统，相关环境数据向社会公开，与相关部门联网，接受监督；依法依规做好关闭矿井的封井处置，防止老空水污染等。

1.1.2　煤矿和有色矿基本情况

我国煤炭资源丰富，截至 2018 年，煤炭资源累计探获量达到 20107 亿 t，其中东部带为 2323 亿 t，占全国累计探获量的 11.55%，中部带为 15209 亿 t，占 75.64%，西部带为 2575 亿 t，占 12.81%；全国煤炭保有资源量达 19453 亿 t，其中东部带为 2033 亿 t，占全国保有资源量的 10.45%，中部带为 14883 亿 t，占 76.51%，西部带为 2537 亿 t，占 13.04%；全国 2000m 以内煤炭资源总量 59000 亿 t，其中探获煤炭资源储量 20200 亿 t，预测资源量 38800 亿 t（王海宁，2018）。

中国煤炭资源分布极不平衡，北多南少，西多东少。在中国北方的大兴安岭—太行山、贺兰山之间的地区，内蒙古、山西、陕西、宁夏、甘肃、河南 6 省（区）是中国煤炭资源集中分布的地区，其资源量占全国煤炭资源量的 50% 左右，占中国北方地区煤炭资源量的 55% 以上。在中国南方，煤炭资源量主要集中于贵州、云南、四川三省，占中国南方煤炭资源量的 91.47%；探明保有资源量占中国南方探明保有资源量的 90% 以上。根据地质构造、地质分区，有研究者将我国煤炭资源总结为"井字形"分区及"九宫格"分布（田山冈等，2006；彭苏萍等，2015），这种分布的区域性造成我国煤炭工业开发的局部集中，如晋陕蒙宁地区已经成为我国煤炭工业高速发展的"金三角"，新疆北疆东部地区成为新的煤炭资源开发中心。

根据《全国矿产资源规划（2016—2020 年）》，我国煤炭资源基地主要分布在中部和北部地区，共有煤炭资源基地 14 个：神东、晋北、晋中、晋东、蒙东（东北）、云贵、河南、鲁西、两淮、黄陇、冀中、宁东、陕北和新疆；有国家规划煤炭矿区 162 个。通过限制东部、控制中部和东北、优化西部地区煤炭资源开发，推进神东、陕北等大型煤炭基地绿色开采和改造；鼓励煤炭企业兼并重组和资源整合，淘汰落后产能；提高煤炭洗选比例，加大煤矸石、矿井水等资源综合利用力度，促进煤炭结构调整与转型升级。

我国有色金属矿产资源主要分布在中部和南部地区，共有有色金属矿产基地 43 个，其中钨锡锑多金属矿产基地 7 个：江西武宁—修水、赣南、滇东南个旧—马关都龙、广西河池、湖南郴州、湖南安化冷水江、甘肃张掖—酒泉。根据全国矿产资源潜力评价数据（截至 2010 年年底），我国已发现钨矿床（含矿点、矿化点）1826 处，其中江西（520处）、广东（339 处）、河南（181 处）、湖南（169 处）、福建（107 处）和云南（57 处）6 省矿床数占全国钨矿床总数的 75%（刘壮壮等，2014）。我国铅锌矿床分布地区广，但大中型规模矿床和主要类型矿床相对集中。目前已有 29 个省（区、市）发现并勘查了铅锌矿床，主要集中于云南、内蒙古、甘肃、广东、湖南、四川、广西等省（区）。近年来随着地质调查项目的深入开展，西藏、青海、新疆西部 3 省（区）铅锌矿资源的储量不断攀升，西部已成为我国新的铅锌资源基地（张长青等，2014）。《全国矿产资源规划（2016—2020 年）》指出，应通过巩固赣南、湖南郴州等钨矿资源基地，稳定开采规模，合理利用共伴生钨、低品位钨和含钨尾矿资源；稳定锡锑开发格局，重点提升滇东南、广西河池、湖南安化冷水江等资源基地开采和供给能力，加强对藏南、藏北等地区锑矿资源管理和保护等措施，保护性开发钨锡锑等矿产。

1.1.3 矿井水排放与利用情况

1. 我国煤炭产量较大，矿井水排放量不断增加

我国原煤产量 2005 年为 23.65 亿 t，2014 年达到 38.74 亿 t，之后去产能，2016 年降到 34.11 亿 t。2017 年之后原煤产量逐步恢复性增长，2020 年达到 39 亿 t（图 1-1）。据《2020 年煤炭行业发展年度报告》等预测，到 2025 年，我国煤炭产量控制在 41 亿 t 以内；到 2030 年左右，我国煤炭产量将达峰，产量约为 42 亿 t。

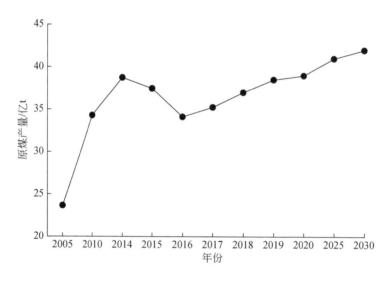

图 1-1　我国煤炭产量

2005 年煤矿矿井水实际排放量为 42 亿 m³；2010 年煤矿矿井水实际排放量增加到 61 亿 m³，比 2005 年的增加 19 亿 m³；2015 年的预测排放量 71 亿 m³，比 2010 年实际排放量增加 10 亿 m³。《煤炭工业发展"十三五"规划》预测，在煤炭产量比 2015 年增加 1.5 亿 t 的情况下，2020 年煤矿矿井水排放量约为 60 亿 m³，比 2015 年减少 11 亿 m³。煤矿矿井水排放量与煤炭产量有一定的关联性。如果按 2010 年吨煤排水量匡算，2020 年煤矿矿井水排放量约为 69 亿 m³，2030 年约为 75 亿 m³（表 1-2）。此外，非煤矿井水排放量每年约为 11 亿 m³。

表 1-2　煤矿矿井水排放量

年份	预测排放量/亿 m³	实际排放量/亿 m³
2005	—	42
2010	51	61
2015	71	—
2020	60	—

"—"表示无数据。

2. 我国高度重视矿井水利用

我国在"十一五"期间编制了《矿井水利用专项规划》，"十二五"期间印发了《矿井水利用发展规划》，"十三五"期间将矿井水利用纳入《煤炭工业发展"十三五"规划》，对矿井水利用规模、利用率、利用方式等提出明确的要求。

3. 矿井水利用量持续增加

2005 年煤矿矿井水实际利用量为 11 亿 m^3，实际利用率 26%；2010 年矿井水规划利用量增加到 36 亿 m^3，实际利用率提高到 59%；2015 年规划利用量为 53 亿 m^3，比 2010 年增加 17 亿 m^3，规划利用率为 75%，实际利用率提高到 68%；2020 年规划利用量为 48 亿 m^3，规划利用率为 80%，实际利用率为 78.7%（表 1-3），如果 2020 年矿井水排水量为 69 亿 m^3 则实际利用量为 54 亿 m^3，略高于 2015 年规划利用量，造成利用率未达到规划目标的主要原因可能是排放量增加。

表 1-3 煤矿矿井水利用量

年份	规划利用量/亿 m^3	规划利用率/%	实际利用量/亿 m^3	实际利用率/%
2005	—	—	11	26
2010	36	70	36	59
2015	53	75	—	68
2020	48	80	—	78.7

4. 矿井水利用面临的突出问题

一是大部分矿井水未纳入水资源统一管理与调度。据水利部门统计，2019 年纳入水资源统一管理与调度的矿井水仅为 6.2 亿 m^3。二是矿井水利用率依然较低。2020 年还有 21.3% 的矿井水未得到利用，水量约 15 亿 m^3。三是区域不平衡。华北地区煤矿矿井水利用率达到 90% 以上，中南、西南地区利用率约为 65%，西北地区利用率约为 75%；非煤矿山矿井水利用率平均在 30% ~40%，与国内外先进水平差距很大。四是管理薄弱，激励约束机制不健全。矿井水利用是一个跨部门、跨行业的系统工程，至今没有统一的管理办法，没有规范的统计制度和办法，基础数据缺失，缺少科学合理的规章制度和技术标准，无法实施有效的宏观管理和调控，导致矿井水利用重经济效益，轻生态效益。

1.2 研究内容

本书从非常规水纳入区域水资源统一配置的角度，总结区域矿井水（含选矿废水）和有色矿选矿废水纳入水资源配置的技术方法，通过 4 个典型示范方案解析优化配置技术方法在具体实践中的应用。主要研究内容包含：①我国矿井水利用状况；②矿井水水优化配置技术；③基于生态修复的矿井水优化配置模式；④基于湖泊水生态保护的矿井水综合利用模式；⑤基于煤矿小循环和园区大循环的矿井水综合利用模式；⑥基于场内循环与场外减排的区域选矿废水循环利用模式。

本书矿井水综合利用示范案例以典型矿区及其所在区域为研究对象，通过分析区域水资源供需状况、计算区域矿井水涌水量及可利用量，结合矿井水的量质特点和潜在用水户分析，将其纳入区域水资源统一配置，构建含矿井水的区域多水源多用户多目标优化配置模型，综合考虑各水源量质特征、用水户用水需求及配置优先顺序等约束条件求解模型，得到最优配置方案，并提出相应的重点输配水工程等，最终形成区域矿井水优化配置技术示范方案和有色矿选矿废水循环回用与减污增效技术示范方案。案例涉及的 4 个研究区域包括：中煤陕西榆林能源化工有限公司所属大海则煤矿所在的陕西省榆林市榆横矿区北区，纳林河 2 号矿、营盘壕、巴彦高勒、母杜柴登、门克庆和葫芦素 6 座煤矿所在的内蒙古鄂尔多斯市乌审旗纳林河矿区与呼吉尔特矿区，中煤平朔集团有限公司所属井工一矿、井工三矿、安家岭露天矿、安太堡露天矿、东露天矿及后安、大恒等地方煤矿所在的山西省朔州市平朔矿区，以及赣州世瑞钨业股份有限公司所属黄婆地钨锌多金属矿所在的赣县区。

本书分别从干旱区、半干旱区、半湿润区和湿润区 4 种不同的气候区，井工矿和露井联采矿两种不同的矿产开采模式，煤矿和有色金属矿两种不同的矿产类型，矿井水或选矿废水可利用量充足和不足两种情况，自用、园区循环利用和区域综合优化调配 3 种利用模式等多个角度展开研究，形成了不同气候区、不同矿产开采模式、不同矿产类型、不同量质状况、不同利用模式的区域矿井水综合利用、合理调配技术方法与模式示范方案。

| 第 2 章 | 区域矿井水优化配置技术方法

2.1　影　响　因　素

要解决将矿井水或选矿废水纳入区域水资源统一配置、优化区域水资源配置及综合利用的问题，需要统筹考虑区域水资源供需条件及潜力、矿井水量质特征及处理技术、社会经济及工程条件、政策因素等。

2.1.1　水资源供需条件及潜力

区域水资源供需条件及潜力分析是水资源配置的前提和基础。供水水源可分为地表水、地下水以及外调水和非常规水源；用水户从大类上分为生产、生活、生态 3 类，具体包括农林畜牧业、工业、建筑业、第三产业、农村和城镇生活、河湖植被、河道外环境等。在具体区域上，每种供水水源的比例和用水户各有不同，矿井水等非常规水源的供给顺序和供水对象差异较大。由于各地矿井水量质不同、区域常规水源条件差异显著，矿井水的综合利用与优化配置模式需要根据实际情况遴选。

我国煤炭资源呈现"北多南少""西多东少"的特点，其中西部地区煤炭资源占据全国煤炭资源总量的 70%。但西部地区处于干旱-半干旱气候区，地表植被稀疏，生态环境脆弱，煤矿开采更加剧了区域水资源匮乏趋势。在富煤少水的西北地区，不同矿区富水系数、矿井水排放系数也有差别，在矿井水富余的地区，如果不对矿井水予以利用，不但会造成巨大的资源浪费，还会造成环境污染（Wang, 2019）。对此，不少学者研究了矿井水的开发利用方案（Wu, 2020；He et al., 2002, 2018；Zhang et al., 2020），提出可改造成地下水库（Chen et al., 2016；Gu, 2015）、作为后备水源地、用作周边生产用水（Mo et al., 2009；Sun, 2003）、地下发电、绿化用水（Kou et al., 2011）、深度处理后并入城市供水管网（Ren et al., 2020）等建议。我国出台了一系列政策，以保障矿井水、再生水等非常规水源得到充分、高效的利用，如《国家节水行动方案》要求在缺水地区加强矿井水等非常规水的利用；在有矿井水的地区，出台的地方发展规划、循环经济发展规划等均要求充分利用矿井水。

我国有色金属矿主要分布在南方地区。由于南方水资源相对丰沛，有相当一部分企业没有严格按照用水定额要求，部分工矿企业设备陈旧，用水工艺落后，运行管理不科学，工业用水重复率低，存在一定的用水浪费现象。按照《国家节水行动方案》，水资源节约循环利用水平是南方丰水地区的短板问题和薄弱环节，在"节水优先、空间均衡、系统治理、两手发力"治水思路指导下，开展节水与污水再生利用技术研究对南方地区意义重大。

2.1.2 矿井水量质特征及处理技术

受矿产所在区域的水文地质条件、水动力学、地质化学、矿床地质构造、开采方式、开采进程及人类活动等因素的综合影响，矿井涌水量及其水质与地表水有明显差别（何绪文和李福勤，2010）。煤矿涌水量具有较大的不稳定性，不同矿区、不同开采阶段与开采方式、不同含水层的涌水水量和水质也差异明显。

为了最大化、资源化利用矿井水，一般按照"清污分流、水质处理、分级应用"的原则来处理矿井水。在矿井水处理技术方面，国外一般分为主动处理和被动处理两类。根据矿井水类型，其水质处理工艺可分为洁净矿井水处理、含悬浮物矿井水处理、高矿化度矿井水处理、酸性矿井水处理、特殊组分矿井水处理和矿井水回灌等（孙亚军等，2020）。对于洁净矿井水，通常采用妥善阻断截流，通过建造密闭墙、水闸墙，建立供、排水独立管线系统等物理法处理，避免与其他矿井水混排；对于含悬浮物矿井水，采用常规的混凝、沉淀、过滤、消毒等工艺处理即可满足环境达标排放要求，新型处理工艺有超磁分离技术等；对于高矿化度矿井水，处理工艺主要有蒸馏法、离子交换法、膜分离法和生物处理法等；对于酸性矿井水，处理方法主要有物理法、化学法和生物法等；对于含氟矿井水，常用处理方法有石灰乳沉淀法、铝盐凝聚法和离子交换法等；对于重金属矿井水，常用处理方法有絮凝沉淀法和离子交换法。

处理后的矿井水可作为工业、农业、生态、生活用水等。用于工业时，可作为矿井井下降尘洒水、黄泥灌浆用水，以及配套选煤厂、化工厂、电厂等生产用水，对水质、水量具有阶梯化、多样化要求；用于农业时，可作为农田灌溉、农业设施用水、水库补蓄水、水产养殖以及动物饮用水，必须经处理符合相应的水质标准；用于生态时，可作为景观用水、湿地补水、绿化用水、除尘用水、地下补水，生态供水方面应根据矿区周边生态环境的实际情况确立切实可行的补水途径，并需加强相关排放标准的制定与实施；用于生活用水时，可作为居民家庭用水、公共服务用水和消防及其他用水，含悬浮物的低矿化度矿井水，处理后可直接用于生活中（何绪文等，2018）。

矿井水用于生态补水时，处理标准可参考《城市污水再生利用 城市杂用水水质》（GB/T 18920—2020）和《城市污水再生利用 景观环境用水水质》（GB/T 18921—2019）等；用于地下补水时，可参考《城市污水再生利用 地下水回灌水质》（GB/T 19772—2005）标准。作为居民家庭用水和公共服务用水除了需要满足必要的水质、水量、水压要求外，还要考虑价格和心理等因素。当矿井水必须外排时，外排水需达到受纳水体水质标准，不应低于《地表水环境质量标准》（GB 3838—2002）要求的Ⅲ类水质标准。

2.1.3 社会经济及工程条件

社会经济发展水平是影响矿井水或选矿废水利用的主要因素之一。先污染后治理是关于环境保护与经济发展相互关系的一种观点，认为在经济发展的一定阶段，不得不忍受环境污染；只有当经济发展到较高阶段，环境意识得到强化、环境管制也更具有法律效力时，环保技术才会得以开发，并可能有效地去治理污染。矿井水及选矿废水曾一度作为污水被大量排放，不但污染环境，而且浪费了宝贵的地下水资源；随着人们对环境、资源认识的提高，保水采煤、资源化利用等技术被提出，矿井水等非常规水源才有被充分利用的条件与需求。

水资源的综合调配离不开相应的输配水工程，非常规水源量质不稳定、水源分散、用水户受限，更需要配套的处理、蓄、输、排水工程等基础条件和设施，才能更好地加以利用。

2.1.4 政策因素

对于区域内矿井水、工业企业及城镇污水处理厂的再生水，国家、相关部委及各省（区、市）近年来相继出台了系列政策，以保障矿井水、再生水等非常规水源得到充分、高效利用。

（1）《国家节水行动方案》指出，要优化用水结构，多措并举，在各领域、各地区全面推进水资源高效利用，在地下水超采地区、缺水地区、沿海地区率先突破。缺水地区应加强非常规水利用，如加强再生水、海水、雨水、矿井水和苦咸水等非常规水多元、梯级和安全利用。强制推动非常规水纳入水资源统一配置，逐年提高非常规水利用比例，并严格考核。统筹利用好再生水、雨水、微咸水等用于农业灌溉和生态景观。新建小区、城市道路、公共绿地等因地制宜配套建设雨水集蓄利用设施。严禁盲目扩大景观、娱乐水域面积，生态景观优先使用非常规水，具备使用非常规水条件但未充分利用的建设项目不得批准其新增取水许可。

（2）《矿井水利用发展规划》确定了重点产煤矿区、大涌水量矿区和严重缺水矿区等重点矿区的矿井水利用工作；针对华北、东北、华东、中南、西南和西北等地区矿井水资源及利用基础和条件，因地制宜选择矿井水利用的发展方向和重点。

（3）《水污染防治行动计划》指出要促进再生水利用。以缺水及水污染严重地区的城市为重点，完善再生水利用设施，工业生产、城市绿化、道路清扫、车辆冲洗、建筑施工以及生态景观等用水，要优先使用再生水。推进高速公路服务区污水处理和利用。具备使用再生水条件但未充分利用的钢铁、火电、化工、制浆造纸、印染等项目，不得批准其新增取水许可。

（4）《中共中央 国务院关于加快推进生态文明建设的意见》提出，加强用水需求管理，以水定需、量水而行，抑制不合理的用水需求，促进人口、经济等与水资源相均衡，建设节水型社会。推广高效节水技术和产品，发展节水农业，加强城市节水，推进企业节水改造。积极开发利用再生水、矿井水、空中云水、海水等非常规水源，提高水资源安全保障水平。

（5）水利部《关于非常规水源纳入水资源统一配置的指导意见》提出，坚持"创新、协调、绿色、开放、共享"五大发展理念，按照"节水优先、空间均衡、系统治理、两手发力"治水思路，落实最严格水资源管理制度和水污染防治行动计划要求，将非常规水源纳入统一配置，特别是缺水地区，进一步扩大配置领域、强化配置手段、提高配置比例、完善激励政策、发挥市场作用，加快推进非常规水源开发利用。非常规水源配置领域包括：①工业用水，大力鼓励工业用水优先使用非常规水源，缺水地区、地下水超采区和京津冀地区，具备使用再生水条件的高耗水行业应优先配置再生水；②生态环境用水，加快推进生态环境用水使用非常规水源，河道生态补水、景观用水应优先配置再生水和集蓄雨水；③城市杂用水，大力推动城市杂用水优先使用非常规水源，缺水地区、地下水超采区和京津冀地区，以及城市绿化、冲厕、道路清扫、车辆冲洗、建筑施工、消防等用水应优先配置再生水和集蓄雨水。

（6）2019 年 11 月，内蒙古自治区水利厅和内蒙古自治区发展和改革委员会印发的《内蒙古自治区节水行动实施方案》指出要加强非常规水利用。鼓励优先配置利用中水、疏干水、微咸水和雨水等非常规水源，并将非常规水源纳入区域水资源统一配置，逐年提高非常规水利用比例，并严格纳入考核。有条件的地区要加快实施工业项目取用地下水的水源置换工作，逐步减少现有工业项目使用的地下水。统筹利用好再生水、雨水、微咸水等用于农业灌溉和生态景观。

（7）《内蒙古自治区节约用水条例》第一章总则中的第四条指出，支持节约用水技术的研究和推广，培育和发展节水产业，鼓励对再生水、雨洪水、矿区疏干水、施工降排水等非常规水源的开发和利用。鼓励和扶持企事业单位和个人投资建设污水处理、再生水利用、矿区疏干水利用、施工降排水利用和雨水集蓄利用工程，提高非常规水源利用率。对疏干水进行开发利用，主要是有计划地修建蓄水、输水工程，调节用水。可将疏干水净化后，就近供应地区的工农业生产，也可以通过调水补源，加以综合开发利用。

（8）2019 年 10 月 14 日，陕西省发展和改革委员会、陕西省水利厅联合制订印发实施的《陕西省实施国家节水行动方案》提出，支持企业开展节水技术改造及再生水回用改造，推进现有企业和园区开展以节水为重点内容的绿色高质量转型升级和循环化改造，加快节水及水循环利用设施建设，促进企业间串联用水、分质用水、一水多用和循环利用。加强再生水、雨水、矿井疏干水和苦咸水等非常规水多元、梯级和安全利用。强制推动非常规水纳入水资源统一配置，逐年提高非常规水利用比例，并严格考核。生态用水优先使用非常规水，具备使用非常规水条件但未充分利用的建设项目不得批准其新增取水许可。

2.2　技术流程

综合考虑矿井水综合利用的影响因素，总结提炼出将矿井水纳入区域水资源统一配置的技术流程：①分析区域水资源开发利用现状；②分析区域矿井水或选矿废水利用存在的主要问题；③计算区域矿井水或选矿废水可利用量；④分析潜在用水户并预测其量质需求；⑤考虑非常规水源，建立区域水资源优化配置模型并求解；⑥设计水资源配置工程。最终形成区域矿井水优化配置方案的主要技术流程（图 2-1）。

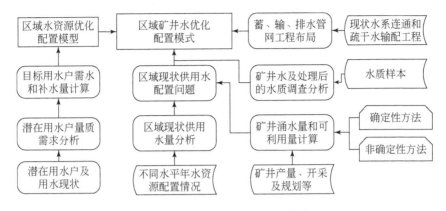

图 2-1　区域矿井水优化配置技术流程

2.2.1　矿井涌水量预测及可利用量分析

矿井涌水量预测方法大致可分为确定性和非确定性（随机）预测方法两类（陈酩知等，2009；杜敏铭等，2009）。确定性分析方法包括水均衡法、解析法（华解明，2009）、数值模拟法等；非确定性分析法包括水文地质比拟法、相关分析法（段俭君等，2013）、模糊数学模型法、灰色系统法（朱愿福等，2014）、人工神经网络法和时间序列分析法（杨永国等，1995）等。每种方法均有其适用条件，如解析法中的"大井法"概化矿井充水条件，原理易懂，多用于地下水补给充分的近似稳定流涌水预测（王晓蕾，2020）；数值模拟法能十分灵活地模拟具体的水文地质条件，适用于水文地质和边界条件明确的实际采掘阶段（刘启蒙等，2017）；水文地质比拟法可以规避大量的参数计算（甘圣丰等，2018），简单易行，可进行矿井涌水量的长期总体性预测，但精度欠佳；相关分析法能够最大限度地减小水文地质参数缺乏引起的预测误差，适用于开采多年、具有大量矿井涌水量观测资料的矿井；灰色系统法、人工神经网络法可规避不确定性因素的影响，适用于具有大量实测资料、涌水量稳定的矿井。目前，矿井水文地质勘查、设计和煤矿生产阶段最常用的方法有确定性方法中的解析法、数值模拟法和非确定性分析法中的水文地质比拟法等。

矿井涌水量随采掘进程动态变化，受矿井建井、生产和采掘接续控制，抽水试验所得水文地质参数或参数平均值只能代表一个时期的静态情况，用确定值去描述不断变化的动态量本身就存在较大误差（虎维岳和闫丽，2016），有学者对此提出基于时空分区的矿井涌水量预测方法（赵宝峰等，2016）；"大井法"需要大量的抽水试验，边界条件难以确定，影响半径与实际差异很大，渗透系数、含水层厚度的取值人为干扰较大，有研究表明"大井法"无论是从其理论分析还是结果反映，均不适宜于矿井涌水量预测，有时还因未考虑煤层采动影响及工作面岩层释水而产生较大偏差（牟兆刚等，2018）；在没有条件做抽水试验的情况下，水文地质比拟法应用较多，但该方法对相似性条件要求较高。

利用水文地质比拟法的长期预测优势和相关分析法的预测精度优势，可以实现对矿井涌水量预测周期的延长和预测精度的提高（贺晓浪等，2020）；多种预测方法相结合的耦合模型和数值模拟法以其较高的预测精度和较宽的适用范围成为未来预测矿井涌水量的主要发展趋势（黄欢，2016；陈酩知等，2009）。另外，随着高性能计算技术、显示技术和物探技术的发展，结合机理研究、物化探测、物理模拟的联合矿井涌水量预测技术也将是未来发展的方向之一。但无论采用何种技术，由于不能真实反映水文地质条件和矿井充水因子，模拟预测误差都可能存在，应根据不同目的选择适用的预测技术，并从水量均衡的角度考虑煤矿涌水量预测结果的合理性。

对于矿井水可利用量，一般根据《城镇污水再生利用工程设计规范》（GB 50335—2016），矿井水收集与处理损失按 10% 扣除，预测煤矿达产后的矿井水可利用量。

2.2.2　需水调查与分析

科学的需水预测是水资源合理调配的基础，一般基于用水变化规律和相关规划提出区域水资源需求变化趋势的前瞻性认识。需水预测分生活、生产和生态环境三大类：生活需水包括城镇居民生活和农村居民生活需水；生产需水指有经济产出的各类生产活动所需的水量，包括第一产业（种植业、林牧渔业）、第二产业（工业、建筑业）及第三产业（商饮业、服务业）；生态环境需水包括农村生态林草建设和城镇生态需水。

在水利部门的积极推动下，地级以上行政区域一般均编制了一次或多次的水资源规划，在将矿井水等非常规水源纳入区域水资源统一配置之前，需要对已开展过的需水预测结果进行分析或复核，以寻找潜在的用水户，调整其供水水源。对于经处理后的矿井水或选矿废水，目前主要用水户为煤矿企业自身及配套的化工厂、电厂、选煤厂等，其次是生态和农业用水，用于生活用水的案例有限。

2.2.3　水资源配置结果复核

对于各区域已有的水资源配置方案，若区域情况已发生变化，如经济发展速度与当时规划或预测的情况不一致，则供需水预测结果可能会有较大偏差，需要复核或调整其方案，并将矿井水或选矿废水作为供水水源之一纳入其中。

水资源配置的结果复核可以从供水侧和需水侧同时考虑，计算供水水源及其供水量的变化、用水户及其需水量的变化，并确定变化量。在确定矿井水及选矿废水的量质特征后，分析此非常规水源对原配置方案变化量的影响。

2.2.4　水资源配置工程设计

要实现区域矿井水的综合利用，除其量质需满足要求外，还需要有用水需求和必要的工程措施，以实现水资源在区域上的综合调配。通过社会经济发展水平预测，在水资源评价和水资源供需分析的基础上，确定矿井水的用水户及其量质要求；通过各种水源可供水量的分析，以及输配水工程、水系连通工程和区域工业供水网络建设，提出区域水资源的综合利用和调配方案，实现多种水源的丰枯调剂、多源互补、联合供水格局。

当矿井水用于工业园区时，可修建生活和矿井水处理厂站，实施再生水园内利用和就近配置利用。通过多种非常规水源的优化调配可构建多水源联合调配的供水网络，提高工业供水的保障能力。

2.3 生态需水预测技术

我国大部分矿区水资源短缺、生态环境脆弱。为了进一步提高水资源的利用率，减少水资源的浪费，需要将矿井水与其他水源一起用于矿区的水资源优化配置。通过修建矿井水人工生态湿地或生态蓄水工程，提升水源涵养能力，促进水资源循环利用，改善区域生态系统。为了改善矿区的生态环境，亟须在水资源配置过程中为改善生态环境分配水量。生态需水量可采用定额法进行计算，矿区水资源缺乏，采用定额法计算出的生态需水量缺乏对当年的降水量丰枯的分析，使得生态需水量的计算值遇到丰水年或是枯水年，存在偏大或偏小的情况。因此，为了进一步提高水资源的利用效率，减少水资源的浪费，将优质的水资源用于生产，需要在预报未来年份降水量的基础上，对定额法计算出的生态需水量进行修正。

降水长期预报存在预见期长、影响因子多、预报结果不确定性高的特点。为了提高长期预报的精度，本书基于人工智能优化方法，结合人工神经网络构建模型，以天文尺度因子为模型的输入，以年降水量为模型的输出，基于预报出的年降水量判定全年降水的丰枯，从而确定生态需水量的修正系数，对生态需水量的计算结果进行修正，从而为矿区水资源的优化配置提供支持。

2.3.1 常规生态需水预测

生态对象以井田内和城镇周边的河流、湖泊、湿地、海子、生态水面及城市新区市政道路绿化等为主。矿井水经处理后可用于河湖湿地补水、道路浇洒、绿化等生态项目。

(1) 湖泊和生态水面补水量：根据相关设计规范，并参考类似工程设计运行经验，湖泊和生态水面补水量按水深 1.5~2m，年换水 3 次计算，计算公式如下：

$$W = n \times A \times h \tag{2-1}$$

式中，W 为湖泊补水量，万 m^3；n 为年补水次数，本书取 3；A 为水面面积，m^2；h 为水深，m。

(2) 海子、湿地补水量：按《河湖生态需水评估导则（试行）》《河湖生态环境需水计算规范》中相关要求计算，计算公式如下：

$$W = 10 \times A \times F \tag{2-2}$$

式中，W 为海子、湿地补水量，万 m^3；A 为海子、湿地面积，m^2；F 为蒸发量减去降水量的差值，m。

(3) 河流补水量：按 10%~30% 的年径流量计算补水量。

(4) 城市道路和绿化需水量：根据《室外给水设计标准》（GB 50013—2018）中相关

规定计算,绿地浇洒和道路浇洒定额均为每日 2L/m²,全年浇洒 180 天。绿地浇洒采用自动化、智能化的矿井水喷灌、滴灌系统。

(5)沟道补水量:为了恢复沟道的生态,可采用对其补水的方法。查找水文图集确定沟道所在流域的多年平均径流深,利用 ArcGIS 软件初步确定沟道的流域面积从而计算出其天然径流量,取天然径流量的 10% 作为沟道的生态补水量。

2.3.2 基于降水预报的生态需水预测

1. 长期预报的研究进展

降水的长期预报由于物理机制不明确,预报因子的选择受到时间尺度、空间尺度限制,预报因子的选择缺乏科学论证,预报结果的可靠度和精度不能满足工程实际的需要。为了提高长期预报的精度,需要寻找合适的预报因子和方法。郑金陵和林镜榆(2004)选用大气环流指数、厄尔尼诺数等大气海洋物理因子,以及高空气压场的分布、降水、气温等 1431 个预报因子,采用逐步回归的方法对东北地区松花江上游的水库进行长期预报,合格率达 80% 以上。黄炽元(1993)选用气象因子,基于统计学的方法建立多元回归方程,对新疆天山河流 5 月的径流进行长期预报,为农业灌溉提供支持。张兰影等(2013)以当月平均降水量、上月平均降水量,以及当月平均相对湿度、平均最高气温和平均最低气温等 5 个预报因子,建立了基于 Gridsearch 算法优化的支持向量机月径流预报模型,并将其应用于石羊河流域的 8 个子流域,该模型有较好的适用性。上述方法具有智能化好、效率高的优点,缺点是选用因子较多、难以有效获得,且预见期受到限制。

李文龙(2014)、李文龙等(2016)从日、地、月三球运动关系中寻找影响 2010 年大洪水的因素,彭卓越等(2016)将表征日、地、月运行轨迹和相互关系的天文指标综合考虑,甄选出与预报年份相似的年份进行径流预报。金朝晖等(2016)深入研究月球赤纬角与水库年来水的关系。刘清仁(1994)以太阳活动为中心,用数理统计分析方法,分析了太阳黑子和厄尔尼诺事件对松花江流域水文影响特征及其水旱灾害发生的基本规律。李文龙和金朝辉(2016)利用"太平洋十年涛动"(PDO)冷暖位相下厄尔尼诺和拉尼娜事件发生年份表,结合丰满水库流域来水实际,得出 PDO 冷暖位相下厄尔尼诺发生年份丰满水库的来水规律,成功预报出 2015 年丰满水库来水为特枯水年。李永康等(2000)对大涝(旱)和特大涝(旱)年前期大气环流的因子特征进行分析,并对大旱年和大涝年的前期环流特征量进行分析,选择出较好的预报因子。上述方法的预报因子可分为天文尺度、全球循环尺度、流域尺度,预报因子的预见期长,预报效果较好,然而部分预报因子缺乏定量化处理,大都基于单一因子对流域来水进行预报。常用的预报方法如相似年对比法、相关性分析法只能对流域来水进行定性预报,无法进行定量研究,且不能对预报因子与超长期预报的规律进行进一步深入挖掘,预报精度较低。同时由于长期预报的影响因子较复杂,需要结合流域自身特点进行数据融合,对预报结果进行修正。因此需要选用新的方法对预报因子进行融合,进一步提高预报精度。

每一种学科都可以对自然灾害进行研究，但单一学科都有局限性。从天文尺度来讲，研究发现行星的布局决定着大气环流的异变，大气环流的形势又决定着天气的状况，行星影响大气环流的"对应区"（栾巨庆，1988）。太阳、地球、月亮的运动具有一定的规律，可以根据未来的太阳、地球、月亮的运动及其位置来预报未来的环流形势。从全球尺度来讲，地球上的风带和湍流由三个对流环流（三圈环流）所推动，洋流由大气环流所推动，使得地球上的热量和水汽在不同地区进行循环流动和重新分布，而厄尔尼诺和拉尼娜现象则是洋流循环中的异常现象，能量和水汽的异常则会影响到降水和径流的异常，因而会使得地球上某个地区出现极端洪水、极端干旱的情形。从流域尺度来讲，由于流域尺度因子受人类活动和气候变化影响变化较大，可通过实时的水文观测值，对长期预报结果进行修正。

以研究区年降水量预报为研究对象，在样本分析的基础上，将天文尺度和全球循环尺度的因子进行定量化处理，运用目前研究较多的数据挖掘方法 BP 神经网络（Rajurkara et al.，2004；Sudheer et al.，2002）、支持向量机（李彦彬等，2008；邵骏等，2010）分别进行拟合训练预报，对预报结果进行定性和定量分析。

2. 预报因子机理分析

天文尺度因子主要指太阳、月球、地球的相对运动，以太阳黑子相对数、月球赤纬角、二十四节气阴历日期为主要预报因子。

1）太阳黑子相对数

太阳是离地球最近的恒星，太阳活动对地球上洪水影响很大。大量的分析表明，太阳活动的增强与减弱，不但使大气环流随着增强与减弱，而且大气环流的形式也发生相应的改变，各种水文要素也发生相应变化。太阳黑子相对数越大，表示太阳活动越强烈；太阳黑子相对数越小，表示太阳活动越微弱。

2）月球赤纬角

月球视运动轨道（白道）面与地球（天球）赤道面之间的夹角称为月球赤纬角（亦称白赤交角）。月球运动引起的潮汐周期变化及地壳形变是地震和强降水（或干旱）的主要成因。各年月球赤纬角最大值连接成线，形成运行轨迹，通过对月球赤纬角运行轨迹进行分析，以预报年份的月球赤纬角所在轨迹段与历史片段比较寻找相似年。

3）二十四节气阴历日期

太阳和月球引力对地球上的固、液、气的作用巨大，会引发陆潮、潮汐和大气潮等。太阳和地球的相对运动用二十四节气来表征。二十四节气分别对应于地球在黄道上每运动15°所到达的一定位置，二十四节气的公历日期每年大致相同，引入月相即节气对应的阴历时间进行预报，可综合反映太阳、月球运动对流域降水的影响。

3. GWO-BP 预报模型

1）BP 神经网络

BP 神经网络是一种运用广泛的多层前向型神经网络，对任何形式的非线性函数具有较高的模拟精度（Werbos，1994，1990；Rumelhart et al.，1985，1986）。S 型传递函数、线性传递函数可分别对隐含层神经元和输出层神经元进行模拟进而构建 BP 神经网络。网络输出与期望输出的误差与神经元权值的偏导数见式 (2-3)、式 (2-4)，误差与阈值的偏导数见式 (2-5)、式 (2-6)，可用于修正调整神经元的权值和阈值：

$$\frac{\partial E}{\partial t_{ij}^2} = -(y_i - z_i) f_1'(\mathrm{net}_i) O_j \tag{2-3}$$

$$\frac{\partial E}{\partial t_{jk}^1} = -f_2'(\mathrm{net}_j) \left\{ \sum_{j=1}^{n} \left[-(y_i - z_i) f_1'(\mathrm{net}_i) t_{ij}^2 \right] \right\} x_k \tag{2-4}$$

式中，y_i 为期望输出；z_i 为输出层神经元的输出；f_1' 为输出层的传递函数；f_2' 为隐含层的传递函数；net_i 为输出层神经元的输出；O_j 为隐含层神经元的输出；x_k 为神经网络的输入；t_{ij} 为隐含层和输出层之间神经元的权值；t_{jk} 为隐含层和输入层之间神经元的权值。

$$\frac{\partial E}{\partial s_i^2} = (y_i - z_i) f_1'(\mathrm{net}_i) \tag{2-5}$$

$$\frac{\partial E}{\partial s_i'} = -f_2'(\mathrm{net}_j) \sum_{j=1}^{n} \left[-(y_i - z_i) f_1'(\mathrm{net}_i) t_{ij}^2 \right] \tag{2-6}$$

式中，s_i^2 为隐含层和输出层之间神经元的阈值；S_i' 为隐含层和输入层之间神经元的阈值；E 为网络输出的误差。

分别基于权值和阈值的偏导数，对权值和阈值进行调整进而改进拟合效果。神经网络的隐含层神经元个数影响拟合和预报效果的优劣，3 层 BP 神经网络能够拟合任意非线性函数，采用统计试验的方法对隐含层神经元个数取 1~100 的预报结果进行统计。

2）灰狼（GWO）算法

A. 算法简介

狼群有森严的等级制度，具有特定的狩猎模式，头狼负责决策、探狼负责寻找猎物、猛狼负责围攻猎物，狼群的猎物分配是依照个体的强弱来定，强者多分，弱者少分或不分，进而实现优胜劣汰的狼群成长机制。GWO 算法模拟了狼群捕猎的游走、召唤和围攻，遵循狼群的"胜者为王"的头狼产生机制和"强者生存"的狼群更新换代机制。

最佳适应度的个体作为头狼，头狼外最佳的 m 匹狼作为探狼。在预定的方向上进行寻优探索，若探狼通过游走行为发现比头狼更优的猎物，则该探狼成为头狼。头狼发起嚎叫，猛狼通过奔袭行为不断向猎物靠近，若猛狼发现比头狼更优的猎物则成为头狼。猛狼距猎物的距离达到一定值时，通过狼群围攻行为对头狼附近的猎物进行寻优，通过狼群的更新机制淘汰掉适应度差的狼，并随机产生一批新的狼来补充。

B. GWO 算法的步骤

a. 猎物初始化

通过随机的方式初始化产生 n 个猎物，这 n 个猎物分别对应一匹人工狼：

$$x_i^j = x_i^l + \mathrm{rand} \cdot (x_i^u - x_i^l), i = 1, 2, \cdots, n \tag{2-7}$$

式中，x_i^j 为第 j 代种群中第 i 匹人工狼；rand 为（0，1）之间的随机数；x_i^l 为参数的下限；x_i^u 为参数的上限。

b. 头狼产生

对于人工狼个体 x_i^j，运用目标函数计算每一个猎物的适应度值，适应度最优的人工狼作为头狼；若是进化产生适应度比头狼更优的个体，则该较优的个体作为头狼。头狼不执行游走和围攻行为，直接进入下一次迭代中，直到被新的头狼取代。

$$y = \frac{1}{f(x)} \tag{2-8}$$

式中，$f(x)$ 为目标函数；y 为适应度值。

c. 探狼游走行为

在人工狼个体中头狼以外的猎物群中选择 m 个最优的人工狼作为探狼，m 是 $[n/(\alpha+1)$，$n/\alpha]$ 之间的整数，α 为探狼比例因子。探狼朝向 K 个方向分别以游走步长 I 前进一步，记录下猎物气味的浓度，则可得探狼在向方向 q 游走后，其位置如下式所示：

$$x_t^q = x_t + \sin(2\pi \times q/K) \times I \tag{2-9}$$

式中，x_t 为探狼的位置；x_t^q 为探狼游走后的位置。

探狼得到的猎物气味浓度为 y^q，选择气味浓度最大且大于当前的浓度值的方向前进一步，进而探狼信息得到更新。游走行为结束后气味浓度最大的人工狼的适应度值 y_{max} 与头狼的适应度值 y_{MAX} 进行比较，若 $y_{max} > y_{MAX}$，则用该探狼代替头狼，头狼发起召唤行为；若 $y_{max} \leq y_{MAX}$，则继续重复游走行为，直到头狼被代替或达到最大的游走次数。

d. 猛狼奔袭行为

头狼通过嚎叫号召猛狼向头狼靠拢，猛狼以较大的步长 I_m 向头狼运动。猛狼在第 $p+1$ 次进化时，其位置如下式所示：

$$x_s^{p+1} = x_s^p + I_m \cdot (g^p - x_s^p) / \left| g^p - x_s^p \right| \tag{2-10}$$

式中，g^p 为第 p 代群体中头狼的位置；x_s^p 为第 p 代猛狼的位置；x_s^{p+1} 为第 $p+1$ 代猛狼的位置。

奔袭过程中，若猛狼感知的猎物气味浓度大于头狼，则该猛狼代替头狼重新发起召唤行为；否则，猛狼继续奔袭到距离头狼距离小于一定值 L 时发起对猎物的围攻行为。

$$L = \frac{1}{W \cdot \mu} \cdot \sum_{w=1}^{W} \left| x_w^u - x_w^l \right| \tag{2-11}$$

式中，μ 为距离判定因子；W 为猛狼的个数；x_w^u 为猛狼的位置；x_w^l 为头狼的位置。

e. 围攻行为

将头狼的位置视为猎物的位置，对于第 p 代狼群，假定猎物的位置为 H^p，则狼群的围攻行为如下式所示：

$$x_i^{p+1} = x_i^p + \lambda \cdot I_M \cdot \left| H^p - x_i^p \right| \tag{2-12}$$

式中，λ 为 $[-1, 1]$ 的随机数；I_M 为人工狼攻击时的步长。若围攻行为后，得到的猎物的气味浓度大于原来的猎物气味浓度，则更新人工狼的位置；否则，人工狼的位置不变。在适应度值最优的个体中选择头狼。

f. 狼群更新行为

适应度差的人工狼个体将被淘汰，在算法中去除适应度差的 r 匹狼，同时又产生 r 匹新的人工狼，r 为 $[n/(2 \cdot \beta)$，$n/\beta]$ 之间的随机数，β 为群体更新比例因子。

通过以上的六种行为，狼群个体不断进化，直到达到限定的迭代次数或获得最优的个体时结束迭代。

3）GWO 模型优化 BP 神经网络

BP 神经网络结构确定后，其权值和阈值需要经过训练获得，BP 神经网络预测是将最优个体所包含的权值和阈值赋给 BP 神经网络，使网络经训练、仿真后得到预测输出。若是经过数次优化迭代，误差较大，则将误差作为目标函数，预报因子作为输入因子进行二次拟合预报，将一次预报结果叠加二次预报误差即得最终的预报结果。运用狼群优化算法 GWO 优化寻找 BP 神经网络，能够有效地提高参数估计的精度，减少神经网络的学习耗用的时间，改进拟合预报的效果。

GWO 模型优化 BP 神经网络的步骤如下：

（1）初始化神经网络结构：以三层神经网络为网络结构，输入层神经元个数 n_1、隐含层神经元个数 n_2、输出层为 1，其中 $n_2 = 2 \times n_1 + 1$；在 $[-0.5, 0.5]$ 区间随机初始化初始权值和阈值。

（2）初始化狼群个体：确定人工狼的上下限 (u_b, l_b)，种群规模 N，最大迭代次数 I_{max}，基于参数个数确定狼群向量的维度 n，基于狼群个体的适应度确定头狼、探狼、猛狼个体。

（3）狼群个体进化：经过探狼游走、猛狼奔袭行为、狼群围攻行为、狼群更新行为不断更新狼群个体的位置和最优的头狼个体，使得狼群个体向最优化方向进化，即适应度最优的方向进化。

（4）迭代终止检验：若满足迭代次数最大或迭代终止条件，则停止迭代，否则不断重复步骤（3），直到寻找到最优的参数向量个体。

4. 预报模型构建

1）样本分型

样本分型的方法为比例因子法：计算已知的多年降水量序列 $X = \{x_1, x_2, \cdots, x_n\}$，计算其多年降水量平均值 $\bar{X}$，乘以"丰平枯"对应的比例因子，综合确定的符合研究区域降水预报的分型方法。比例因子分别为：特丰水年大于 1.4，丰水年 1.2~1.4，偏丰水年 1.1~1.2，平水年 0.9~1.1，偏枯水年 0.8~0.9，枯水年 0.6~0.8，特枯水年 0~0.6。

$$\bar{X} = \frac{1}{n}(x_1 + x_2 + \cdots + x_n) \tag{2-13}$$

$$X_i = \bar{X} \cdot \alpha_i (i = 1, 2, 3, 4, 5, 6) \tag{2-14}$$

式中，X_i 为特丰水年、丰水年、偏丰水年、平水年、偏枯水年、枯水年、特枯水年的界限值；α_1 为特丰水年和丰水年界限的比例因子，为 1.4；α_2 为丰水年和偏丰水年界限的比例因子，为 1.2；α_3 为偏丰水年和平水年界限的比例因子，为 1.1；α_4 为平水年和偏枯水年界限的比例因子，为 0.9；α_5 为偏枯水年和枯水年界限的比例因子，为 0.8；α_6 为枯水年和特枯水年界限的比例因子，为 0.6。

2）预报因子的处理与分析

将天文尺度因子进行定量化处理：①将每年的太阳黑子数作为样本因子；太阳黑子的特征有太阳黑子相对数的大小，以及太阳黑子所在的单双周，单周为 1、双周为 0；②将每年的月球赤纬角最大值作为样本因子；③将每年的二十四节气的阴历日期作为样本因子。

3) 数据的预处理

建模时，选定预报因子作为模型的输入，将样本分为训练集和测试集，作为输入对神经网络模型进行训练和验证。参数选取的不同，模型会有较大的不同，在模型建立时以训练集作为输入，通过优化或人工试错选定最优的参数值，使得模型具有较好的预报值。

$$
\begin{pmatrix}
\mu_{11} & \mu_{12} & \cdots & \mu_{1m} \\
\mu_{21} & \mu_{22} & \cdots & \mu_{2m} \\
\vdots & \vdots & \vdots & \vdots \\
\mu_{n1} & \mu_{n2} & \cdots & \mu_{nm}
\end{pmatrix}
=
\begin{bmatrix}
v_1 \\
v_2 \\
\vdots \\
v_n
\end{bmatrix}
\tag{2-15}
$$

式中，n 为序列的长度；m 为预报因子的个数；μ_{nm} 为预报因子；v_n 为预报值。

为了提高模型的训练速度，需要将模型训练的输入和输出数据进行处理。本方法采用的处理方法是在输入模型前对数据进行归一化处理，在模型给出输出数据后对其进行反归一化处理，以获得真实的输出值。

A. ［0，1］区间内的归一化处理

所采用的函数映射如下式所示：

$$
\mu_{ij}' = \frac{\mu_{ij} - \mu_{j\min}}{\mu_{j\max} - \mu_{j\min}}
\tag{2-16}
$$

式中，μ_{ij}，$\mu_{ij}' \in R^n$；$\mu_{j\min} = \min(\mu_j)$；$\mu_{j\max} = \max(\mu_j)$，$i = 1, 2, \cdots, n$；$j = 1, 2, \cdots, m$。归一化的效果是原始数据转化为 ［0，1］ 范围内的数值。

B. ［-1，1］区间内的归一化处理

所采用的函数映射如下式所示：

$$
\mu_{ij}' = 2 \times \frac{\mu_{ij} - \mu_{j\min}}{\mu_{j\max} - \mu_{j\min}} - 1
\tag{2-17}
$$

式中，μ_{ij}，$\mu_{ij}' \in R^n$；$\mu_{j\min} = \min(\mu_j)$；$\mu_{j\max} = \max(\mu_j)$，$i = 1, 2, \cdots, n$；$j = 1, 2, \cdots, m$。归一化的效果是原始数据转化为 ［-1，1］ 范围内的数值。

Matlab 的内置函数 mapminmax（·）可以实现上述归一化。将训练集和测试集放在一起归一化，每一维度的最大值和最小值基于训练集和测试集确定。

5. 基于降水预报的生态需水量计算

基于区域降水预报的分级，结合分型的比例，计算基于降水预报的生态需水量的值：

$$
T_i = \overline{T}_i \cdot (2 - \alpha_i), \quad (i = 1, 2, 3, 4, 5, 6)
\tag{2-18}
$$

式中，T_i 为特丰水年、丰水年、偏丰水年、平水年、偏枯水年、枯水年、特枯水年的生态水量值；α_i 的值同式 （2-14）。

2.4 优化配置模型

为了解决多水源、多用水户、多目标的水资源配置问题，为了提高水资源的配置能力，获得生产、生态效益的最大化，需要在供需分析的基础上，结合当地的实际情况确定不同水源对不同用水户的供水费用，收集整理统计年鉴等资料分析确定不同产业的用水效益，建立经济效益、社会效益、生态效益综合最大的目标函数。为了求得配置系统最优的配置结果，需要在对供水能力、需水能力、输水能力等约束进行分析的基础上，构建多目标综合效益最大化的水资源配置模型，运用大系统分解协调理论进行求解，基于智能优化算法获得模型的最优解。

2.4.1 基本原则

一是坚持水资源可持续利用以供定需的原则；二是按照生态环境-农业-工业优先次序配置的原则；三是优质优用、经济可行、合理配置的原则。

2.4.2 目标函数

本次配置以可持续发展理论为基础，强调社会经济-资源-生态环境的协调发展，遵循水资源的供需平衡、时间和空间上的水量和水质统一配置。以经济效益、环境效益和社会效益等综合效益最佳为优化配置目标（郭小砾，2007）。

$$f(X) = \mathrm{opt}\{f_1(X), f_2(X), f_3(X)\} \tag{2-19}$$

目标1（经济效益）：各水平年各类别不同行业供水产生的经济净效益最大。

$$\max f_1(X) = \sum_{k=1}^{K} \sum_{j=1}^{J(k)} \sum_{i=1}^{I(k)} (b_{ij}^k - c_{ij}^k) x_{ij}^k \alpha_i^k \beta_i^k w_k \tag{2-20}$$

式中，x_{ij}^k 为水源 i 向 k 子类 j 用户的供水量（万 m^3）；b_{ij}^k 为水源 i 向 k 子类 j 用户的单位供水量效益系数（元/m^3）；c_{ij}^k 为水源 i 向 k 子类 j 用户的单位供水量费用系数（元/m^3）；α_i^k 为子类 k 水源 i 的供水次序系数；β_i^k 为子类 k 水源 i 的用水公平系数；w_k 为子类 k 的权重系数。

目标2（社会效益）：各水平年各子类供水系统总缺水量最小。

$$\min f_2(X) = \sum_{k=1}^{K} \sum_{j=1}^{J(k)} \max\left[0, D_j^k - \sum_{i=1}^{I(k)} x_{ij}^k\right] \tag{2-21}$$

式中，D_j^k 为子类 k 用户 j 的需水量（万 m^3）。

目标3（环境效益）：各水平年各子类 COD 排放量之和最小。

$$\min f_3(X) = \sum_{k=1}^{K} \sum_{j=1}^{J(k)} \sum_{i=1}^{I(k)} 0.01 d_j^k p_j^k x_{ij}^k \tag{2-22}$$

式中，d_j^k 为子类 k 用户 j 的单位废污水排放量中化学需氧量 COD 的含量（mg/L）；p_j^k 为子类 k 用户 j 的污水排放系数。

2.4.3 约束条件

多水源供水优化配置的目的是确定最合理的水源供水量，一方面，希望供水量尽量达到配置目标，反映在优化模型的目标函数值最大或最小；另一方面，各种水源进行供水时，受配置原则、各水源自身的供水能力和相应的供水配套设施的限制，各水源的供水量必须符合一定的条件，并反映在优化模型的约束条件集合中（曾发琛，2008）。

1）水源可供水量约束

$$常规水源：\begin{cases} \sum_{j=1}^{J(k)} x_{cj}^k \leqslant W_c^k \\ \sum_{k=1}^{K} W_c^k \leqslant W_c \end{cases} \tag{2-23}$$

$$矿井水源：\sum_{j=1}^{J(k)} x_{ij}^k \leqslant W_i^k \tag{2-24}$$

式中，x_{ij}^k、x_{cj}^k 分别为矿井水源 i、常规水源 c 向子类 k 用户 j 的供水量；W_c^k 为常规水源 c 分配给子类 k 的水量；W_c 和 W_i^k 分别为常规水源 c 及子类 k 矿井水源 i 的可供水量。

2）水源输水能力约束

$$常规水源：W_c^k \leqslant Q_c^k \tag{2-25}$$

$$矿井水源：x_{ij}^k \leqslant Q_i^k \tag{2-26}$$

式中，Q_c^k、Q_i^k 分别为 k 子类常规水源 c、矿井水源 i 的最大输水能力。

3）用户需水能力限制

$$D_{j\min}^k \leqslant \sum_{i=1}^{I(k)} x_{ij}^k + \sum_{c=1}^{M} x_{cj}^k \leqslant D_{j\max}^k \tag{2-27}$$

式中，$D_{j\min}^k$、$D_{j\max}^k$ 分别为 k 子类 j 用户需水量的下限和上限。

4）水质约束

$$达标排放：c_{kj}^r \leqslant c_0^r \tag{2-28}$$

式中，c_{kj}^r 为 k 子类 j 用户排放污染物 r 的浓度；c_0^r 为污染物 r 达标排放规定的浓度。

5）区域发展协调约束

$$\mu = \sqrt{\mu_1(\sigma_1) \cdot \mu_2(\sigma_2)} \geqslant \mu^* \tag{2-29}$$

式中，μ、μ^* 分别为区域协调发展指数及其最低值；$\mu_1(\sigma_1)$、$\mu_2(\sigma_2)$ 分别为水资源利用与区域经济发展的协调度、经济发展与水环境质量改善的协调度。

6）非负约束

$$x_{ij}^k、x_{cj}^k \geqslant 0 \tag{2-30}$$

2.4.4 模型参数

1. 水资源供水次序系数 α_i^k、用户公平系数 β_i^k

供水次序系数 α_i^k 反映 k 子类 i 水源相对于其他水源供水的有限程度。现将各水源的有限程度转化成 [0，1] 区间上的系数，即供水次序系数（安鑫，2009）。以 n_i^k 表示 k 子类

i 水源供水次序序号，$n_{\max}^k$ 为 k 子类水源供水次序序号的最大值。α_i^k 取值如下：

$$\alpha_i^k = \frac{1 + n_{\max}^k - n_i^k}{\sum\limits_{j=1}^{J(k)} (1 + n_{\max}^k - n_j^k)} \tag{2-31}$$

用户公平系数 β_i^k 表示 k 子类 i 用户相对于其他用户得到供水的优先程度。β_i^k 与 α_i^k 很相似，与用户优先得到供水的次序有关。首先根据用户的性质和重要性，确定用户得到水源供水的次序，然后可参照 α_i^k 的计算公式来确定。

2. 效益系数

（1）工业用水的效益系数采用工业总产值分摊方法（孙旭，2010），计算公式如下：

$$b = \beta \cdot (1/W) \tag{2-32}$$

式中，b 为工业用水效益系数；β 为工业用水效益分摊系数，以5%计算；W 为万元工业增加值用水量。

（2）农业用水效益系数按灌溉后的农业增产效益乘以水利分摊系数确定。

（3）生活、环境及公共设施用水的效益是间接而复杂的，不仅有经济方面的因素，而且有社会效益存在，因而其效益系数比较难确定。根据生活、环境用水优先满足的配置原则，本书在计算中赋以较大的权值，用以表示其效益系数。

3. 费用系数

（1）从水厂取水的用户以水价作为其费用系数。
（2）从自备井取水的用户以水资源费、污水处理费与提水成本之和作为其费用系数。
（3）从水利工程取水的用户以水资源费、污水处理费与输水成本之和作为其费用系数。
（4）农业用户的费用系数参考水费征收标准确定。

4. 目标权重

确定权重的方法很多，主要分为主观赋权法、客观赋权法和综合赋权法。

2.4.5 模型求解

上述所建的水资源优化配置模型为多水源、多用户的水资源多目标优化配置模型。此模型规模大，而且由于各行业的关联约束存在，使模型求解比较复杂。考虑利用大系统递阶（逐级优化）分析法进行求解，再根据大系统的分解协调理论，建立二级递阶多目标优化配置模型。采用分解－协调技术中的模型协调法（李亮等，2005），将关联约束变量即区域公用水资源 D_c 进行预分，产生预分方案 D_c^k，使系统分解成 k 个独立子系统。然后反复协调分配量，最终实现系统综合效益最佳。水资源优化配置的递阶分解协调结构见图2-2，图中 F_1，F_2，$\cdots$，F_k 分别为不同子类计算得到的总适应度值，X^1，X^2，$\cdots$，X^k 分别为相应的决策变量值。

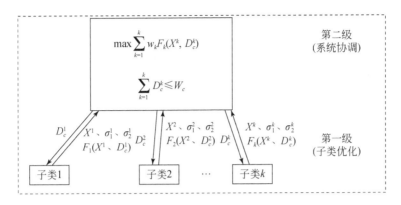

图 2-2 水资源优化配置的递阶分解协调结构

1. 第一级子类优化

根据研究区用水户类型，将区域分为 k 个子类。各子类是在第二级（协调级）给定预分配资源量 $D_c^k(\sum_{k=1}^{k} D_c^k = W_c)$ 的前提下进行各子类优化，子类优化仍是多目标优化，其中各子目标函数见式（2-20）~式（2-22）。

第 k 个子类的优化模型为

$$
\left.
\begin{aligned}
&F_k(X^k) = \{f_1^k(X^k), f_2^k(X^k), f_3^k(X^k)\} \\
&\sum_{j=1}^{J(k)} x_{cj}^k \leqslant D_c^k(c = 1, 2, \cdots, M) \\
&x_{cj}^k \leqslant Q_c[j = 1, 2, \cdots, J(k)] \\
&\sum_{j=1}^{J(k)} x_{ij}^k \leqslant W_i^k[i = 1, 2, \cdots, I(k)] \\
&x_{ij}^k \leqslant Q_i^k[j = 1, 2, \cdots, J(k)] \\
&\sum_{i=1}^{I(k)} x_{ij}^k + \sum_{c=1}^{M} x_{cj}^k \leqslant D_{j\min}^k[j = 1, 2, \cdots, J(k)] \\
&x_{ij}^k \text{、} x_{cj}^k \geqslant 0
\end{aligned}
\right\}
\tag{2-33}
$$

根据子类多目标优化的特点，拟采用多目标遗传算法（MGA）求解（赵文举，2013）。基本思路是：用评价函数（线性加权法）将多目标向量优化问题转化为单目标问题。然后用遗传算法（GA）求解单目标优化问题。解法步骤如下：

（1）以子类各子目标 $f_p^k(X^k)$ 为基础构造适应度函数。对决策变量编码，用遗传算法求解单目标优化问题，得到 p 个子目标的最优解 X_p^{k*} 及最优值 $f_p^{k*}(p = 1, 2, \cdots, P; k = 1, 2, \cdots, K)$。

（2）将最优解 X_p^{k*} 分别代入各子目标函数，可求得 p^2 个目标值组成的支付表，从表中可选取各目标的最大值 X_p^{k*} 和相对最劣值 f_p^{k0}。

（3）对各子目标函数，按 $[S_{\min}, S_{\max}]$ 区间作无量纲化处理。

对于目标函数为极大化 $\max f(X)$，即

$$e_p^k(X^k) = S_{\min} + \frac{f_p^k(X^k) - f_p^{k0}}{f_p^{k*} - f_p^{k0}}(S_{\max} - S_{\min}) \tag{2-34}$$

对于目标函数为极小化 $\min f(X)$，即

$$e_p^k(X^k) = S_{\max} - \frac{f_p^k(X^k) - f_p^{k0}}{f_p^{k*} - f_p^{k0}}(S_{\max} - S_{\min}) \tag{2-35}$$

（4）构造评价函数 $F_k(X^k)$：

$$F_k(X^k) = \sum_{p=1}^{P} \lambda_p \, e_p^k(X^k) \tag{2-36}$$

式中，$\boldsymbol{\lambda} = (\lambda_1, \lambda_2, \cdots, \lambda_p)$ 为目标权重向量，可与决策者交换意见确定。

（5）各子区独立寻优：

$$\max F_k(X^k) = \sum_{p=1}^{P} \lambda_p \, e_p^k(X^k) \tag{2-37}$$

$$X^k \in R^k \quad (\text{子区各种约束条件}) \tag{2-38}$$

用遗传算法可求得局部最优解 $X^k(D_c^K)$ 和最优值 $F_k(X^k, D_c^K)$，它们均是公用资源预分值 D_c^K 的函数，这虽然是可行解，但未必是区域的最佳均衡解。因此，需将第一级各子类求得的解 $X^k(D_c^K)$ 和目标值 $F_k(X^k, D_c^K)$ 反馈到第二级，进行第二级系统协调。

2. 第二级系统协调

第二级协调为协调各子类的局部最优解成为整个区域的最佳均衡解，即求解：

$$F(X) = \max\left\{ \sum_{k=1}^{K} \left[w_k \right] \right\} \tag{2-39}$$

$$\left.\begin{array}{l} \displaystyle\sum_{k=1}^{K} D_c^K \leqslant D_c (c = 1, 2, \cdots, M) \\[3mm] \mu = \sqrt{\mu_1(\sigma_1) \cdot \mu_2(\sigma_2)} \geqslant \mu^* \end{array}\right\} \tag{2-40}$$

$$D_c \geqslant 0 \quad (c = 1, 2, \cdots, M; k = 1, 2, \cdots, K)$$

第二级协调仍采用遗传算法。基本步骤如下：

（1）以水源预分方案 D_c^K 作为协调变量，进行编码设计。

（2）以第二级的目标函数 $F(X)$ 为基础，进行适应度设计，确定个体适应度的量化评价方法。

（3）产生初始群体，即产生水源分配方案 D_c^K，并传递到第一级的各个行业。

（4）各行业优化。各行业以常规水水源预分值 D_c^K 和矿井水水源 W_i^K 为资源条件，用多目标遗传算法求解各行业用水的优化配置结果。将求得各行业局部优化解 $X^k(D_c^K)$ 和目标值 $F_k(X^k, D_c^K)$、$\sigma_1^k(D_c^K)$、$\sigma_2^k(D_c^K)$ 反馈到第二级。

（5）第二级以反馈得到的信息为基础，解码并计算适应度，进行选择、交叉、变异等遗传算法操作，得到新一代群体，即产生新的水源预分方案。

（6）判断新的群体中最优个体是否达到收敛条件，或进化代数是否达到预定值。若已满足，即水资源已达到最优分配，停止进化计算，输出优化计算成果。否则，将新一代群体，即新的公共水源预分方案传递到第一级，转第（4）步进行子类优化，直到满足收敛

条件或进化代数为止。

2.5 基本模式

矿井水的综合利用受水资源条件、社会经济、技术、工程、政策等多重因素共同影响，具有多样性、复杂性、协调性和安全性等特征（张楠等，2021），用水户可以是工业、农业、生态、生活，其利用途径如图 2-3 所示。利用顺序一般为：先井下后地面，先工业后生态、农业和生活。

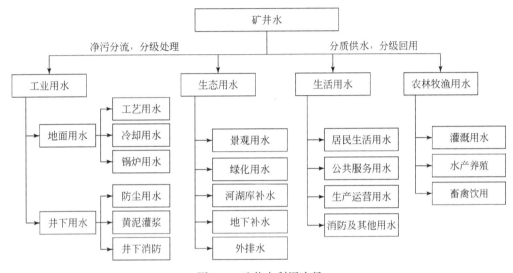

图 2-3 矿井水利用途径

根据区域水资源状况、矿井水的量质特点、工程条件及政策因素等，按照利用对象分类，其基本利用模式可分为矿山企业自用、园区循环利用、区域内优化配置、跨区域综合调配四类，各利用模式之间的关系见图 2-4。

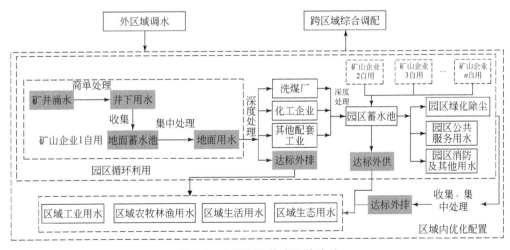

图 2-4 主要利用模式及其关系

四类基本模式层次较分明，矿井水利用的区域范围由小到大，利用途径逐步扩展，相应的水质水量需求差异显著，各模式特点比较见表2-1。实际应用时，四类基本模式可以组合集成，如煤矿企业自用与园区循环利用模式。

表2-1　各利用模式特点比较

基本模式	概述	适用地区/条件	技术要点
矿山企业自用	矿井涌水在矿山企业内部的循环利用。利用范围包含井下、地面；利用途径包含生产和厂区生活、绿化除尘等	适用于矿井涌水量不大、自身有用水需求的矿山企业	各环节用水量需经过水平衡测试，确定需水量、可供水量、水质需求，生产工艺用水需经深度处理，需在厂内修建调蓄池、事故水池，少量外排水需处理达到受纳水体水质目标
园区循环利用	矿井水除处理损失和企业自用后的可利用量，在工业园区内配套化工、其他工业中的循环利用。利用范围包含矿山企业、园区内各工业企业、园区绿化除尘、园区公共服务等；利用途径包含生产、生活、园区生态	适用于矿山企业矿井涌水量大、除去企业自用外还有富余的矿山企业，园区内1个或若干个矿山企业矿井水经处理达标后就近供给园区内其他工业企业	矿山企业矿井涌水经处理后能够满足自用，需具有一定规模的处理、调蓄能力和外供管网；园区内需有配套的化工及其他工业
区域内优化配置	矿井水除处理损失和企业自用后的可利用量，在一定区域内的合理配置。利用途径包含区域生产、生活、生态用水；根据矿井水量质条件可有多个潜在用水户	适用于矿山企业矿井涌水量大、除去企业自用外还有富余的矿山企业，经处理后的矿井水量质稳定，区域水资源短缺	矿山企业矿井涌水经处理后能够满足自用，区域内需具有较完善的矿井水输配水管网，根据各潜在用水户量质需求和约束条件，建立含矿井水的区域水资源优化配置模型并求解
跨区域综合调配	矿井水除处理损失和企业自用后的可利用量，在更大区域范围内的合理配置。利用途径包含区域生产、生活、生态用水；根据矿井水量质条件可有多个潜在用水户	适用于矿山企业矿井涌水量大、除去企业自用外还有富余的矿山企业，经处理后的矿井水量质稳定，区域水资源充足而调蓄能力不足	矿山企业矿井涌水经处理后需能够满足自用，区域间需具有较完善的矿井水输配水管网

2.6　政策保障

以大幅度提高矿井水利用率为目标，坚持节水优先、统一管理、高效利用原则，以矿井水纳入区域水资源统一配置为抓手，以企业为主体，以市场为导向，以技术创新和制度创新为动力，加强政策引导，完善政策措施，缓解矿区水资源短缺的形势，保护生态环境，促进矿区节水型社会的发展。主要措施建议如下：

（1）把矿井水纳入水资源统一配置。在规划编制环节，把矿井水作为主要水源之一，纳入供水体系评价，统一进行水量平衡计算，合理确定水资源配置方案；在水资源论证环节，对矿井水可利用量进行分析，把矿井水利用作为节水评价的重要内容，合理确定矿井水利用量与新鲜水取用水量；在取水许可环节，严格按照扣除矿井水等非常规水源利用量后的新增新鲜水取用水量确定许可水量；在年度计划用水指标下达环节，合理估算矿井水等非常规水源利用量，据此下达年度取水量指标；在水资源调度环节，统一调配常规水源与矿井水等非常规水源，在水量和水质满足用水需求的情况下，优先使用矿井水等非常规水源。

（2）实行矿井水等非常规水源利用配额制。根据矿井水可利用量、区域用水总量控制红线与取水许可总量控制指标，确定各区域矿井水利用配额，没有达到配额的，原则上不批准新建水源工程。用水户申请取水许可，必须优先使用矿井水等非常规水源。从行政区域、园区、取用水户等多个层次建立矿井水等非常规水源配额管理与考核制度。①行政区域层面，将配额制作为实行最严格水资源管理制度的主要内容。新增矿井水等非常规水源利用量作为最严格水资源管理制度单独指标进行考核，考核区域用水总量指标时不计矿井水等非常规水源利用量。未达到配额的区域按比例核减其用水总量指标或年度计划指标，并实行取水许可区域限批，限制农业、工业建设项目和服务业新增取用水。②园区层面，强制优先利用矿井水等非常规水源。工业园区和城市新区非常规水源利用量要达到配额要求。严重缺水园区特定高用水行业只能使用矿井水等非常规水源，不得配置常规水源。③取用水户层面，有序推进矿井水等非常规水源利用。新增取用水户，在满足利用条件下必须优先使用矿井水等非常规水源，未足额落实非常规水源利用配额指标或签订供水协议的，申请常规水源分配指标不予批准。已持有取水许可证的用水户，可以使用矿井水等非常规水源的，限期使用非常规水源，限期内未完成改造并达到用水配额的，在批准其取水许可延续时相应核减常规水源取用指标。

（3）落实社会资本参与政策。通过特许经营等方式，鼓励与引导社会资本参与矿井水等非常规水源利用开发，保障其合理收益。依法发布矿井水等非常规水源利用规划、建设项目等信息，使社会资本充分了解有关信息。支持矿井水等非常规水源利用项目采用政府与市场合作（PPP）模式实施，包括建造-运营-移交（BOT）、转让-经营-转让（TOT）、建设-移交（BT）等多种实现形式。社会资本兴建的矿井水等非常规水源工程及其产权依法受法律保护，可以依法抵押、转让、继承等。

（4）探索合同再生水管理模式。借鉴合同能源管理、合同节水管理模式，探索合同矿井水管理模式。合同管理范畴可以包括矿井水处理设施，也可以是矿井水输配管网。在借鉴效益分享、效果保证、费用托管模式的基础上，鼓励矿井水配置服务企业与用户创新发展合同管理商业模式。要加强矿井水利用监管，完善矿井水利用价格体系，加大财税支持力度，改善融资环境，健全标准和计量体系，创造有利于矿井水利用的政策和市场环境。要积极培育矿井水服务企业，创新矿井水利用技术集成与推广应用，积极开展试点示范，逐步培育发展再生水服务市场。

（5）构建计量监测监控体系。矿井水处理设施、矿井水输配管网全部接入有关部门水资源、水环境计量监测监控系统。水利、生态环境、住建等部门建立信息共享机制，共享矿井水等非常规水资源的水量、水质等数据。发现监测数据异常或不达标的，及时通知运营单位处理。监测数据作为结算补贴费用的基本依据。把符合再生利用水质标准作为确定统计非常规水源利用量口径的基本标准，建立健全矿井水等非常规水源利用的统计制度。

（6）建立风险管理机制。建立严格的矿井水利用监督管理制度，完善部门管理机制，明确专门的监管部门，实现对口管理、首问负责，评估矿井水利用风险，保障矿井水水量、水质，确保矿井水使用的可靠性和安全性。县级人民政府制订矿井水利用突发事件应急预案，建立健全预警机制，出现紧急情形时，有序启动应急预案。矿井水运营单位要制订应急方案，出现紧急情形时，有序应对，并按规定报告政府有关部门或直接报告政府。有关部门要按照应急预案的要求，完善应急机构与人员，储备应急物资，组织应急演练，确保各项应急措施落实到位，不断提高应急管理水平。建立矿井水水量水质监督检查制度，有关部门采取定期巡查或者随机抽检的方式对矿井水运营单位和输配管网维护管理单位进行监督检查，检查结果予以通报。

（7）完善矿井水利用的法律法规。修订《水法》，制定《资源综合利用法》《节约用水条例》。应当明确矿井水利用的有关要求，主要内容包括：将矿井水纳入区域水资源统一配置、统一管理。编制矿井水利用专项规划。缺水地区、能源基地县级以上水行政主管部门编制本辖区内矿井水利用专项规划，明确矿井水利用方向、规模以及配套工程体系等。严控矿井水外排水质，矿井水利用应当符合规定用途的水质标准，排入自然水体的，水质标准应当优于受纳水体水质管理目标要求，不得影响上下游相关河段水功能需求。坚持就地利用，优先用于矿山生产与采矿活动影响区域的生态环境修复用水。推进老空水污染防治，重点防治酸性老空水。完善矿井水利用扶持政策，达标排放的矿井水，作为水源管理，不作为排污口管理，鼓励矿山企业参与建设管理矿井水利用工程，分享矿井水利用收益。

第3章 | 基于生态修复的矿井水优化配置模式

本模式是矿井水区域内优化配置的典型案例,在陕西榆林榆横矿区北区榆溪河流域(主要分布在榆阳区西部)进行示范,适用于经济发达、水资源短缺、矿井水富余的半干旱半湿润地区。

3.1 研究区概况

3.1.1 地形地貌

榆阳区位于陕西省北部、榆林市中部,西北与内蒙古自治区乌审旗接壤,西南与横山区毗邻,东北与神木市相连,东南与佳县地接,南与米脂县互邻。区域呈不规则平行四边形,南北最长距离为124km,东西最宽距离为128km,总面积为7053km²。榆阳区内地形地貌大致以长城为界,北为风沙草滩区,约占榆阳区总面积的75%;南属黄土高原丘陵沟壑区,约占总面积的25%。全区地势东北高,中部、南部低。区内大地构造单元属鄂尔多斯台向斜陕北台凹东翼地区,地质活动相对稳定,岩层构造简单,地壳无大型褶皱和断裂。本区大部分地表被新生界第四系黄土层覆盖,在较深河谷有裸露基岩,以三叠系地层为主。

3.1.2 地质构造

榆阳区大地构造属鄂尔多斯盆地次级构造单元——陕北斜坡北部,地质构造简单,岩层接近于水平,地层稳定,褶皱构造不发育。地形开阔,多为半固定沙丘,沙丘呈波状起伏。主要为第四系风积、冲洪积、湖积的沙土、一般黏性土等,下伏为侏罗系砂岩。

榆阳区地壳运动相对较弱,据记载1448年、1621年,曾在府谷、榆林、横山发生过5级地震,此后再未发生过4级以上地震,小地震也很少。根据中国《建筑抗震规范》(GB5011—2001)及《中国地震烈度区划图》,本研究区所处地区抗震设防烈度为6度,设计基本地震加速度值为0.05g。

3.1.3 气候气象

榆阳区地处我国西部内陆,为典型的中温带半干旱大陆性季风气候,气候特征为四季分明、冷热有序、日照充足、干湿地域各异。该区春季多风、夏季炎热、秋季天气偏凉、冬季干燥寒冷,冬季最冷月为1月,平均气温为-7.6℃;春季4月平均气温为11.5℃;夏季最热月为7月,平均气温为24.2℃,秋季10月平均气温为9.1℃;全年无霜期短,10月初上冻,次年4月解冻。年平均风速为2.0m/s,变化范围在1.4~2.7m/s。春季(3~5月)平均风速较大,为2.5m/s,其次是夏季,平均风速为2.0m/s,冬季1月风速较小,为1.4m/s。年平均大风日数1.5天,2~6月出现较集中,其余各月较少,最大风速为20.7m/s,年主导风向NW。

3.1.4 水文

榆阳区水资源分区分为秃尾河、榆溪区和榆横区,面积分别为987km²、3661km²和2405km²,总面积7053km²。榆阳区年降水量均值为370.1mm,年降水总量均值为261025.6万m³,频率是20%、50%、75%、95%的降水量分别为452.3mm、360.0mm、294.2mm、219.4mm。榆阳区多年平均径流深为50mm,多年平均径流量为35310万m³,频率是20%、50%、75%、95%的径流量分别为39569万m³、34845万m³、31528万m³、27482万m³。

无定河流域榆溪区面积为3787km²,年降水量均值为380.2mm,年降水总量均值为143962.2万m³,频率是20%、50%、75%、95%的降水量分别为463.8mm、370.6mm、304.1mm、226.8mm。多年平均径流深为43mm,多年平均径流量为16191万m³,频率是20%、50%、75%、95%的径流量分别为17519万m³、16110万m³、15058万m³、13681万m³。

1. 地表水

榆阳区内河流属黄河水系,北部、西部及东南部为无定河流域,面积为5904km²,占全市面积的83.7%。东北小部分(麻黄梁、大河塌、安崖和刘千河乡局部)为秃尾河、佳芦河流域,面积分别为720km²和429km²,分别占全市面积的9.1%、4.5%。区内河道纵横,有大小河流837条,其中常年流水河570条,季节性流水支沟261条,流域面积10km²以上的河道53条,100km²以上的河流23条。最大的河流是过境无定河,其次是区内的榆溪河和过境的秃尾河,其余河流多为这3条较大河流的小支流。

2. 地下水

区内地下水分布不均,在黄土梁峁区,由于地表植被不发育,降雨多以地表径流方式向河谷排泄,地下水水量有限,且地下水位较深,仅在主沟沟底见有少量泉水出露,且多为季节泉,水量有限;在河流、沟谷区,第四系松散层中地下水较丰富,水位较浅,水质亦较好。

3.1.5 生态

1. 植物

受地形、气候、水文、海拔等各种因素的影响,各地貌单元地表植被差异很大,植被群落分布较为复杂。全区共有草本植物 60 多种，木本植物 40 多种，栽培作物 79 种，属灌丛草原植被区。研究区域生态结构较简单，基本由 3 种灌木密集成丛，这些灌木零星分布，丛间有少量草本植物，部分区域分布有少量乔木。灌木以柠条、沙柳、沙蒿为主，草本植物以大针茅、百里香、芨芨草、白羊草、苜蓿、沙打旺等为主，乔木类以杨、槐、榆为主。

2. 动物

榆阳区野生动物组成比较简单，种类较少。根据现场调查及资料记载，目前该区的野生动物（指脊椎动物中的兽类、鸟类、爬行类）约有 70 多种，隶属于 22 目 39 科，其中兽类 4 目 9 科，鸟类 15 目 26 科，爬行类 2 目 2 科，两栖类 1 目 2 科。此外，还有种类和数量众多的昆虫。

3.1.6 矿产资源

榆阳区煤炭资源储量达 485 亿 t，探明含煤面积约有 5400 km²，占辖区总面积的 77%，是神府煤田重要组成部分，具有煤层厚、储量大、品质好、易开采的特点；岩盐资源预计储量达 1.8 万亿 t，为氯化钠含量高达 95% 的罕见精品盐矿；天然气探明储量达 820 亿 m³，是陕甘宁大气田重要组成部分，含气面积大、纯净度高、开发前景广阔。石油、高岭土、泥炭等矿藏亦有相当规模储量。

3.1.7 水文地质条件

榆阳区地下水类型分为新生界松散岩类孔隙及裂隙孔隙潜水、中生界碎屑岩类裂隙孔隙潜水与层间承压水。第四系全新统河谷冲积层孔隙潜水分布于河流河谷，河流下游切割相对较深致含水层储水空间破坏，排泄条件好，富水性贫乏，中上游地下水赋存条件好；第四系萨拉乌苏组潜水在邢家梁、硬地梁、红墩一带形成地下水比较丰富的地段，含水层厚度一般在 40~60m，水位埋深 0.8~2.0m；第四系中更新统黄土裂隙孔隙潜水在左界、九台及十三台一带地下水赋存条件较好，属中等富水地段，榆溪河西部及无定河北部富水性差；下白垩统洛河组砂岩裂隙孔隙潜水含水层绝大部分被上新统萨拉乌苏组和全新统松散层覆盖，富水性中等；侏罗系、三叠系基岩风化裂隙水在张家伙场、马家峁、黄沙七墩、姬家窑子一带及榆溪河以东局部地段，含水层富水性相对较好，在转水庙、羊圈梁连线以南低缓黄土梁峁区、无定河以南黄土梁峁区及无定河河谷阶地，因大多被黄土所覆盖，补给条件差，含水微弱；承压水在基岩风化裂隙带以下广泛分布，以西部埋深较大的直罗组和延安组第四段含水量最大，水头最高。据调查统计，该区生产煤矿平均吨煤涌水量约为 1.38 m³，袁大滩煤矿可达到 2 m³ 以上。

3.2 矿井水利用现状及存在的主要问题

3.2.1 矿井水开发利用现状

国家重点煤炭基地榆横矿区主要分布在榆阳区，榆横矿区北区主要集中分布在小纪汗、红石桥、补浪河和巴拉素四个乡镇，主要井田见表3-1。

表 3-1 榆阳区榆横矿区 12 座煤矿特征统计表

序号	性质	井田名称	井田面积/km²	资源储量/亿 t	生产能力/(万 t/a)	投产年份	剩余服务年限/年	备注
1		榆阳井田	13.03	0.5675	300		0	停产
2		长城井田	4.56	26.725	45	2014	0	停产
3	在建生产矿井	大川沟	1.20		10	1995	0	停产
4		小纪汗井田	251.75	31.7	1000	2014	115	
5		大海则井田	276.3	50.5844	1500	2019	151	在建
6		袁大滩井田	150.66	11.0977	500	2014	73.6	
7		巴拉素井田	300.40	49.7146	1000	2019	170	在建
8		可可盖井田	180.90	25.2981	1000	2020	102.1	
9	规划井田	西红墩井田	247.80	29.8745	1000	2020	151.4	
10		乌苏海则井田	334.40	53.891	1500	2020	119.8	
11		波罗井田	339.50	20.1013	1000	2020	70	
12		红石桥井田	259.80	26.725	1000	2020	124.7	

1. 疏干水水质分析

据调查，现阶段榆神矿区煤矿企业利用矿井疏干水主要用于供给自身消防、除尘、洗煤、道路洒水、绿化、配套企业用水以及周边村镇农田灌溉。根据煤矿自检水质报告资料，结合环保要求对煤矿外排疏干水水质监测资料分析，矿区大多数煤矿疏干水的 pH、COD、悬浮物等的检测结果均符合相关国家标准。榆横矿区煤矿疏干水含盐碱成分较高，需特殊工艺处理才能达标，处理成本较高，但经处理均能符合要求。

鉴于以上情况，本次疏干水综合利用方案对各煤矿疏干水水质有以下要求：

（1）煤矿井下作业时，应采用清污分流排水系统，清水收集后经简单处理可直接回用，其他水量通过煤矿自建的矿井水处理设施处理达标后回用于自身消防、除尘、洗煤、道路清扫洒水、绿化、灌溉及排放等。

（2）各煤矿应建大于矿井涌水量规模的矿井水处理站，根据涌水水质优化处理工艺，保证富余的矿井出水水质符合《地表水环境处理标准》（GB3838—2002）中的Ⅲ类水质要求后方可排入集中收集管网用于工业企业用水、农田灌溉、生态补水等，实现综合利用。

2. 疏干水水量现状

目前矿井涌水量的大小与采煤方式、大气降水等因素有关，外排量与配套企业用水量等因素有关，主要表现为：保水采煤涌水量稳定、外排较少，综合采煤涌水量较大；夏秋季涌水量大、用水量大、外排少；冬春季涌水量小、用水量小、外排量较大。此外，各煤矿周边农田灌溉受季节、降水和干旱程度等因素影响，也造成用水量和外排量不稳定。

3. 疏干水利用现状

据调查，除去煤矿自用水，外排疏干水主要通过煤矿企业点到点的利用，建设管线、煤企一体化等方式，截至 2018 年，榆横矿区疏干水利用工业企业配套项目调查结果见表 3-2。

表 3-2　榆横矿区现状疏干水利用工业企业配套项目调查结果

序号	供水类型	建设性质	供水范围及对象	供水工程名称	水源名称	水源类型	输水工程				
							起点	末点	管径 /mm	流量 /(m³/s)	管线长 /km
1	工业园区	在建	未来能源化工	袁大滩煤矿至未来能源化工供水工程	矿井水	地下水	袁大滩煤矿	未来能源化工	600	0.27	18.7
2		已成	横山电厂	小纪汗煤矿至横山电厂供水工程			小纪汗煤矿	横山电厂	800	0.66	44
								空港新区	800		23.5
3		拟建	未来能源化工	大海则至未来能源化工供水工程			大海则煤矿	未来能源化工	待定		
4		拟建	未来能源化工	巴拉素至未来能源化工供水工程			巴拉素煤矿	未来能源化工	待定		

3.2.2　开发利用存在的主要问题

1）矿井水用于生态的力度需要加强

经过实地调研，发现矿井水用于生态修复时，多是基于工作人员的经验进行补水，缺乏定量的概念，因而会使得矿井水难以合理用于生态修复，且部分沟道的生态功能需进一步改善，但在原有的规划中尚未涉及。

2）矿井水与其他水源的配置方案的合理性需要加强

在原有的规划中只是定性地给出了水量分配的规则，缺乏定量的配水指标做支撑，使得配置结果并非是最优的，而如何实现配水效益的最大化，是促进资源有效利用的核心问题。由于涉及多水源、多用户的配水过程，计算量较大，需要采用先进的优化方法实现系统的最优。

3）相邻矿区间水资源的调配缺乏研究

经过实地调研，可知不同矿区的矿井水产量不同，且工业、生态、灌溉的需水量存在差异，引黄水源用于地区供水，使得不同地区的供需平衡存在差异。如何有效地在地区间调配水资源，实现全市水资源的优化利用，目前缺乏相关研究。生活用水未纳入全区的优化配置，使得生活用水量的配置经验性较强，规划中的矿区的常规水源的可供水量值缺乏相应依据，因而需要对不同矿区间的水资源的优化配置进行研究。

3.3　水生态保护思路与措施

3.3.1　矿区内生态保护

1. 水环境治理

以改善矿区内水环境质量为核心，坚持源头控制，深入实施水污染防治行动计划，严禁矿区污染入河。按照"清污分流、雨污分流"的要求，完善规划区内各矿区污水集中处理设施。矿区的生活污水和矿井水应采取两套独立的处理净化设施，安装在线自动监测设施，并与生态环境保护主管部门联网。其中，生活污水处理达标后全部综合利用；富余矿井水处理达到《地表水环境质量标准》（GB 3838—2002）Ⅲ类标准，同时满足灌溉水源水质要求后，进入本次综合利用工程的输配水管网，优先保证生态用水。

2. 生态环境修复

1）生态环境修复原则

矿区露天开采、采空区塌陷等生态环境问题突出，水陆生态破坏严重、生态恢复治理滞后，应树立绿水青山就是金山银山的理念，坚持矿区绿色、循环、可持续发展理念，按照"谁开发、谁保护、谁破坏、谁治理"的原则，统筹推进煤炭资源开发过程中的生态治理。

2）重要矿区重点治理

矿区应根据所在区位条件、土地类型和水资源承载能力，因地制宜开展矿区生态修复。对于开采废弃的露天煤矿，走农林牧相结合、综合治理的复垦绿化路线，治理模式以恢复耕地为主；对于采空塌陷区，参照"近自然""稀疏林"造林模式，结合"三北"防护林建设工程和京津风沙源治理工程，打造框状林网牧场；对于采空区，重点发展草产业，采取封禁保护措施，建成矿区草场。矿山企业通过矿区生态修复，提高煤矿区植被覆盖率，改善重点治理区的生态环境。

3）矿井水生态利用

矿井水在煤矿自身生产和生活使用后，优先就近供给矿区采空区和塌陷区生态修复用水、绿化景观用水等，促进植被自然恢复和回补矿区地下水。在植被恢复过程中，应针对矿区干旱瘠薄的土壤条件，做到适地适树，以提高造林成活率和营林效果。如在一些暂时无法还林的区域，以草起步、草灌先行，待土壤改良和土地条件改善后再造林，实行草灌乔混交。各矿区内生态环境治理与恢复，采用深度处理后的矿井水对治理区域适时开展浇灌喷洒。

3. 水生态工程建设

在矿井水富余量较大的榆横矿区，按照因势利导、依地造型、随势建设的原则，鼓励有条件的井田修建矿井水人工生态湿地或生态蓄水工程。矿井水在矿区经过处理，悬浮物、矿化度、pH 等指标达到用水水质要求后，收集于湿地或生态蓄水池中。人工湿地或蓄水池底不进行防渗处理，人工湿地建立湿地水生植物群落，生态蓄水池周边建立乔灌草植物群落。充分利用湿地空间，下渗补给潜水含水层，提升水源涵养能力，促进水资源循环利用，改善区域生态系统，如榆横矿区的袁大滩煤矿矿井水综合利用示范工程，利用净化后的矿井水构建湿地生态系统，形成了集生态涵养、景观欣赏及休闲于一体的沙漠湿地。矿区内水生态工程建设可发挥生态补水、水源涵养、水量调蓄、水质净化、维护生物多样性等生态功能，对各煤矿在井田范围内实施矿井水生态利用，以及补充矿区内地下水具有积极意义。

3.3.2 矿区外水生态保护

1. 水生态保护目标

根据水生态功能重要性和水生态保护类型，将规划区的水生态保护分为河流、湖库（海子）、湿地及水源涵养绿地四类（表 3-3），针对规划矿区内水生态空间衰退、水生态功能退化等问题，以保障和维护水生态功能为主线，对不同水生态保护目标分别进行水生态保护规划。

表 3-3　榆横矿区水生态保护目标及保护方向

类型	保护目标	保护方向
河流	除河道型饮用水水源地所在河段、生态保护红线范围内河段以外的生态空间	河道内生态补水、水质改善、水生态监测，河道外生态用水
湖库（海子）	除湖库型饮用水水源地所在湖库、生态保护红线范围内湖库以为的生态空间	湖库内生态用水、水质改善、水生态监测，湖库外生态用水
湿地	榆阳榆溪河湿地	生态补水、水质改善、水生态监测
水源涵养绿地	榆溪河、秃尾河、芦河和无定河上游区、城市及景区等绿化景观	植树造林、绿地生态用水、景观水面补水

对于矿井水的保护利用应坚持生态优先的原则。按照"因地制宜，分区治理"原则，矿区企业自用后富余部分矿井水处理达到《地表水环境质量标准》（GB 3838—2002）Ⅲ类标准，同时满足灌溉水源水质要求后进入输水干线，可作为矿区外生态用水。结合矿区所在的自然地理特征和生态环境条件，矿井水可优先用于河流、湖库（海子）、湿地等地

表水的生态补水以及水源涵养绿地的生态用水。

按照榆林市生态环境保护红线及"多规合一"成果要求，对重点生态功能区、生态环境敏感区和脆弱区等红线区域实施严格保护，确保生态保护红线区域功能不降低、面积不减少、性质不改变、资源使用不超限，严格自然生态空间征占用管理，遏制生态系统退化的趋势。因此，对于饮用水水源地实施矿井水统一收集，综合利用。

2. 地表水生态保护

以提高生态用水保障能力为核心，以水环境恶化、生态脆弱的河湖湿地为重点，将河流、湖库（海子）、湿地等生态环境补水作为矿井水资源配置的重要目标之一，合理规划和安排生态补水，显著改善水生态环境。

1）河流生态补给

榆林市属于资源型缺水地区，由于煤矿开采对矿井水的疏排导致矿区内部分河流减水或断流。结合矿井水分布，为保护和改善河流水生态环境安全，现阶段以多年平均径流量的 10%~30% 作为河道内基流控制目标。各矿区矿井水综合利用优先保证河道最小生态下泄流量，增加水系生态水量（郑临奥等，2018）。保障重要控制断面生态环境水量，增加水体生态流量，增强河流水体自净能力及环境容量，使流域水生态系统恶化趋势基本得到遏制。河流生态补水水质标准应满足《地表水环境质量标准》（GB 3838—2002）Ⅲ类及灌溉水源水质要求。在矿井水进入河流前，可在补水口处布置人工生态湿地，增强水源涵养，进一步削减入河污染负荷。通过种植湿生植物和水生植物，保护生态水面，改善生态环境，使河流恢复原有的生态环境质量，营造良性生态系统，构成生态屏障（宋明伟等，2007）。

2）湿地生态补给

由于矿区的开发建设，规划内大量天然湿地水量减少、湿地萎缩、水质变差、水生态恶化。为推进矿井水综合利用，维护规划区湿地功能生物多样性，确保湿地净化水质、改善环境的生态功能的发挥，规划对矿区范围的湿地进行补水，增加湿地面积，逐步增加湿地功能，维护生态平衡及生物多样性，保障流域整体的环境健康，实现人与自然的和谐发展。根据《陕西省湿地保护工程规划（2009—2030 年)》，本研究区范围内尚有小纪汗小海子、红石桥小海子等湿地小区。通过对矿井水资源的管理和合理调配，恢复和治理退化湿地，使丧失的湿地面积得到恢复和适当增加，维护湿地生态系统的特性和基本功能，使自然湿地生态系统进入良性状态，最大限度地发挥湿地生态系统的功能和功效，实现湿地资源的可持续利用。同时，湿地植被及功能的恢复（董文君等，2011），可形成河流缓冲带，有效拦截净化面源污染，尤其是河流型湿地对河流的水质起到净化作用，对改善榆林地区水生态环境具有积极意义。

3. 绿化景观生态保护

结合榆林市城镇体系生态建设，以增强生态服务功能，构建生态安全屏障，提高城镇绿地绿化率，增加湖池生态景观为目标，利用矿井水作为绿地景观的生态用水，减少对新鲜水的依赖。

1）绿化生态用水

各矿区矿井水经净水过程处理达标收集后，优先用于生态绿化。矿井水利用方向包括林场生态用水、城市新区绿化用水、城市公园绿化用水、防护绿地用水、交通道路绿地用水等。将矿井水引入城市公园、绿化带，建设自动化、智能化的矿井水喷灌、滴灌系统，绿化、美化、净化城市环境。

（1）林场生态用水对象包括巴拉素林场、小纪汗林场、白界林场等。

（2）城市新区绿化用水对象包括科创新城、芹河新区、空港生态区等道路浇洒、城市绿化。

2）景观生态补水

规划区内有榆林沙地公园，以及榆横北区乡镇均有水面景观工程。这些水面景观可通过定期补充矿井水保持景观湖水位，确保景观效果和生态系统稳定，具有防止景观湖水质恶化、控制水体富营养化的作用。同时，可利用矿井水恢复原有干枯的海子、建设景观湖，从而实现涵养水源、修复生态、发展旅游产业等目标。

3.4 供水预测

3.4.1 常规水源供水预测

1）现状主要水源工程

王圪堵水库坝址位于横山区雷龙湾乡王圪堵村附近的海则湾，在芦河口以上 5.5km 处的无定河干流上，是无定河上游大型控制性工程。王圪堵水库控制流域面积达 10833km²，多年平均天然径流量为 3.37 亿 m³，扣除上游发展用水后，年入库径流量为 3.16 亿 m³，是能源化工基地、鱼米绥工业区骨干水源工程。王圪堵水库库容为 3.89 亿 m³，原设计多年可向工业、生活供水量为 1.53 亿 m³，保证率 95% 时可供水量为 1.53 亿 m³。

2）在建及规划地表水水源工程

根据《榆林市黄河东线引水工程总体规划》（2018 年），该工程从榆林市东部黄河干流取水，输水到王圪堵水库，2030 年可供水量为 7 亿 m³，可直接为府谷、神木、榆阳、横山一带供水，通过与王圪堵水库的水量置换，还可转向米脂、子洲、绥德及靖边、榆横工业区的部分区域供水。

黄河东线引水工程方案推荐马镇、府谷两点引水方案，由马镇引水及府谷引水两条线路组成，总供水量为 7 亿 m³，其中马镇引水线路年供水量为 5.7 亿 m³，从马镇取水，末点到王圪堵水库，沿线向神木市、榆阳区、横山区、榆神工业区、榆横工业区的工业及城镇供水；府谷引水线路年供水量为 1.3 亿 m³，从浪湾取水，向府谷的工业及城镇供水。

3.4.2 再生水供水预测

2025 年再生水可供水量根据各工业园区规划及人口增长情况，结合各污水处理厂的建设规划及供水规划,对榆林市各污水处理厂再生水量进行预测,若污水总量超过设计规模,则按照设计规模计算。远期 2035 年,再生水可供水量按工业园区需水量的 16% 左右估算,见表 3-4。若是按照 16% 的比例 2025 年的再生水的可供水量为 3712 万 m³,而实际榆横工业区的再生水的可供水量比例达到 28%,因而会使得 2035 年再生水可供水量值小于 2025 年。

表 3-4 规划水平年工业园区及工业项目再生水预测结果

序号	污水处理厂	建设情况	废污水量/万 m³	再生水可供水量/万 m³		
				2025 年		2035 年
				合计	用于本土工程	
1	西红墩化工产业园污水处理厂	规划		255	255	203
2	榆横工业区污水处理厂	已建	3285	2957	2957	2353
3	空港生态区、芹河新区、科创新城污水处理厂	已建		500	500	398
	小计		3285	3712	3712	2954

3.4.3 矿井水供水预测

重点区域各生产煤矿均已不同程度对井下排水进行了利用。大多数煤矿矿井水由井下排出后,经处理站处理后,首先供本煤矿生产用水,包括井下防尘洒水、灌浆用水、地面除尘洒水及洗煤用水等,如有剩余,一般经处理达标后供至附近工业企业进行利用。目前小纪汗煤矿至榆横电厂输水管道已建成,可将多余排水排至榆横电厂进行利用。

根据《陕西省榆林市榆阳区矿区开发基础设施总体规划》,并结合实际调研情况,榆横矿区 9 座煤矿 2030 年预计全部投入运行。通过实地调查和查阅区域地下水相关研究资料发现:各煤矿区域地下水主要以萨拉乌苏组为主的第四系松散岩类孔隙与裂隙孔洞潜水,区内地下水主要接收大气降水补给,其次是侧向径流、灌溉回渗和地表水的补给。根据国内外学者调查研究发现,大气降水对矿井水的影响程度受地下水埋深、采空区面积、大气降水大小及年内分布特征等多种因素综合影响。由于受多种因素限制,本方案中各煤矿现状排水量根据实际调研数据统计,2025 年和 2035 年疏干水排水量等数据通过现场调研材料并结合《榆阳区煤矿疏干水综合利用规划》中的预测方法进行计算预测,具体计算方法如下:

$$W_a = (Q_{正常} \times 24 \times 365 \times 0.75 + Q_{最大} \times 24 \times 365 \times 0.24 - Q_{自用} - Q_{配套})/10000 \quad (3-1)$$

式中,W_a 为矿井年排水量(万 m³/a);$Q_{正常}$ 为非汛期矿井涌水量(m³/h);$Q_{最大}$ 为汛期矿井涌水量(m³/h);$Q_{自用}$ 为矿井生产、生活、消防等自用水量(m³/h);$Q_{配套}$ 为煤矿配套项目用水量(m³/h)。

本书的矿井涌水量、排水量的预测采用实际调查法,结合实际调查统计资料和《煤矿建设规划》,2025 年、2035 年榆横矿区各煤矿矿井水可供水量见表 3-5。

表 3-5　榆横矿区各煤矿矿井水可供水量表

年份	序号	矿井名称	规模/(万 t/a)	投产年份	剩余服务年限(2017 年起)	涌水量/万 m³	自用水量/万 m³	外排水量/万 m³	
								外供水量	富余水量
2025 年	1	小纪汗煤矿	1000	2014	115	1083	248	835	710
	2	袁大滩煤矿	500	2014	73.6	1139	373	766	651
	3	大海则煤矿	1500	2014	151	1296	329	967	822
	4	巴拉素煤矿	1000	2014	170	1314	258	1056	897
	5	可可盖煤矿	1000	2020	97.1	1697	268	1429	1215
	6	乌苏海煤矿	1500	2020	114.8	1971	259	1712	1455
	7	西红墩煤矿	1000	2020	146.4	1289	172	1117	949
	8	红石桥煤矿	1000	2020	119.7	854	248	606	515
	9	波罗煤矿	1000	2020	65	334	252	82	70
		小计	9500			10977	2407	8570	7284
2035 年	1	小纪汗煤矿	1000	2014	97	1083	248	835	710
	2	袁大滩煤矿	500	2014	55.6	1139	373	766	651
	3	大海则煤矿	1500	2014	135	1296	329	967	822
	4	巴拉素煤矿	1000	2014	154	1314	258	1056	897
	5	可可盖煤矿	1000	2020	87.1	1697	268	1429	1215
	6	乌苏海煤矿	1500	2020	104.8	1971	259	1712	1455
	7	西红墩煤矿	1000	2020	136.4	1289	172	1117	949
	8	红石桥煤矿	1000	2020	109.7	854	248	606	515
	9	波罗煤矿	1000	2020	55	334	252	82	70
		小计	9500			10977	2407	8570	7284

3.5　需水预测

3.5.1　生态需水预测

基于生态需水预测模型，在对榆林市年降水预测的基础上，对生态需水量的计算结果进行分级修正，从而得到榆林市的生态需水量。

基于定额法对榆横矿区的生态需水量进行计算，结果见表 3-6。

表 3-6　榆横矿区生态项目需补水量预测表

生态项目	序号	项目名称	面积	需补水量/万 m³	
				2025 年	2035 年
湖泊及生态水面补水	1	榆林沙地公园河湖补水	150 亩	60	60
	2	榆横北区乡镇景观水面补水	500 亩	150	150

生态项目	序号	项目名称	面积	需补水量/万 m³	
				2025 年	2035 年
海子湿地补水	3	小纪汗小海子补水	500 亩	220	220
	4	红石桥小海子补水	50 亩	22	22
道路浇洒、绿化	5	空港生态区、芹河新区、科创新城道路浇洒、绿化		1502	1502
沟道补水	6	水天沟	48.2km²	20.4	20.4
	7	曹家沟	10.4km²	4.4	4.4
	8	硬地梁沟	162km²	68.7	68.7

注：1 亩≈666.7m²。

1. 榆林市降水预测

1）降水样本分型

基于计算的榆林市的降水量序列，运用样本分型的方法计算其分型的标准，进而将榆林市的降水分型结果列于表 3-7 中，基于该分型结果可对榆林市未来的降水进行预测。

表 3-7 榆林市降水分型结果

年份	降水量/mm	丰枯特征	年份	降水量/mm	丰枯特征	年份	降水量/mm	丰枯特征
1957	365	枯	1978	486	偏丰	1999	267	枯
1958	550	丰	1979	344	偏枯	2000	258	枯
1959	589	丰	1980	269	枯	2001	491	偏丰
1960	417	平	1981	414	平	2002	445	平
1961	535	丰	1982	407	平	2003	464	平
1962	288	枯	1983	324	枯	2004	424	平
1963	364	偏枯	1984	410	平	2005	282	枯
1964	717	特丰	1985	449	平	2006	302	枯
1965	134	特枯	1986	355	偏枯	2007	459	平
1966	433	平	1987	433	平	2008	460	平
1967	754	特丰	1988	567	丰	2009	409	平
1968	424	平	1989	290	枯	2010	396	平
1969	455	平	1990	404	平	2011	399	平
1970	490	偏丰	1991	397	平	2012	549	丰
1971	401	平	1992	424	平	2013	612	特丰
1972	285	枯	1993	296	枯	2014	431	平
1973	502	偏丰	1994	443	平	2015	442	平
1974	296	枯	1995	503	偏丰	2016	734	特丰
1975	385	偏枯	1996	424	平	2017	613	特丰
1976	365	偏枯	1997	308	枯	2018	626	特丰
1977	466	平	1998	399	平			

2）降水预测模型

基于太阳黑子相对数、月球赤纬角、二十四节气阴历日期作为预报因子，以榆林市的榆林、神木两个气象站的降水量的均值作为榆林市的降水量的值，以 1957～2018 年的降水量值为样本构建模型。运用 1957～2013 年的降水量构建模型，以 2014～2018 年的降水量对模型进行验证。进而以 1957～2018 年的因子和降水量对模型进行训练，以 2025 年和 2035 年预报因子的值作为输入，对 2025 年和 2035 年的降水量进行预测，基于降水量的值确定其丰枯特征。

对模型的预测和模拟结果进行分析，以相对误差的 20% 作为判别标准。GWO-BP 模型运用二十四节气阴历日期、太阳黑子相对数、月球赤纬角为预报因子，对模型进行训练，基于预报因子进行预报。由图 3-1 可知，模型的拟合效果较好。由图 3-2 可知，模拟值和实测值的相对误差小于 20%。由图 3-3 可知，模型的预测值和实测值存在一定的偏差；由

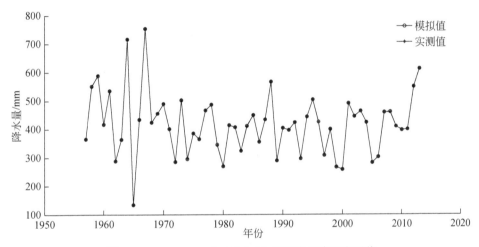

图 3-1　1957～2013 年 GWO-BP 模型模拟值和实测值

模拟值与实测值误差很小，故看似呈一条线

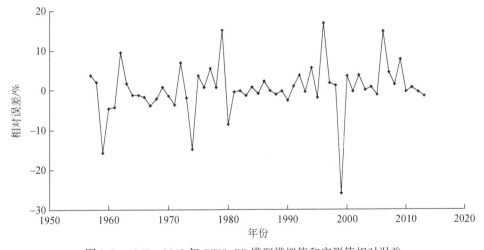

图 3-2　1957～2013 年 GWO-BP 模型模拟值和实测值相对误差

图 3-4 可知，预测值和实测值的相对误差小于 20%。这些说明模型具有较好的模拟和预报能力，能够基于 2025 年和 2035 年的预报因子对 2025 年和 2035 年降水量进行预测，进而确定全年降水的丰枯。

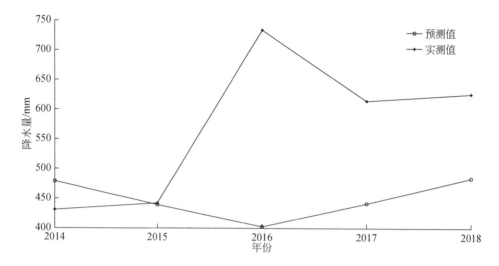

图 3-3　2014～2018 年 GWO-BP 模型预测值和实测值

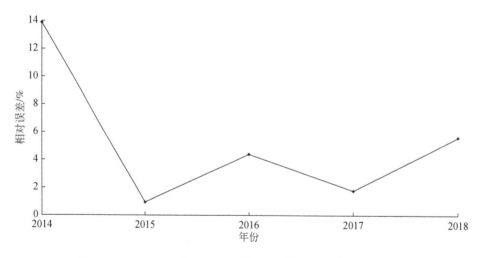

图 3-4　2014～2018 年 GWO-BP 模型预测值和实测值的相对误差

3）降水预测结果

基于 SEPC 太阳活动周预报产品得到 2025 年、2035 年预报的太阳黑子相对数，基于 Python 语言环境下的天文计算工具包 PyEphem 计算得到 2025 年、2035 年预测的月球赤纬角，基于中国紫金山天文台颁发的《天文年历》得到 2025 年、2035 年的二十四节气阴历日期，将预报因子输入模型对 2025 年、2035 年的降水量进行预测。由模型可知，2025 年的降水量的预报值为 386.3mm，为平水年；2035 年的降水量的预报值为 529.25mm，为丰水年。

2. 榆林市生态需水量计算结果

基于预报的丰枯值，2025 年、2035 年的生态需补水量如表 3-8 所示，可知 2025 年的生态需水量与预测前相同，而 2035 年的生态需水量则少了 409.5 万 m³，能够将更多的水资源用于工业生产和农业灌溉。

表 3-8 榆林市生态项目需补水量预测表

生态项目	序号	项目名称	面积	需补水量（预测前）/万 m³		需补水量（预测后）/万 m³	
				2025 年	2035 年	2025 年	2035 年
湖泊及生态水面补水	1	榆林沙地公园河湖补水	150 亩	60	60	60	48.0
	2	榆横北区乡镇景观水面补水	500 亩	150	150	150	120.0
海子湿地补水	3	小纪汗小海子补水	500 亩	220	220	220	176.0
	4	红石桥小海子补水	50 亩	22	22	22	17.6
道路浇洒、绿化	5	空港生态区、芹河新区、科创新城道路浇洒、绿化		1502	1502	1502	1201.6
沟道补水	6	水天沟	48.2km²	20.4	20.4	20.4	16.3
	7	曹家沟	10.4km²	4.4	4.4	4.4	3.5
	8	硬地梁沟	162km²	68.7	68.7	68.7	55.0

3.5.2 灌溉需水预测

根据《榆林市现代农业发展规划（2016—2020 年)》中榆林市农业发展布局，并结合本次工程布局等分析，确定矿井水灌溉范围主要为榆阳区内的部分灌溉面积，其余农灌用水在规划期内仍按现有水源供水。

根据《榆阳区灌溉发展总体规划（2011—2020 年)》，新增灌溉面积中矿井水输水管线附近的乡镇如下：小纪汗乡 3.4 万亩、巴拉素镇 3.2 万亩、芹河乡 2.5 万亩，合计 9.1 万亩，灌溉需水量为 2010 万 m³。考虑管道两侧自流灌溉辐射范围，以及矿井水用作基本农田水源的可靠性和风险因素等，2025 年、2035 年矿井水替代农灌水量初步按灌溉需水量的 20%、40% 考虑。新增灌溉面积及需水量预测结果见表 3-9。

表 3-9 新增灌溉面积及需水量预测结果

序号	所在乡镇	灌溉面积/万亩	需水量/万 m³	需矿井水量/万 m³	
				2025 年	2035 年
1	小纪汗	3.4	751	150	300
2	巴拉素	3.2	707	141	283
3	芹河	2.5	552	110	221
合计		9.1	2010	401	804

根据《榆林市国家森林城市建设总体规划（2017—2026 年）》提出的林业总体布局，结合本次矿井水输水管线布置，供水对象选取邻近城镇的白界林场、小纪汗林场和巴拉素林场，灌溉面积约为 1.5 万亩。根据陕西省《行业用水定额》（DB61/T 943—2014）中林草业灌溉定额取值，预测林场需水量如表 3-10 所示。

表 3-10 榆横北片区林场需水量预测表

对象	灌溉面积/亩	需水量/万 m³
白界林场	5000	150
巴拉素林场	5000	150
小纪汗林场	5000	150

3.5.3 工业需水预测

1）榆林高新区榆阳区西红墩化工产业园

根据《榆阳区西红墩化工产业园总体规划》，榆阳区西红墩化工产业园位于榆横工业区北区附近，园区一期为 100 万 t/a 煤制油项目，二期主要项目有 400 万 t/a 煤制油、75 万 t/a 液化天然气（LNG）、40 万 t/a 乙二醇、6000Nm³/h 空分、140 万 t/a 甲醇、6000×3Nm³/h 空分、50 万 t/a 甲醛制芳烃技术（MTA）、45 万 t/a 对二甲苯（PX）。园区供水水源为王圪堵水库和榆横矿区矿井水涌水量。

2）榆横工业区

榆横工业区位于榆林市西 13km，地处横山区白界乡和榆阳区芹河乡范围内，规划面积 102km²。规划建设净水厂、污水处理厂、2×300MW 热电厂、2 座 330kV 变电站、工业气体、机械加工厂、通信、物流储备、消防站等公用设施，总投资 115 亿元。陕西新兴DMMTO 示范项目、中化益业 60 万 t 甲醇项目、延长石油 20 万 t 醋酸项目已于 2009 年建成投产，总投资 101 亿元。2020 年，园区建成 1000 万 t 甲醇、260 万 t 甲醇制烯烃、100 万 t 二甲醚、90 万 t 醋酸、100 万 t 聚氯乙烯、1000 万 t 煤制油等能源化工产品大型基地。

产业园定位：国家能源化工基地核心区，重点发展高新技术产业、现代服务业、装备及煤化工、盐化工产业。

参考《榆林市水资源综合规划》（2015—2030 年）、《马镇东线引黄可行性报告》(2018 年)、《榆林市榆阳区煤矿矿井水综合利用项目输配水系统工程总体方案》（2019年）、《神木市非常规水源调查评价与规划报告》（2019 年）需水量预测成果，经计算，规划水平年工业园区及工业项目需水量预测结果见表 3-11。

表 3-11 规划水平年工业园区及工业项目需水量预测表

序号	工业园区及工业项目	需水量/万 m³	
		2025 年	2035 年
1	榆林高新区榆阳区西红墩化工产业园	2127	2859
2	榆横工业区	10470	14071

3.6 矿区矿井水配置方案

3.6.1 基本思路

水资源配置是以水资源供需分析为基础手段，以水资源优化配置模型为计算手段，在现状供需分析和对各种合理抑制需求、有效增加供水、积极保护生态环境的可能措施进行组合及分析的基础上，借助计算机模拟技术，对各种可行的水资源配置方案进行生成、评价和比选，提出推荐方案，以作为制订总体布局与实施方案的基础（游进军等，2005）。

水资源合理配置是水资源综合规划的一个重要组成部分。它以水资源评价、开发利用评价，以及需水预测、供水预测、节水规划、水资源保护等工作的成果为基础，分析水资源的动态供需平衡状况，明晰各水资源配置方案下的供需平衡情况，研究开源节流以及污水处理、回用的最佳组合，工程和非工程措施并举，对有限的和不同形式的水资源进行科学合理的分配，其最终目的就是实现水资源的可持续利用，保证社会经济、生态环境的协调发展。重点内容包括：

（1）水资源供需平衡分析。以 2025 年、2035 年为规划水平年，对榆横矿区不同水平年的需水和供水进行预测，并作出相应的基于现状供水能力、节约用水水平的水资源供需平衡分析，这一工作为水资源配置方案可行域确定和水资源配置方案选择奠定基础。

（2）水资源优化配置模型及配置方案比选。以水资源优化配置模型为基础，采用编制的计算机模拟软件，对各种可能方案进行多次模拟计算，通过分析比较，最终得到较为合理的推荐方案，并对此配置方案及其主要措施进行技术经济分析，这是进行水资源优化配置的核心工作（余建星等，2009）。

3.6.2 水资源供需平衡分析

水资源供需平衡分析以行政分区为单元，根据水量平衡原理，对各分区内水资源供、用、耗、排等进行分析计算，得出不同水平年的相关指标，即考虑强化节水、污水处理再利用、挖潜配套，以及合理提高水价、调整产业结构、合理抑制需求和保护生态环境等措施进行水资源供需分析。

水资源供需平衡分析是指在区域现状供水能力与外延式增长用水需求间所进行的水量平衡分析。水资源需求按满足国民经济发展和生态环境用水要求进行计算，水资源供给按规划年可供水量计算。通过供需平衡来分析现状供水能力与外延式用水需求间的缺口，充分暴露现状条件下未来水资源供需矛盾，用以说明加强控制区域人口增长、进行工农业生产结构调整、节水改造等措施的必要性，为合理配置节水、防污、挖潜及其他新增供水措施的分析工作奠定基础，为水资源的开源和节流措施提供切入点。同时考虑最严格水资源管理用水总量控制，在不缺水的情况下，分析规划水平年需水是否超出用水总量控制指标的限制。通过各项节水措施压缩需水增长速度，挖掘节水潜力；通过开源建设进一步挖掘区域内供水潜力，并加强污染治理等措施用于改善水质、增加水资源可利用水量，将一次平衡下的供需缺口或超出用水总量控制目标的部分大幅度降低。

根据需水预测分析及供水预测分析，得到不同规划水平年水资源供需平衡分析的成果，且分析若是矿井疏干水不用于供水会造成的生态和环境问题。

供需平衡分析是指在现状工程条件下，考虑新水源开发、供水量的增加及不同水平年需水量预测成果所进行的水资源平衡分析。为缓解水资源供需矛盾和保护开采地下水，需通过加大水利工程建设增加地表水供水能力、增加污水再生水回用力度等措施来降低缺水程度。根据榆横矿区现状年可供水量及各水平年重点区域需水量进行了供需平衡分析，见表 3-12，降水预测前结果如下：2025 水平年，矿井水供水 7284 万 m^3，缺水 1701.5 万 m^3；2035 水平年，矿井水供水 7284 万 m^3，缺水 1299.5 万 m^3。降水预测后分析结果见表 3-13，2025 水平年，矿井水供水 7284 万 m^3，缺水 1701.5 万 m^3；2035 水平年，矿井水供水 7284 万 m^3，缺水 890 万 m^3。由此可以看出，将矿井水用于榆横矿区供水能够有效缓解区域供水压力，榆横矿区缺水严重，虽水源众多，但各自的供水户不同，为了实现供水效益的最大化，需要对水资源进行优化配置。

表 3-12　榆横矿区规划水平年重点区域供需平衡分析表（降水预测前）　（单位：万 m^3）

年份	项目	序号	受水对象	需水量	供水水源			平衡分析
2025	工业	1	高新区西红墩化工产业园	2127	常规水	再生水	矿井水	缺水 1701.5
		2	榆横工业区	10470	常规水	再生水	矿井水	
	生态	3	榆林沙地森林公园河湖补水	60	常规水		矿井水	
		4	小纪汗小海子补水	220	常规水		矿井水	
		5	红石桥小海子补水	22	常规水		矿井水	
		6	榆横北区乡镇景观水面补水	150	常规水		矿井水	
		7	空港生态区、芹河新区、科创新城道路浇洒、绿化	1502	常规水	再生水	矿井水	
		8	水天沟	20.4	常规水		矿井水	
		9	曹家沟	4.4	常规水		矿井水	
		10	硬地梁沟	68.7	常规水		矿井水	
	灌溉	11	白界林场	150	常规水		矿井水	
		12	巴拉素林场	150	常规水		矿井水	
		13	小纪汗林场	150	常规水		矿井水	
		14	榆横北区小型灌区	2010	常规水		矿井水	
			小计	17104.5	4407	3712	7284	

续表

年份	项目	序号	受水对象	需水量	供水水源			平衡分析
2035	工业	1	高新区西红墩化工产业园	2859	常规水	再生水	矿井水	缺水 1299.5
		2	榆横工业区	14071	常规水	再生水	矿井水	
	生态	3	榆林沙地森林公园河湖补水	60	常规水		矿井水	
		4	小纪汗小海子补水	220	常规水		矿井水	
		5	红石桥小海子补水	22	常规水		矿井水	
		6	榆横北区乡镇景观水面补水	150	常规水		矿井水	
		7	空港生态区、芹河新区、科创新城 道路浇洒、绿化	1502	常规水	再生水	矿井水	
		8	水天沟	20.4	常规水		矿井水	
		9	曹家沟	4.4	常规水		矿井水	
		10	硬地梁沟	68.7	常规水		矿井水	
	灌溉	11	白界林场	150	常规水		矿井水	
		12	巴拉素林场	150	常规水		矿井水	
		13	小纪汗林场	150	常规水		矿井水	
		14	榆横北区小型灌区	2010	常规水		矿井水	
			小计	21437.5	9900	2954	7284	

表 3-13 榆横矿区规划水平年重点区域供需平衡分析表（降水预测后） （单位：万 m³）

年份	项目	序号	受水对象	需水量	供水水源			平衡分析
2025	工业	1	高新区西红墩化工产业园	2127	常规水	再生水	矿井水	缺水 1701.5
		2	榆横工业区	10470	常规水	再生水	矿井水	
	生态	3	榆林沙地森林公园河湖补水	60	常规水		矿井水	
		4	小纪汗小海子补水	220	常规水		矿井水	
		5	红石桥小海子补水	22	常规水		矿井水	
		6	榆横北区乡镇景观水面补水	150	常规水		矿井水	
		7	空港生态区、芹河新区、科创新城 道路浇洒、绿化	1502	常规水	再生水	矿井水	
		8	水天沟	20.4	常规水		矿井水	
		9	曹家沟	4.4	常规水		矿井水	
		10	硬地梁沟	68.7	常规水		矿井水	
	灌溉	11	白界林场	150	常规水		矿井水	
		12	巴拉素林场	150	常规水		矿井水	
		13	小纪汗林场	150	常规水		矿井水	
		14	榆横北区小型灌区	2010	常规水		矿井水	
			小计	17104.5	4407	3712	7284	

续表

年份	项目	序号	受水对象	需水量	供水水源			平衡分析
2035	工业	1	高新区西红墩化工产业园	2859	常规水	再生水	矿井水	缺水890
		2	榆横工业区	14071	常规水	再生水	矿井水	
	生态	3	榆林沙地森林公园河湖补水	48.0	常规水		矿井水	
		4	小纪汗小海子补水	176.0	常规水		矿井水	
		5	红石桥小海子补水	17.6	常规水		矿井水	
		6	榆横北区乡镇景观水面补水	120	常规水		矿井水	
		7	空港生态区、芹河新区、科创新城道路浇洒、绿化	1201.6	常规水	再生水	矿井水	
		8	水天沟	16.3	常规水		矿井水	
		9	曹家沟	3.5	常规水		矿井水	
		10	硬地梁沟	55.0	常规水		矿井水	
	灌溉	11	白界林场	150	常规水		矿井水	
		12	巴拉素林场	150	常规水		矿井水	
		13	小纪汗林场	150	常规水		矿井水	
		14	榆横北区小型灌区	2010	常规水		矿井水	
			小计	21028	9900	2954	7284	

3.6.3 优化配置模型参数

1. 水资源供水次序系数 α_i^k、用户公平系数 β_i^k

基于公式确定的榆横矿区供水水源次序系数：常规水 0.33、矿井水 0.67。依照公平性原则，按照"首先确保生态用水，其次满足农业灌溉用水和工业生产用水"的原则，拟定各用户得到供水的先后次序为：生态用水>灌溉用水>工业用水，计算得到各用户的公平系数分别为 0.5、0.33、0.17。

2. 效益系数

基于曾发琛（2008）的研究成果可知，2007 年西安市的工业、生态用水效益系数为 11.94 元/m³，农业的用水效益系数为 7.02 元/m³。基于陕西省水资源公报的数据可知，陕西省 2007 年万元工业增加值用水量为 46m³，从而可知其工业用水效益系数为 10.2 元/m³，基于成波等（2017）的研究成果可知，陕西省灌溉水效益分摊系数的多年均值为 0.34，2007 年单方水效益为 3.76 元，从而可知其农业用水效益系数为 1.3 元/m³。分析可知曾发琛（2008）的研究成果中西安市的工业和生态用水效益系数合理，农业用水效益系数偏大，因而本书中西安市的农业用水效益系数取 1.3 元/m³。

基于 2007 年西安市的各行业的生产总值，将其按比例折算到 2019 年西安市的指标值，同时基于 2019 年西安市和榆林市的各行业的生产总值（表 3-14），折算出 2019 年榆林市行业用水效益系数值。可知，榆横矿区灌溉用水效益系数为 3.7 元/m^3，工业用水效益系数为 37 元/m^3，生态用水效益系数为 63 元/m^3。

表 3-14　西安市和榆林市各行业生产总值

年份	地区	第一产业/亿元	第二产业/亿元	第三产业/亿元	人均 GDP/元
2007	西安	82.51	772.51	908.71	21339
2019	西安	258.82	2925.61	5165.43	85114
	榆林	231.00	2417.65	1199.97	112845

3. 费用系数

（1）从水厂取水的用户以水价作为其费用系数。

（2）从自备井取水的用户以水资源费、污水处理费与提水成本之和作为其费用系数。

（3）从水利工程取水的用户以水资源费、污水处理费与输水成本之和作为其费用系数。

（4）农业用户的费用系数参考水费征收标准确定。

基于全国水费网上查询系统，根据榆横矿区现状年水费征收标准，本次计算中工业用水费用取 5.55 元/m^3，生态用水费用取 5.55 元/m^3，灌溉用水费用取 0.361 元/m^3。

4. 目标权重

确定权重的方法很多，主要分为主观赋权法、客观赋权法和综合赋权法，而由于本次研究仅分析榆横矿区，其所占的权重相等，目标权重系数 1，经济效益目标占（经济净效益最大）0.6，社会效益目标（供水系统缺水量最小）占 0.4。

5. 模型求解

1）配水规则

（1）将矿井水与常规水源的地表水、地下水、引黄水、再生水统一纳入水资源调配体系，结合区域生态用水需求、产业布局和水资源承载力等统一配置，优先使用再生水、矿井水等非常规水源。

（2）坚持"生态优先、保障农灌、工业用水"的供水次序，实现矿井水多途径、多层次的合理利用。

（3）引黄水量利用之前，矿井水应急用于工业；引黄水量利用后，矿井水逐步加大向生态和农业供水。

（4）常规水和矿井水均可用于工业、生态、灌溉用水，再生水只用于榆林高新区西红墩化工产业园、榆横工业区，以及空港生态区、芹河新区、科创新城道路浇洒、绿化。

2）模型输入

为了便于编程输入，相关参数见表 3-15。

表 3-15　榆横矿区水资源优化配置相关参数

用水户	优先级		费用/（元/m³）	效益/（元/m³）	用水公平系数	权重系数
	常规水	矿井水	水源	水源		
工业			5.55	37	0.17	
生态	0.23	0.67	5.55	63	0.5	1
灌溉			0.361	3.7	0.33	

3.6.4　水资源优化配置结果

基于榆横矿区供水水源规划和现状水资源开发利用程度，根据所列目标函数和约束条件，进行编程模拟，可求得预测前和预测后各规划水平年的优化配置成果，见表 3-16 和表 3-17。

表 3-16　榆横矿区规划水平年重点区域水资源优化配置表（预测前）

（单位：万 m³）

年份	项目	序号	受水对象	需水量	常规水	再生水	矿井水	平衡分析
2025	工业	1	榆林高新区西红墩化工产业园	2127	0	255	1872	平衡
		2	榆横工业区	10470	3648.5	2957	3864.5	平衡
	生态	3	榆林沙地森林公园河湖补水	60	0	0	60	平衡
		4	小纪汗小海子补水	220	0	0	220	平衡
		5	红石桥小海子补水	22	0	0	22	平衡
		6	榆横北区乡镇景观水面补水	150	0	0	150	平衡
		7	空港生态区、芹河新区、科创新城道路浇洒、绿化	1502	0	500	1002	平衡
		8	水天沟	20.4	0	0	20.4	平衡
		9	曹家沟	4.4	0	0	4.4	平衡
		10	硬地梁沟	68.7	0	0	68.7	平衡
	灌溉	11	白界林场	150	150	0	0	平衡
		12	巴拉素林场	150	150	0	0	平衡
		13	小纪汗林场	150	150	0	0	平衡
		14	榆横北区小型灌区	2010	308.5	0	0	缺水 1701.5
			小计	17104.5	4407	3712	7284	缺水 1701.5

续表

年份	项目	序号	受水对象	需水量	常规水	再生水	矿井水	平衡分析
2035	工业	1	榆林高新区西红墩化工产业园	2859	0	203	2656	平衡
		2	榆横工业区	14071	8739.5	2353	2978.5	平衡
	生态	3	榆林沙地森林公园河湖补水	60	0	0	60	平衡
		4	小纪汗小海子补水	220	0	0	220	平衡
		5	红石桥小海子补水	22	0	0	22	平衡
		6	榆横北区乡镇景观水面补水	150	0	0	150	平衡
		7	空港生态区、芹河新区、科创新城道路浇洒、绿化	1502	0	398	1104	平衡
		8	水天沟	20.4	0	0	20.4	平衡
		9	曹家沟	4.4	0	0	4.4	平衡
		10	硬地梁沟	68.7	0	0	68.7	平衡
	灌溉	11	白界林场	150	150	0	0	平衡
		12	巴拉素林场	150	150	0	0	平衡
		13	小纪汗林场	150	150	0	0	平衡
		14	榆横北区小型灌区	2010	710.5	0	0	缺水 1299.5
			小计	21437.5	9900	2954	7284	缺水 1299.5

表 3-17 榆横矿区规划水平年重点区域水资源优化配置表（预测后） （单位：万 m³）

年份	项目	序号	受水对象	需水量	常规水	再生水	矿井水	平衡分析
2025	工业	1	榆林高新区西红墩化工产业园	2127	0	255	1872	平衡
		2	榆横工业区	10470	3648.5	2957	3864.5	平衡
	生态	3	榆林沙地森林公园河湖补水	60	0	0	60	平衡
		4	小纪汗小海子补水	220	0	0	220	平衡
		5	红石桥小海子补水	22	0	0	22	平衡
		6	榆横北区乡镇景观水面补水	150	0	0	150	平衡
		7	空港生态区、芹河新区、科创新城道路浇洒、绿化	1502	0	500	1002	平衡
		8	水天沟	20.4	0	0	20.4	平衡
		9	曹家沟	4.4	0	0	4.4	平衡
		10	硬地梁沟	68.7	0	0	68.7	平衡
	灌溉	11	白界林场	150	150	0	0	平衡
		12	巴拉素林场	150	150	0	0	平衡
		13	小纪汗林场	150	150	0	0	平衡
		14	榆横北区小型灌区	2010	308.5	0	0	缺水 1701.5
			小计	17104.5	4407	3712	7284	缺水 1701.5

年份	项目	序号	受水对象	需水量	常规水	再生水	矿井水	平衡分析
2035	工业	1	榆林高新区西红墩化工产业园	2859	0	203	2656	平衡
		2	榆横工业区	14071	8739.5	2353	2978.5	平衡
	生态	3	榆林沙地森林公园河湖补水	48	0	0	48	平衡
		4	小纪汗小海子补水	176	0	0	176	平衡
		5	红石桥小海子补水	17.6	0	0	17.6	平衡
		6	榆横北区乡镇景观水面补水	120	0	0	120	平衡
		7	空港生态区、芹河新区、科创新城道路浇洒、绿化	1201.6	0	398	803.6	平衡
		8	水天沟	16.3	0	0	16.3	平衡
		9	曹家沟	3.5	0	0	3.5	平衡
		10	硬地梁沟	55	0	0	55	平衡
	灌溉	11	白界林场	150	150	0	0	平衡
		12	巴拉素林场	150	150	0	0	平衡
		13	小纪汗林场	150	150	0	0	平衡
		14	榆横北区小型灌区	2010	710.5	0	409.5	缺水 890
			小计	21028	9900	2954	7284	缺水 890

由水资源优化配置结果可以看出：2025 规划水平年，降水预测前后均缺水 1701.5 万 m³，经过水资源的优化配置，生态、工业均达到供需平衡，满足用水需求；农业灌溉仍缺水。矿井水实现了优先满足生态，由于效益最大优先满足工业，因而农业灌溉采用常规水资源。2035 规划水平年，降水预测前缺水 1299.5 万 m³，降水预测后缺水 890 万 m³。经过水资源优化配置，生态、工业均达到供需平衡，满足用水需求；农业灌溉仍缺水。矿井水实现了优先满足生态，由于效益最大优先满足工业，因而农业灌溉采用常规水资源。

由于本次配水的目标函数为经济效益、社会效益加权之和最大，各个规划水平年供水量均小于用水量，则优先使用级别高的水源，各个级别的水源尽可能地充分利用，减少剩余。结果表明矿井水和常规水优先用于效益大的行业，说明配置结果合理，符合配水的综合效益最大的目标。为了更进一步提高经济效益和社会效益的综合效益，可以通过提高农业灌溉水平，进一步降低农业需水量。

3.6.5 结果分析

1. 优化配置结果

（1）经分析，榆横矿区的供水量小于需水量，因而需要对水资源进行优化配置以提高水资源的利用率。经分析榆横矿区的水源为地表水（常规水源）、再生水和矿井水，用水户可分为工业、生态和灌溉。由于本书主要是对矿井水的利用进行分析，而矿井水暂不用于生活用水，因而对榆横矿区的矿井水水资源优化配置研究中不涉及供给生活用水。地表水的水源为王圪堵水库和引黄工程的水，再生水只有榆林高新区西红墩化工产业园、榆横工业区，以及空港生态区、芹河新区和科创新城产生，再生水只供给上述 3 个地区，可知再生水实际不参与多水源的配置，矿井水由榆横矿区的 9 个煤矿供给。

（2）榆横矿区属于生态脆弱区，为了有效改善该区域的生态环境，对该地区的公园河湖补水、小海子补水、景观补水、城区绿化补水以及沟道补水量进行分析计算，作为区域生态用水量的基础。区域的发展需要实现综合效益的最大化，以往的配置模型基于该地区定性的配置原则进行分析，水源配置的水量值仅仅为可行解而非最优解，而且模型存在供需平衡分析的误差，因而本书构建基于生态修复的多水源、多用户的水资源优化配置模型，以经济效益、社会效益和环境效益综合最大为目标。

同时由于该地区属于半干旱缺水地区，若是基于生态需水量的计算方法会使得生态需水量与实际需求存在较大偏差，因而为了保证区域的发展，减少水资源的浪费和不合理的配置，需要结合降水的长期预报实现生态需水量的分级计算。并结合供需平衡分析，对区域进行水资源优化配置，以实现水资源综合效益的最大化。

（3）经指标计算，可知该地区供水生态效益大于工业效益，灌溉效益最小。矿井水优先供水，其次是常规水源和再生水。采用大系统分解协调的方法，首先在生态、工业、灌溉之间配水，再在各个行业的用水户之间配水，将配水结果反馈给行业层级，进而不断协调，实现综合配水的效益最大。分析可知生态用水均能够保证用水，且均采用矿井水和再生水进行供给；工业用水也均能保证用水；灌溉用水由于效益较低，则在配置过程中不能完全保证，灌溉用水缺口较大，为了保证该地区 2025 年、2035 年的灌溉用水，可采取节约用水和增加供水量等措施来减少农业的损失。

（4）所构建的模型是为了实现效益的最大化，而该模型缺乏对供水水源与不同受水区供水费用的分析，可进一步收集数据细化模型，实现供水水源与用水户的对应，以进一步提高模型的实用性。

（5）由于矿井水是一种特殊的水源，能够实现环境、经济、社会效益的进一步提升，需要构建评价模型对区域在运用矿井水之前和运用矿井水之后，以及将多水源优化配置后的效益进行综合评判，定量和定性相结合分析矿井水对生态修复的作用。基于降水预报的水资源优化配置，能够将多余的生态需水量配置给农业灌溉，从而提高水资源的利用效率，为提高农业灌溉的效率提供重要的支撑。

（6）该研究对《榆林市矿井水水生态保护与综合利用规划》（水利部西安水土保持生态环境规划设计院、陕西省水利电力勘测设计研究院，2019 年 8 月）的水量平衡部分进行了修正，将水量配置方案由定性最优改进为定量最优，同时对沟道生态补水进行了计算，对榆横矿区流域面积较大沟道的生态恢复具有重要的意义和价值，同时也对矿井水的综合利用具有较好的参考意义和价值。

2. 规划配置结果和优化配置结果对比

《榆林市矿井水水生态保护与综合利用规划》中的配置结果列于表 3-18，将其与表 3-16 的优化配置结果进行对比分析，可得出如下结论。

表 3-18　规划重点区域水资源规划配置表　　　　　　（单位：万 m³）

年份	项目	序号	受水对象	需水量	常规水	再生水	矿井水	平衡分析
2025	工业	1	榆林高新区西红墩化工产业园	2127	720	255	1152	平衡
		2	榆横工业区	10470	3687	2957	3826	平衡
	生态	3	榆林沙地森林公园河湖补水	60	0	0	60	平衡
		4	小纪汗小海子补水	220	0	0	220	平衡
		5	红石桥小海子补水	22	0	0	22	平衡
		6	榆横北区乡镇景观水面补水	150	0	0	150	平衡
		7	空港生态区、芹河新区、科创新城道路浇洒、绿化	1502	0	500	1002	平衡
	灌溉	8	白界林场	150	0	0	150	平衡
		9	巴拉素林场	150	0	0	150	平衡
		10	小纪汗林场	150	0	0	150	平衡
		11	榆横北区小型灌区	2010	0	0	402	缺水 1608
			小计	17011	4407	3712	7284	缺水 1608
2035	工业	1	榆林高新区西红墩化工产业园	2859	1363	343	1152	平衡
		2	榆横工业区	14071	8537	2111	3424	平衡
	生态	3	榆林沙地森林公园河湖补水	60	0	0	60	平衡
		4	小纪汗小海子补水	220	0	0	220	平衡
		5	红石桥小海子补水	22	0	0	22	平衡
		6	榆横北区乡镇景观水面补水	150	0	0	150	平衡
		7	空港生态区、芹河新区、科创新城道路浇洒、绿化	1502	0	500	1002	平衡
	灌溉	8	白界林场	150	0	0	150	平衡
		9	巴拉素林场	150	0	0	150	平衡
		10	小纪汗林场	150	0	0	150	平衡
		11	榆横北区小型灌区	2010	0	0	804	缺水 1206
			小计	21344	9900	2954	7284	缺水 1206

（1）二者工业和生态均供需水达到平衡，缺水的均是灌溉行业，即灌溉需水量不能得到满足。

（2）优化配置将更多的水配置给工业，将常规水用于灌溉。规划配置工业所用的矿井水较少，可将矿井水用于灌溉。

（3）分析可知，优化配置将更多的矿井水用于工业，能够创造更多的效益，而规划配置虽也可满足将矿井水优先使用的原则，但是取得的整体效益较小。

（4）由于矿井水的矿化度不稳定，而灌溉用水的矿化度过高，土壤会发生盐碱化，造成次生的灾害。

因此，综上分析可知，优化配置结果比规划配置结果具有较大的改进。

3.7 小　　结

（1）矿井水用于生态脆弱地区的水资源配置，能够有效提高水资源的利用率，为恢复生态环境提供水源支持。长期预报技术能够基于降水量的丰枯动态调整生态需水量，减少水资源的浪费。优化配置能够使得水资源在工业、农业、生态中获得全局最优的效益。

（2）基于区域降水的长期预报，能够判定区域全年的丰枯，基于降水的丰枯对生态流量进行分级处理，能够基于区域来水的多少合理计算生态需水量，为缺水地区水资源的合理利用提供技术支持。为了对预报模型进行改进，可进一步寻找相关性较优的因子，建模预报生态需水量。

（3）结合矿井水的区域水资源优化配置，能够在定量分析水资源的费用和效益的基础上，对区域水资源配置提供最优解，优于现有的单个指标的配置模型。

（4）可在多个地区进行水资源的优化配置以建立更复杂的模型，以提高区域水资源的综合利用效益。在实际配水过程中，可基于全年来水量和需水量动态调整供水量，以获得综合最优的供水效益，同时能够有效节约水资源。

第4章 基于湖泊水生态保护的矿井水综合利用模式

本模式是矿井水区域内优化配置的典型案例，在内蒙古鄂尔多斯乌审旗纳林河矿区与呼吉尔特矿区进行示范，适用于经济发达、水资源短缺、矿井水富余的干旱与半干旱区。

乌审旗全域有煤，其中宜开采面积达 4000 多平方千米，预测储量约为 1000 亿万 t，已探明储量为 520 亿万 t。乌审旗有两大矿区：纳林河矿区和呼吉尔特矿区，均属于东胜煤田。截至 2019 年年底，全旗共有 6 座矿山投入生产，到 2030 年还有 3 座矿山投产。随着巷道掘进和工作面的不断展开，煤矿涌水量呈不断上升趋势。随着最严格水资源管理制度的实施，全旗节水成效逐步显现，用水量相对稳定，出现外流区矿井水富余与黄河用水指标闲置的新情况。湖泊是乌审旗独特的高原景观，具有重要的生态功能。20 世纪 80 年代以来，全旗湖泊缺水严重，大面积萎缩，生态功能遭到破坏，鸟类数量锐减。在水资源极度缺乏的干旱半干旱地区，一方面矿井水富余需要找到排放出路、解决环境污染，另一方面高原湖泊生态保护需要稳定水源，面对双重问题，通过计算全旗亟须保护的高原湖泊生态补水量、复核区域水资源配置方案及矿井水可利用量，结合已有的水系连通网络和矿井水输配水管网，本书提出了基于湖泊水生态保护的全口径水资源配置方案，形成了面向区域水生态保护的矿井水综合利用新模式，为全旗水资源优化调配，统筹解决内流区湖泊生态缺水的老问题与外流区矿井水富余等新情况，并积极落实黄河流域生态保护和高质量发展战略提供解决思路和技术支撑。

4.1 研究区概况

4.1.1 自然地理

乌审旗位于内蒙古自治区鄂尔多斯市西南部，毛乌素沙地的腹地，东北与伊金霍洛旗、杭锦旗相连，西北与鄂托克旗、鄂托克前旗接壤，东南毗邻陕西省榆林、横山、靖边三县。地理位置为 37°38′54″~39°23′50″N，108°17′36″~109°40′22″E，海拔在 1100~1400m，南北长约 194km，东西宽约 104km，总面积为 11645km²。

乌审旗交通便利，现有公路总长度为 2095km。313 省道和 215 省道贯穿全境，向东北可接 210 国道赴鄂尔多斯市、包头市及呼和浩特市，向西可连接 109 国道赴石嘴山、银川市，其他道路四通八达。

乌审旗位于鄂尔多斯构造剥蚀高原向陕北黄土高原过渡的洼地中，属毛乌素沙地腹地。地势西高东低，北高南低，主要地形地貌有构造剥蚀地貌、剥蚀堆积地貌、风积地貌、黄土地貌等。

北部属鄂尔多斯构造剥蚀高原，海拔为1300～1400m，呈波状起伏，相对高差为30～80m。高处为剥蚀残地，低处积水形成内陆碱化湖，湖周围多有湖滨滩地。

中部和南部梁地、滩地相间分布。梁地呈构造剥蚀高原的延伸，多为长条状，局部为馒头状，呈北西45°～60°方向排列，海拔为1300～1400m。滩地均为冲湖积平原，亦呈长条状由西北向东南倾斜，海拔为1100～1300m。

东南角有黄土梁峁分布，为陕北黄土高原的北部边缘，呈长条梁状或峁状，由马兰黄土组成，"V"字形冲沟发育，海拔为1240～1320m。

风积地貌广布全旗，覆盖于各种地貌之上，主要有固定沙丘、半固定沙丘和流动沙丘。后者形成新月形沙丘链，呈现出毛乌素沙漠地区特有的地貌景观。各种沙丘总面积约占全旗面积的75%。

4.1.2　气候气象

乌审旗地处中温带温暖型干旱、半干旱温带大陆性气候区。其气候特点为：冬季漫长而寒冷，夏季短促而炎热，寒暑变化大，风多雨少，气候干燥，蒸发强烈，日照时数长，昼夜温差大，无霜期较短，灾害性天气较多。

根据1960～2018年的气象统计资料，乌审旗多年平均气温为6.9℃，历年极端最高气温为36.5℃，历年极端最低气温为-29.0℃。

降水是水资源的主要补给来源，其表现为时空分布不均。多年平均降水量为354mm，降水多集中在6～9月，占全年降水总量的60%～90%；年际变化大，降水量最大值与最小值之比为2.6。多年平均水面蒸发量为1387mm，历年最大年蒸发量与最小年蒸发量之比为1.9；年内蒸发多集中在春秋两季（3～5月、9～10月），春秋两季风大、气候干燥、蒸发量较大，5个月蒸发量占年蒸发量的50%左右。

本地多风，大风风向主要为西北风或西风，多年平均风速3.5m/s，历年最大风速为25m/s；多年平均日照时数为2887h，多年平均无霜期为145天，最大冻土深1.46m。

4.1.3　湖淖水系

乌审旗水系分为内流区和外流区，北部属鄂尔多斯高原内流区，有少量的地表径流在低洼处形成大大小小、星罗棋布的内陆湖淖滩地；南部属黄河一级支流无定河流域，乌审旗内有无定河干流及其支流纳林河、海流图河及白河。

1. 湖泊

乌审旗内大小湖淖共有32个，主要分布在北部，常年有水湖淖21个，水面面积约82.71km²（按《中国河湖大典·黄河卷》数据为109.82km²）[①]。面积最大的湖淖为合同察汗淖，其次为巴汗淖，两湖水面面积均在10km²以上。乌审旗内湖泊见表4-1，面积较

---

① 干旱内陆湖泊因为统计时段差异，数据差别较大

表 4-1 乌审旗内（含跨界）湖泊

序号	湖泊名称	常年水面面积/km²	湖水属性	所在乡镇	经度	纬度	湖泊形状	
1	奥木摆淖	4.36	盐湖	嘎鲁图镇	108°48′38.87″E	38°55′19.57″N	梨形	
2	巴汗淖	12.1(27.9*)	盐湖	乌审召镇	109°15′56.5″E	39°18′39.65″N	椭圆形	
3	巴彦淖尔	3.63(6.15*)	盐湖	图克镇	109°19′13.85″E	39°11′5.21″N	枣核形	
4	察汗淖	5.76	咸湖	图克镇和伊金霍洛旗札萨克镇	109°32′20.92″E	39°04′17.83″N	椭圆形	
5	浩勒报吉淖	4.03	盐湖	嘎鲁图镇、鄂托克旗苏米镇	108°30′58.19″E	38°44′46.1″N	西北—东南向长条形	
6	呼和淖尔	1.81	盐湖	嘎鲁图镇	108°36′35.86″E	38°56′7″N	船形	

续表

序号	湖泊名称	常年水面面积/km²	湖水属性	所在乡镇	经度	纬度	湖泊形状	
7	合同察汗淖	20(24.19*)	咸湖	乌审召镇	108°59'58.73"E	39°11'10.12"N	椭圆形	
8	奎生淖	1.39	咸湖	伊金霍洛旗洪庆河镇、乌审召镇	109°6'37.21"E	39°23'19.7"N	南北向长条形	
9	苏贝淖	4.1(8.7*)	咸湖	乌审召镇	109°1'19.51"E	39°17'38.34"N	东北—西南向长条形	
10	乌兰淖尔	1.4	咸湖	嘎鲁图镇	108°32'20.99"E	38°40'41.45"N	南北向长条形	
11	布寨淖	2.44	盐湖	嘎鲁图镇	108°48'56.33"E	38°45'13.93"N	椭圆形	

续表

序号	湖泊名称	常年水面面积/km²	湖水属性	所在乡镇	经度	纬度	湖泊形状	
12	陶东庙淖尔	1.25	咸湖	苏力德苏木	108°40′56.05″E	38°34′6.66″N	西北—东南向长条形	
13	铁面哈达淖	1.01	淡/盐碱湖	嘎鲁图镇	108°36′40″E	38°38′20″N	不规则	
14	呼和陶勒盖淖	2.06	盐湖	嘎鲁图镇	108°37′50″E	39°00′30″N	西北—东南向长椭圆形	
15	木凯淖	0.6	盐湖	乌审召镇	108°48′40″E	39°18′00″N	不规则	
16	达则淖	2.91	盐湖	乌审召镇	108°45′00″E	39°13′10″N	西北—东南向长条形	
17	木都紫汗淖	6.24	盐碱湖	乌审召镇	108°35′14.4″E	39°11′30.4″N	东北—西南向长椭圆形	
18	潮河	0.51	盐湖	乌审召镇	108°59′40″E	39°16′10″N		

续表

序号	湖泊名称	常年水面面积/km²	湖水属性	所在乡镇	经度	纬度	湖泊形状	
19	巴日朩古淖	0.5	盐湖	嘎鲁图镇	108°43′50″E	38°55′00″N	梨形	
20	芒哈图淖尔	0.71	盐湖	乌兰陶勒盖镇	108°55′38″E	38°50′34.64″N	西北—东南向长方形	
21	沙儿淖	0.53	浓/盐碱湖	嘎鲁图镇	108°34′35″E	38°38′50″N	不规则	
22	古日班乌兰淖尔	0.272	盐碱湖	嘎鲁图镇	108°41′51.0″E	38°55′6.6″N	西北—东南向锥形	
23	哈玛日格台淖	0.179	盐碱湖	嘎鲁图镇	108°39′57.0″E	38°59′43.7″N	椭圆形	
24	布寨巴嘎淖	0.423	盐碱湖	嘎鲁图镇	108°51′24.6″E	38°44′25.6″N	船形	

续表

序号	湖泊名称	常年水面面积/km²	湖水属性	所在乡镇	经度	纬度	湖泊形状	
25	查干扎盖淖	0.1	盐碱湖	嘎鲁图镇	108°45'50.7"E	38°44'5.4"N	椭圆形	
26	额如和淖尔	1.435	盐碱湖	嘎鲁图镇	108°32'12.7"E	38°39'21.7"N	椭圆形	
27	萨如拉努图巴蓄淖尔	0.136		嘎鲁图镇				
28	呼和淖尔巴嘎淖	0.333		嘎鲁图镇				
29	呼和芒哈淖尔	0.4		苏力德苏木	108°31'45.8"E	38°23'37.3"N	长条形	
30	大斯布扣淖尔	0.52	盐碱湖	乌审召镇	108°41'54.9"E	39°13'38.7"N	椭圆形	
31	查汗苏木人工湖	0.24		乌审召镇				
32	呼吉尔特蓄洪区	1.333		图克镇				

* 为《中国河湖大典·黄河卷》数据。

资料来源:《中国河湖大典》编纂委员会,2014;内蒙古自治区水文总局,2017

大的主要湖泊简介如下。

合同察汗淖，又称胡同察汗淖尔，位于鄂尔多斯内流区中部乌审旗乌审召镇，南湖中心位置为 109°00′E，39°11′N；湖盆位置为 109°59′58.73″E，39°11′10.12″N。湖面呈椭圆形，湖岸曲折，东西长 7.1km，南北宽 5.2km，湖岸线长 25.71km，常年水面面积为 20km²，平均水深 2.4m，水面高程 1271m 时水面面积为 24.19km²，属咸水湖，季节性湖泊，夏季水丰，冬春季湖面缩小，湖水 pH 为 10.8，矿化度为 425g/L。湖泊地处毛乌素沙地腹部，湖滨被荒漠沙丘环绕；补给水源有哈柳姆瑞郭勒、坤得令郭勒和合同沟等山洪沟。合同察汗淖为天然碱湖，有卤水资源和固体盐类资源，以盐类沉积资源为主，纯碱储量 817 万 t，居全国第三位。天然碱开采始于清代至民国时期，20 世纪 90 年代后期，天然碱开采加工生产规模逐步扩大，主要产品有纯碱、烧碱、小苏打，产品销往全国各地。

巴汗淖，位于乌审旗乌审召镇巴汗淖村，湖泊中心地理坐标为 109°15′56.5″E，39°18′39.65″N。湖面呈椭圆形，东西长 6.8km，南北宽 4.5km，湖岸线长 26.89km，常年水面面积为 12.1km²，最大水深 2.1m；水面高程 1277m 时水面面积 27.9km²；水质苦，系盐水湖泊，是毛乌素沙地第二大湖泊。巴汗淖流域西、北部为地势起伏的波状高原，南部属毛乌素沙地北缘，补给水源有巴汗淖沟和伊力概沟。巴汗淖为古河谷侵蚀而成的串珠状湖盆最南端的一个，湖盆基底为连续而完整的下白垩统砂岩，下白垩统砂岩中丰富的钠钙质碳酸盐是湖泊盐类的重要来源，沉积盐类还有天然碱、泡碱、针碳钠钙石、水碱钙、水碱等。

苏贝淖，又称速贝淖，咸水湖，位于乌审旗乌审召镇，湖泊中心地理坐标为 109°1′19.51″E，39°17′38.34″N，水面高程 1306m，水质苦，水面面积 8.7km²。

察汗淖，位于乌审旗图克镇和伊金霍洛旗札萨克镇交界处，湖泊中心地理坐标为 109°32′20.92″E，39°04′17.83″N。湖面呈椭圆形，东西长 3.5km，南北宽 2.4km，湖岸线长 12.56km，常年水面面积为 5.76km²，最大水深为 0.8m，咸水湖泊。察汗淖地处毛乌素沙地腹地，湖滨被波状沙丘地和沙丘环绕。察汗淖补给水源为尔圪庆柴登山洪沟，湖内盛产芒硝，是主要的经济产业。

巴彦淖尔，又称摆彦淖，位于乌审旗图克镇，湖泊中心地理坐标为 109°19′13.85″E，39°11′5.21″N，水面高程为 1290m，属苦咸水，水面面积为 6.15km²，形状为枣核形，主要补给水源为湖滨渗流，为重要的牲畜饮水水源。

奥木摆淖，位于乌审旗嘎鲁图镇，湖泊中心地理坐标为 108°48′38.87″E，38°55′19.57″N，水面高程为 1312m，为苦咸水（一河一策中称淡水湖），水面面积为 7.45km²。湖岸曲折，形状为梨形，西北小、东南大，主要补给水源来自天然降水，无大支流汇入。湖区为荒漠草原，多湿地草滩，为蒙古族放牧区域，也是牲畜饮水的主要水源地。

2. 主要河流

乌审旗内主要有无定河干流及其支流纳林河、海流图河及白河。

无定河，发源于陕西省定边县白宇山北麓，流经靖边县，在二层河台进入鄂尔多斯市鄂托克前旗城川镇，流经大沟湾进入乌审旗，经巴图湾水库，在奶奶地湾又入陕西省横山县红墩界乡，流经白城子又进入乌审旗（陕西界河道长 5km），流经张冯畔水电站，在庙畔桥又入陕西省横山县，流经镇川、米脂、绥德，在青涧县入黄河。无定河主河道长491km，流域面积为30261km²。无定河流域水系发育，支沟众多，乌审旗内支流有纳林河、海流图河、白河、干沟子河、朝岱小河、母户河、臭河沟和东沟。无定河乌审旗内有巴图湾水利枢纽、古城水库和张冯畔水利枢纽。无定河干流乌审旗内河道长91km，流域面积为2011km²，其中巴图湾水库以上流域面积为1488km²，巴图湾至大草湾之间流域面积为523km²。

纳林河，位于乌审旗南部，发源于乌审旗苏力德苏木呼和芒哈北梁，河源地理坐标为108°29′31.5″E，38°25′54.4″N，河源高程为1309.1m。河流自河源向东南在乌审旗无定河镇水清湾村从左岸汇入无定河，河口地理坐标为109°1′36.3″E，38°1′18.2″N，河口高程1080m。主河道长74km，河道平均比降3.23‰，流域面积2256km²。河源至芒哈图嘎查段为干河，芒哈图嘎查至河口段均有清水。流域内为毛乌素沙漠区，植被稀少，属于半固定的沙丘，由于沙漠对径流起调节作用，具有年径流分配比较均匀、洪水小、含沙量低、基流大的特征。纳林河上游为滩地，地势平坦，河道较窄，中下游河谷明显变宽，河道下切较深。纳林河上建有陶利小（Ⅱ）型水库、寨子梁小（Ⅰ）型水库、排子湾小（Ⅰ）型水库、负家湾小（Ⅰ）型水库，坝体均为均质土坝，用于农业灌溉；节制闸12座。排子湾水库坝址以上流域面积为1844km²，寨子梁水库坝址以上流域面积为1664km²，陶利水库坝址以上流域面积为301km²。

海流图河，发源于内蒙古乌审旗嘎鲁图镇巴音温都尔嘎查，河源地理坐标为108°49′46.4″E，38°38′14.6″N，河源高程为1320.9m，由北向东南流经巴彦柴达木、陕西省补浪河和红石桥乡，在红石桥乡柳卜台入无定河，全长85km，流域总面积为2487km²。海流图河在乌审旗内主河道长43.01km，流域面积为1751km²，负家湾水库坝址以上流域面积为1594km²，其中团结水库坝址以上控制流域面积为1519km²，负家湾水库坝址到团结水库坝址区间流域面积为75km²。韩家峁站是海流图河汇入无定河的控制水文站，韩家峁站控制流域面积为2452km²。

白河，发源于乌审旗乌兰陶勒盖镇巴音敖包嘎查塔玛哈赖，河源地理坐标为109°05′54.7″E，38°50′29.2″N，河源高程为1329.5m，是黄河的三级支流。河流自河源向东南在黄陶勒盖东南约3.5km处进入陕西省榆林市榆阳区马合镇河口水库，跨界地理坐标为109°19′55″E，38°36′18″N；继续向东南在陕西省榆林市榆阳区牛家梁镇转龙湾村从右岸汇入榆溪河，河口地理坐标为109°39′41.8″E，38°27′31.1″N，河口高程1119.1m。河流在乌审旗内主河道长25km，流域面积为1076km²，七一水库坝址以上流域面积为885km²，跃进水库至七一水库区间流域面积为28km²，胜利塘坝至跃进水库区间流域面积为163km²。

4.1.4　区域水文地质

乌审旗位于陕甘宁内蒙古白垩系自流水盆地鄂尔多斯高原东区的中部，其水文地质条件严格受鄂尔多斯高原东区水文地质的控制。地下水主要赋存于第四系松散岩类孔隙含水层和白垩系下统志丹群碎屑岩类裂隙孔隙含水层中。

根据地下水的埋藏条件，区域地下水可划分为潜水与承压水两大类。

1. 潜水

区域潜水分布广泛，主要潜水含水层有第四系冲湖积萨拉乌素组（Q_3s）、冲洪积层（Q_4al+pl）、马兰黄土（Q_3m）、风积砂层（Q_4eol），以及部分白垩系下统志丹群（K_1zh）地层。

各含水层的分布受不同地貌单元所约束。各潜水含水层之间没有隔水层，水力联系密切，因此划分为一个统一的潜水含水层（组）。区内潜水的主要补给来源是大气降水，其次是侧向径流、沙丘凝结水，以及适宜地段深部承压水的顶托越流补给。由于本区降水量较小，蒸发量很大，因此潜水的补给量也较小。潜水的径流主要受地貌条件的控制。鄂尔多斯高原中间高，四周低，被黄河三面环绕，区域潜水分水岭位于鄂托克的扎德善—苏吉—苏木图—马拉迪及东胜一带，潜水一般为沿分水岭两侧南、北向分布的沟谷径流。

区内潜水主要以蒸发、补给地表水、补给深部承压水和侧向径流方式排泄，次为人工开采排泄。潜水的埋深受地形起伏、河谷切割深度等因素控制。区内潜水埋深一般小于10m，在沟谷深切地段埋深较大，可达30m以上，在冲湖积滩地及湖泊沼泽周围，潜水埋深最浅，小于1m。区内潜水动态随季节而变化，本区降水多在7~9月，潜水高水位期为7~10月，11月水位开始下降，11月至次年4月是冻结期，降水渗入量甚微，地下水位最低。4月下旬解冻，地下水位随之抬高，接着雨季到来，水位继续升高。一年中随着季节变化出现一次高水位和一次低水位，水位变化幅度小于2m。

2. 承压水

区域承压水含水层主要有白垩系下统志丹群、侏罗系中统直罗组、中统延安组及三叠系上统延长组等地层。承压水含水层分布广泛，白垩系下统志丹群含水层与上、下部含水层均有一定的水力联系，侏罗系中统直罗组与延安组含水层多与弱含水层、隔水层互层，与上、下部含水层的水力联系较小。承压水的主要补给来源是侧向径流，其次是在地表出露处接受大气降水的渗入补给，在地形较高处也接受潜水的越流补给。承压水总的流向是由西北向东南径流，水力坡度一般为0.0011~0.0021。由于高地潜水对承压水的越流补给，该地承压水位抬高，形成承压水从高处向低洼处的局部径流。承压水仍以侧向径流排泄为主，其次为对上部潜水进行顶托越流排泄以及人工机井开采排泄等，一般沿南及南东方向流出区外。

4.1.5 生态概况

1. 土壤

乌审旗的土壤类型与其地貌类型相对应，对应梁地、滩地、沙地地貌的土壤类型分别为栗钙土、草甸土、盐碱土或沼泽潜育土以及各类风沙土，共有土壤亚类14种，详见表4-2。

表4-2 乌审旗土壤亚类统计

土壤亚类	面积/km²	面积比例/%	土壤亚类	面积/km²	面积比例/%
栗钙土	158.84	1.36	潮土	1560.91	13.40
淡栗钙土	206.11	1.77	脱潮土	112.11	0.96
草甸栗钙土	20.83	0.18	湿潮土	32.35	0.28
新积土	45.59	0.39	盐化潮土	138.45	1.19
冲积土	55.73	0.48	腐泥沼泽土	7.78	0.07
草原风沙土	7568.18	64.99	盐土	52.72	0.45
草甸风沙土	1591.28	13.66	湖泊、水库	94.13	0.81

由表4-2可知，区域内草原风沙土面积最大，约占全旗总面积的65%，其次是草甸风沙土和潮土，其余各土壤亚类总面积仅占全旗总面积的7.94%。可见，风沙土的防治是改善区域内局部气候的重点。

2. 植被与土地利用类型

乌审旗属于典型草原带，区域内的天然植被有：栗钙土上发育的本氏针茅群落、柠条灌丛等地带性植被；沙地植被类型主要有沙地先锋植物群落、油蒿群落、臭柏灌丛、中间锦鸡儿灌丛、柳湾林等；低湿地主要类型有河漫滩、湖滨低地、滩地、丘间低地等，盐化草甸为轻盐渍化草甸土上形成的草甸群落，是低湿地植被中面积最大的类型。

根据2014年遥感影像解译成果，乌审旗土地利用类型共19类，详见表4-3。

表4-3 乌审旗土地利用类型统计

土地利用类型	面积/km²	面积比例/%	土地利用类型	面积/km²	面积比例/%
旱地	224.17	1.93	水库坑塘	35.01	0.30
有林地	68.21	0.59	滩地	34.95	0.30
灌木林	150.86	1.30	城镇用地	10.33	0.09
疏林地	1.00	0.01	农村居民点	42.55	0.37
其他林地	1.50	0.01	其他建设用地	21.37	0.18
高覆盖度草地	295.43	2.54	沙地	4755.89	40.84
中覆盖度草地	1603.08	13.77	盐碱地	529.19	4.54
低覆盖度草地	3690.37	31.69	沼泽地	153.79	1.32
河渠	10.79	0.09	裸土地	0.67	0.01
湖泊	15.83	0.14	合计	11645	100

由表4-3可知，区域内土地利用类型面积最大的为沙地，占全旗总面积的40.84%，其次为低覆盖度草地，面积占31.69%；面积最小的土地利用类型为裸土地，其次为疏林地和其他林地，三者总面积仅占全旗总面积的0.027%，说明全旗以沙地植被优势物种来

治理风沙效果最明显。

3. 苏里格国家沙漠公园

苏里格国际沙漠公园位于乌审旗西南的苏力德苏木，是苏里格国家林木种苗基地苗圃，也是我国首家国家级沙漠公园，公园总面积为 894.25hm²。沙漠公园地貌类型以沙地为主，沙地资源丰富，类型多样，流动沙地、半固定沙地、固定沙地都有分布，其中以固定沙地的面积最大。沙漠公园季相景观奇特，地质古老，物种丰富，历史文化积淀深厚，造就了美丽绝伦的风景旅游资源，具有极高的观赏审美价值和古、旷、奇、艳的特色，是典型草原内独特的沙区生态旅游瑰宝。沙漠公园既有风沙危害严重的荒漠，也有林草繁茂的绿洲，峰顶沙丘绵延，谷底绿水环绕，生态的脆弱性与植物的多样性并存，具有独特的大漠自然风光。

经过多年大力建设，苏里格国家沙漠公园环境已得到很大改善，为珍稀野生动植物提供了一个安全、适宜的生存环境，也为广大游客提供了一处寓教于乐、陶冶身心、游览休闲的沙漠区域，已成为集自然保护、科学研究、宣传教育、管沙用沙、生态旅游为一体，具有西部沙区特色和国际影响的沙漠公园。

4.1.6 社会经济

1. 行政区划

乌审旗包括 5 个镇（嘎鲁图镇、乌审召镇、图克镇、乌兰陶勒盖镇、无定河镇）、1个苏木（苏力德苏木）。

嘎鲁图镇位于鄂尔多斯市乌审旗中部，是乌审旗委、旗人民政府驻地，是全旗的政治、经济、文化、信息、商贸中心。嘎鲁图镇北靠乌审召镇、乌兰陶勒盖镇，南与苏力德苏木、无定河镇接壤。镇域面积 2309km²，镇辖 12 个嘎查村、6 个社区。

乌审召镇位于乌审旗东北部，东邻图克镇、伊金霍洛旗红庆河乡，西临嘎鲁图镇、鄂托克旗木凯淖尔镇，南接乌兰陶勒盖镇，北靠浩勒报吉乡，全镇东西长 67.5km，南北宽45km，总面积为 1660km²。乌审召镇经济以畜牧业为基础，以化工工业为主导，全镇下辖5 个嘎查村、8 个居民委员会。乌审召镇地域辽阔，资源富集。全镇拥有天然草牧场 67 万亩，林地 45 万亩，耕地 1.26 万亩。镇内湖泊星罗棋布，碱资源储量丰富，折纯储量达817 万 t，位居全国第三。此外，地下水位高，长呼、大杭输气管线途经该镇，沙柳、杨柴等林沙植物总量多，都为乌审召镇谋求经济快速发展奠定了坚实基础。

图克镇位于乌审旗东部，为"乌审旗东大门"。植被覆盖率达 85%，土壤属下伏滩地，土质黏细，自然肥力充沛，该地区光、热、水条件好，地下水资源丰富，是发展农牧业的"聚宝盆"。全镇下辖 5 个嘎查，23 个牧业社，是一个少数民族聚居区。总土地面积为 1096km²，是乌审旗以牧为主、多业并举的老牧区之一。镇内有全国保存面积最大的原始荒漠植物沙地柏，面积达 14 万亩，已被列为国家重点保护的珍稀植物。图克镇地下资源富集：当地的大牛地气田，探明天然气储量 3000 亿 m³，已成功向乌审召工业园区及北京、山东等地供气；泥炭资源品位高、埋藏浅，覆地层平均 1m，储量在 100 万 t 以上。图克地区的煤田储量超出 30 亿 t，平均埋深 500m，煤层厚度 4~7m，且具有低硫、低灰、低瓦斯、高发热量等优质性能。

乌兰陶勒盖镇位于乌审旗东部，镇政府地处查汗塔拉梁上，距嘎鲁图镇 28km，东与图克镇接壤，西与嘎鲁图苏木毗邻，北接乌审召镇，南靠黄陶勒盖乡，距陕西榆林市 100km，省道府深线穿境而过，区位优势十分明显，下辖 3 个嘎查、2 个村，总面积为 1133km²。乌兰陶勒盖镇是一块资源富集的宝地，世界罕见特大型方沸石矿储量达 5000 万 t，远景储量可达 2 亿 t，填补了国内该项矿产的空白，还有丰富的天然气、天然碱、陶土、泥炭、石英砂、膨润土、矿泉水等资源，有各类草药 60 多种。依托天然气资源与非金属矿产资源优势，2001 年 7 月 27 日经内蒙古自治区政府批准设立自治区级开发区——内蒙古苏里格经济技术开发区。

无定河镇位于乌审旗西南部，鄂尔多斯市最南端。2005 年由原纳林河镇和河南乡合并而成，因黄河一级支流无定河（萨拉乌苏河）横贯全境而得名。镇政府所在地堵嘎湾村距离嘎鲁图镇 60km。无定河镇南与陕西省横山区、靖边县接壤，西南与鄂托克前旗相连，北与苏力德苏木毗邻，总面积为 1353.4km²。无定河镇海拔在 1048~1100m，无定河、纳林河穿越全镇，地形以沙滩、河湾、梁地为主，土壤以栗钙土为主，南部纳林河及无定河南岸有黄土地带，绝大部分由于复沙形成风沙土，属自治区级基本农田保护范围，素有"塞外江南"之称。无定河镇是自治区商品粮基地和鄂尔多斯优质大苹果栽培、水稻种植基地之一，也是鄂尔多斯市最大的玉米制种基地和三大产粮区之一，无定河大米（原纳林河大米）以其米质香甜可口、黏性强、色泽白、有精气、绿色无公害的优点，在市场上受到广大消费者的青睐。

苏力德苏木位于乌审旗西南部，地理坐标为 37°17′27″~38°38′55″N，108°17′27″~108°59′49″E。东与嘎鲁图镇相连，南与无定河镇相邻，西与鄂前镇接壤，北与鄂旗额尔和图苏木相邻，地处蒙陕宁甘交界地区。于 2005 年 10 月由原陶利镇和沙尔利格镇合并而成，下辖 11 个嘎查村、54 个农牧业社，总面积 3150 km²，是全旗面积最大的苏木镇。

2. 人口

根据《乌审旗 2019 年国民经济和社会发展统计公报》，按户籍人口划分，2019 年年末全旗总人口为 116962 人，其中少数民族 34035 人，占全旗总人口的比例为 29.10%。年末常住人口达 13.57 万人，城镇化率为 61.24%。

3. 地区经济

根据《内蒙古自治区主体功能区规划》，乌审旗属于国家级重点开发区域——呼包鄂地区，该区域的功能定位是全国重要的经济增长极、自治区参与区域竞争的中坚力量。

近年来随着能源化工基地的建设，乌审旗经济发展迅速，2019 年全旗完成地区生产总值 309.13 亿元，按第四次全国经济普查修订数据后同口径可比价计算，比上年增长 9.0%。分产业看，第一产业增加值 15.79 亿元，比上年增长 1.5%；第二产业增加值为 214.46 亿元，比上年增长 12.5%；第三产业增加值 78.88 亿元，比上年增长 1.8%。三次产业增加值比例调整为 5.1∶69.4∶25.5。按常住人口计算，人均地区生产总值为 22.8 万元。2019 年，全旗农作物播种面积达到 75.89 万亩，其中粮食播种面积达到 50.74 万亩，经济作物播种面积达到 25.15 万亩。全年粮食总产量 17.73 万 t。全年畜禽存栏达到 1166520 头（只）（猪牛羊合计）。其中，猪存栏 67781 头，牛存栏 69714 头，羊存栏 1029025 只。

2010～2019 年乌审旗社会经济指标见表 4-4。

4.1.7 矿产资源

乌审旗矿产资源丰富，煤炭、天然气、煤层气、方沸石、陶土十分丰富，天然碱、盐类矿产、砖瓦用黏土及砂岩较丰富，其他矿产极为贫乏。全旗已发现各类矿产资源 14 种，矿产地 47 处。其中天然气、煤层气在内蒙古自治区居第一位，是自治区重要的能源生产基地之一。

1. 煤炭资源

乌审旗煤田覆盖层厚度从南到北为 510～650m，河谷地带在 480m 左右。煤系地层平均厚度为 250m，可采煤层 5～8 层，其中 5～7m 厚的煤层 1～3 层，煤层总厚度在 12～21m，每平方千米储量达 1500 万～2500 万 t。区内煤呈黑色，条痕为褐黑色，条带状结构，层状构造。燃点为 300℃ 左右，燃烧为剧燃，残灰为灰白色粉末，显微硬度为 19.5～20.3kg/mm²。根据部分钻孔的测试成果分析，区内煤炭水分为 10%，灰分为 8.37%，挥发酚为 36%，含硫量为 0.8%，含矸量为 8.4%，发热量为 25.64～32.54MJ/kg（7000 大卡以上）。为低水分、低灰分、特低硫、低硫分、中高挥发酚、低磷的不黏煤、长焰煤及弱黏煤，具有特高热值、热稳定性高的特点，含油率较高，为富油及高油煤。

乌审旗两大矿区均属于东胜煤田，两大矿区位于鄂尔多斯高原东南部、区域性地表分水岭 "东胜梁" 的南侧，为毛乌素沙漠的东北边缘地带。区内地形平坦，植被稀疏，为半荒漠地区。根据国家发改委《关于内蒙古自治区鄂尔多斯呼吉尔特矿区总体规划的批复》，2030 年之前，呼吉尔特矿区规划矿井 6 座，矿井规划规模为 5100 万 t/a。根据国家发改委《关于内蒙古纳林河矿区总体规划的批复》，纳林河矿区规划矿井 12 座，矿井规划规模为 11100 万 t/a。两大矿区矿井规划规模总计 16200 万 t/a。

1) 矿区地层

矿区位于东胜煤田西南部，为全覆盖的隐状煤田。根据有关钻探成果，区内地层从老至新发育有：三叠系上统延长组；侏罗系中统延安组、直罗组和安定组；白垩系下统志丹群和第四系。侏罗系中统延安组为矿区主要含煤地层。

2) 矿区构造

矿区构造形态与区域含煤地层构造形态一致。总体为一向南西倾斜的单斜构造。地层倾角 1°～3°，地层产状沿走向及倾向有一定变化，但变化不大，沿走向发育有宽缓的波状起伏。区内未发现大的断裂和褶皱构造，亦无岩浆岩侵入，构造属简单类型。

表 4-4 2010~2019 年乌审旗社会经济指标

年份	耕地面积/万亩	农田有效灌溉面积/万亩	农田实灌面积/万亩				粮食产量/万 t	林牧渔用水面积/万亩				牲畜/万头			合计
			水田	水浇地	菜田	合计		林果灌溉	草场灌溉	鱼塘补水	大牲畜	小牲畜	生猪	
2010	58.88	25.68		22.92	2.946	25.866	11.5	2.04	33.33	0.0098	8.5751	91.2289		99.804
2011	43.63	26.685		26.685	2.946	29.631	11.5	2.04	36.72	0.034	8.75	90.12		98.87
2012	64.50	32.31		27.44	1.34	28.77	15.34	0.71	24.71		18.67	116.38		135.05
2015	60.03	32.46	0.20	32.23	0.03	32.46		0.15	27.39	0.30	8.70	89.27	14.25	112.22
2017	62.15	33.63	0.35	33.24	0.04	33.63		0.19	28.52	0.30	10.90	106.20	17.80	134.90
2018	62.15	33.63	0.35	33.24	0.04	33.63		0.19	29.31	0.30	10.90	106.20	17.80	134.90
2019											6.97	102.90	6.78	116.65

3）可采煤层

矿区含煤地层未受到后期剥蚀，保存完整，含 2~6 个煤组，其中 2 煤组位于侏罗系中下统延安组（$J_{1-2}y$）上部；3~4 煤组位于侏罗系中下统延安组中部；5~6 煤组位于侏罗系中下统延安组下部。纳林河矿区可采煤层平均厚度 15.68m，呼吉尔特矿区可采煤层平均厚度 17.36m。区内含煤性有所差异，纳林河矿区发育的主要可采煤层为 2-2 煤层和 3-1 煤层，呼吉尔特矿区发育的主要可采煤层为 3-1 煤层。

2-2 煤层：在纳林河矿区基本全区可采，厚度在 0.8~12.26m，平均为 4.73m，煤层结构简单，煤层层位稳定，只在纳林河 1 号、2 号井和纳林河北详查区南部有小区域不可采煤，其余全部可采。

3-1 煤层：在纳林河矿区和呼吉尔特矿区全区可采，煤层层位稳定，可采煤层平均厚 5~6m，为厚煤层，煤层呈中部厚向南北两翼变薄趋势。其余各煤组煤层厚 1~1.5m，均在矿区局部地段发育。

4）煤炭产量

截至 2019 年年底，纳林河矿区纳林河 2 号井、营盘壕矿井，呼吉尔特矿区巴彦高勒、母杜柴登、门克庆和葫芦素煤矿均已投入生产。根据鄂尔多斯市发展与改革局《2018~2030 年鄂尔多斯市煤矿建设项目储备规划表》，乌审旗 2020 年规划矿井 1 座，为纳林河矿区白家海子煤矿，设计生产能力 1500 万 t/a；2025 年规划矿井 6 座，总设计生产能力 5700 万 t/a，其中纳林河矿区规划矿井 5 座（设计生产能力 4700 万 t/a）、呼吉尔特矿区规划矿井 1 座（设计生产能力 1000 万 t/a）；2030 年规划矿井 3 座，皆为纳林河矿区煤矿，总设计生产能力 2500 万 t/a。到 2030 年，煤炭年设计产能为 16200 万 t，本次规划的重点是已投产和近期规划投产的共计 9 座煤矿，各煤矿煤炭产能详见表 4-5。

表 4-5　乌审旗煤矿煤炭设计产能　　　　　　　　　　（单位：万 t）

矿区	井田	投产情况	年设计产能
纳林河矿区	纳林河 1 号井	2030 年	400
	纳林河 2 号井	已投产	800
	营盘壕井田	已投产	1200
	白家海子井田	2023 年	1500
呼吉尔特矿区	母杜柴登	已投产	600
	巴彦高勒	已投产	1000
	梅林庙	规划建设期：2020~2024 年	1000
	门克庆井田	已投产	1200
	葫芦素井田	已投产	1300
合计			9000

2. 天然气资源

天然气是乌审旗开发潜力最大的资源。全国最大的天然气区——长庆气区有 4 个探明储量超千亿立方米的气田，除榆林气田外，苏里格、靖边、乌审 3 个气田中乌审旗均占有很大比例。此外，中石化华北分公司在乌审旗内的天然气勘探区块大牛地探明储量也接近 1000 亿 m^3，全旗内天然气总探明储量达到 8000 亿 m^3。

3. 煤层气资源

煤层气主要分布在乌审召—纳林河一带呈北东向带状展布。煤层气资源量为 355.28 亿 m^3，远景资源量达 1.38 万亿 m^3，富含区面积约为 2400km^2。

4. 其他资源

天然碱是乌审旗开发最早的矿产资源，仅合同察汗淖碱湖折纯储量就达 817 万 t；方沸石属世界稀有的非金属矿，在乌审旗乌兰陶勒盖镇及其周边地区发现的方沸石矿为世界特大型方沸石矿床，填补了我国矿产品种的一项空白，预测储量在 2 亿万 t 以上；随着地质勘探工作的不断深入，乌审旗又陆续发现了储量可观的陶土、泥炭、石英砂、白垩土、膨润土等非金属矿产资源。

4.1.8 工业园区

根据现有产业基础和资源条件，为了全面、合理、高效地开发和利用本地区煤炭、天然气等资源，遵循集中、集约、集群发展模式，持区域一体化、上下游一体化（靠近矿区）和城乡统筹发展原则，乌审旗政府设立了苏里格经济开发区，下辖"一个基地、三个项目区"，分别为毛乌素沙漠治理产业化示范基地、纳林河化工项目区、图克工业项目区、乌审召化工项目区。

1. 毛乌素沙漠治理产业化示范基地

毛乌素沙漠治理产业化示范基地位于乌审旗中部乌兰陶勒盖镇。毛乌素沙漠治理产业化示范基地占地面积为 24.11km^2，产业定位是战略性新兴产业（新材料）基地。该基地将充分利用乌审旗独有的风积沙和天然气资源，发展高附加值和低污染的新材料产业，重点发展高品质镁合金和稀土镁合金及压铸精密成型件（用于航空、航天、地面和海洋交通工具的型材）、特殊型材、管材、板材等战略性新型材料，以及风积沙深加工产品——玻璃、陶瓷、水泥、金属薄膜光伏电阻件、微晶玻璃、玻璃纤维等高科技新材料。建设世界首家沙漠治理产业化示范中心和中国最大的镁合金生产基地，最终发展成为重要的战略性新兴产业（新材料）基地。

2. 纳林河化工项目区

纳林河化工项目区位于乌审旗西南部无定河镇。处于蒙陕交界处，东与国家新兴能源基地陕西省榆林市接壤，西与宁夏相望。北距乌审旗政府所在地嘎鲁图镇约 80km，距鄂尔多斯市东胜区约 290km。

纳林河化工项目区南北长约 9.3km、东西长约 5.7km，占地面积共 20.36km²。园区煤炭储量 342 亿万 t，设计能力为 5800 万 t/a。详查、精查区块面积为 189km²，探明煤炭储量 16.42 亿万 t。目前已建的煤矿项目有纳林河 2 号井，生产规模为 800 万 t/a；鄂尔多斯市营盘壕煤矿，生产规模为 1000 万 t/a。

纳林河化工项目区已经纳入鄂尔多斯市能源重化工产业布局规划，是鄂尔多斯市未来重要的煤炭生产基地。按照国家煤炭产业发展规划思路，通过大型企业集团开发建设模式，在矿区发展煤炭深加工和综合利用产业。

3. 图克工业项目区

图克工业项目区位于乌审旗图克镇内，位于图克镇葫芦素村北约 1km 处，南侧距离 S313 省道约 1.2km。图克镇是乌审旗的东大门，靠近榆林能源重化工基地并与伊旗煤转油项目区毗邻。

图克工业项目区于 2001 年 7 月 27 日被内蒙古自治区人民政府批准为自治区级经济开发区，是乌审旗能源重化工产业发展的核心载体、国家大型煤化工示范项目基地，也是大型能源央企的聚集地，占地面积为 24.8km²。

图克工业项目区产业发展定位是：大型煤基能源与基础化学品生产基地，重点发展煤炭产业、煤基新能源（二甲醚、煤制天然气）、煤基替代石化产品（甲醇制烯烃及下游深加工产品、煤制乙二醇等）、煤基农用化学品（合成氨、尿素）等基础产品。

4. 乌审召化工项目区

乌审召化工项目区位于乌审旗乌审召镇。地理位置为 39°12′48″N，109°1′2″E。项目区地处毛乌素沙地腹部，毗邻合同察汗淖碱湖和苏里格天然气田。

乌审召化工项目区是重要的深加工项目集中区，是自治区级循环经济示范园区，占地面积为 24.58km²。产业发展定位是高端化学品与化工新材料生产基地。乌审召化工项目区将充分利用现有的天然气甲醇装置，适度建设煤气化装置，通过联合气化调节碳氢比，优化区域内资源利用效率，进一步扩大甲醇生产规模，并向下游延伸产品链，发展甲醇制烯烃及下游深加工产品和精细化工产品。

乌审旗主要工业园区概况详见表 4-6，园区内主要企业见表 4-7。

表 4-6 乌审旗主要工业园区概况一览表

工业园区	地理位置	面积/km²	产业定位
毛乌素沙漠治理产业化示范基地	乌兰陶勒盖镇	24.11	战略性新兴产业（新材料）基地
纳林河化工项目区	无定河镇	20.36	煤炭深加工和综合利用产业
图克工业项目区	图克镇	24.8	大型煤基能源与基础化学品生产基地
乌审召化工项目区	乌审召镇	24.58	高端化学品与化工新材料生产基地

表 4-7 乌审旗工业园区内已建、在建和拟建工业企业情况

园区	序号	项目名称	项目类型	项目规模	进展情况（至2019年年底）
毛乌素沙漠治理产业化示范基地	1	内蒙古阿尔法玻璃纤维制品有限公司	化工	年产8000t高效保温材料	已建
	2	鄂尔多斯市欣凯塑胶有限责任公司	化工	2.55万t聚乙烯管材	已建
	3	乌审旗庆港洁能资源利用有限公司	石油化工	年产10万t烃类污油项目	已建
	4	鄂尔多斯市宏基亿泰能源有限责任公司	冶金化工	40万t/a液化天然气项目	已建
	5	乌审旗世林化工有限责任公司	冶金化工	4×30万t/a煤制甲醇	已建
	6	乌审旗拓伯隆石油化工有限公司	冶金化工	年产2.5万t压裂支撑剂	已建
	7	鄂尔多斯天旭轻合金有限责任公司	冶金化工	5万t镁合金及精密成型综合利用项目	已建
	8	乌审旗钟兴商贸有限责任公司	建材	20万立方商品混凝土生产项目	已建
	9	乌审旗富峰水泥制品有限公司	建材	环保艺术栅栏及水泥制品项目	已建
	10	内蒙古南化化工机械有限公司	建材	重型加工装备鄂尔多斯组装基地项目	已建
	11	鄂尔多斯市蒙鑫建材有限责任公司	建材	年产120万t水泥粉磨站建设工程项目	已建
	12	鄂尔多斯市邦普塑业有限公司	制造业	年产9000万条塑料编织袋项目	已建
	13	鄂尔多斯华清能源有限公司	冶金化工	40万t液化天然气车用清洁燃料配套项目	在建
	14	乌审旗斯日雨林新能源有限公司	冶金化工	20万t液化清洁汽车燃料和20万t天然气项目	在建
	15	山东立人集团	煤化工	3000万t煤热解项目	在建
	16	鄂尔多斯市景能天然气有限责任公司	冶金化工	6.8万t/a液化天然气项目	在建
	17	内蒙古黄陶勒盖煤炭有限责任公司	冶金化工	煤基多联产项目（40万t乙二醇、50万t焦油加氢、60万t甲醇）	拟建
	18	内蒙古泓源液化天然气有限公司	冶金化工	年产60万t液化天然气项目	拟建
	19	鄂尔多斯洁林塑料科技有限公司	制造业	2万t聚烯烃重包装膜袋项目	拟建

园区	序号	项目名称	项目类型	项目规模	进展情况（至 2019 年年底）
毛乌素沙漠治理产业化示范基地	20	华原风积沙开发有限公司	制造业	100 万 t 风积沙工业选矿生产线、10 万 t 玻璃制品生产线项目	拟建
	21	鄂尔多斯市白云危废综合有限公司	制造业	鄂尔多斯白云危险废物综合处理中心项目	拟建
	22	内蒙古黄陶勒盖煤炭有限公司世林化工分公司	电力	2×660MW 热电项目	拟建
纳林河化工项目区	1	博大实地化学有限公司合成氨、尿素项目	冶金化工	50 万 t/a 合成氨、80 万 t/a 尿素、120 万 t/a 联碱	已建
	2	鄂尔多斯诚峰石化有限责任公司高炉喷吹料及水煤浆综合利用项目	冶金化工	100 万 t/a 高炉喷吹料及 60 万 t/a 水煤浆	已建
	3	鄂尔多斯市诚峰石化有限责任公司	冶金化工	20 万 t 焦油加氢项目	已建
	4	内蒙古中煤远兴能源化工开发有限公司	冶金化工	一期 60 万 t/a 煤制甲醇项目	已建
	5	鄂尔多斯星星能源有限公司	冶金化工	20 万 t/a 液化天然气项目	已建
	6	内蒙古中煤蒙大新能源化工有限公司	热电	1×12MW 煤矸石综合利用热电站项目	已建
	7	内蒙古博源化学有限责任公司	冶金化工	20 万 t/a 乙二醇项目	拟建
	8	内蒙古博源控股集团有限公司产学研基地建设项目	冶金化工	1 万 t 小苏打，0.51 万 t 水处理剂，0.5 万 t 氧化铵，0.5 万 t 纯碱	拟建
	9	内蒙古博源控股集团有限公司烯烃项目	冶金化工	100 万 t 烯烃项目	拟建
	10	内蒙古卓正煤化工有限公司	冶金化工	100 万 t/a 烃类污油芳烃项目	拟建
	11	鄂尔多斯易臻石化科技有限公司	冶金化工	10 万 t/a DMMn 燃油清洁剂	拟建
	12	内蒙古鄂尔多斯联海煤业有限公司	冶金化工	480 万 t 绿色喷吹料项目，50 万 t 煤焦油加氢	已建
	13	内蒙古万山天泽能源有限公司	冶金化工	10 万 t 聚甲氧基二甲醚（PODE）	拟建
	14	博源化学有限责任公司	热电	2×350MW 热电联产项目	拟建

园区	序号	项目名称	项目类型	项目规模	进展情况（至2019年年底）
图克工业项目区	1	中煤能源集团图克工业项目区合成氨、尿素项目	冶金化工	200万t/a合成氨、350万t/a尿素	已建
	2	鄂尔多斯市金诚泰化工有限责任公司煤制甲醇项目	冶金化工	60万t/a	已建
	3	中天合创能源有限责任公司	冶金化工	360万t/a甲醇、137万t/a烯烃	已建
	4	内蒙古海峡能源集团有限公司	冶金化工	20万t/a煤焦油项目	已建
	5	鄂尔多斯市神冶蓝碳制品有限责任公司	冶金化工	240万t蓝碳（一期60万t干馏煤）配套发电项目及20万t煤焦油加氢	已建
	6	内蒙古博瑞得供应链有限公司	制造业	物流仓储项目	拟建
	7	上海东鸿塑料制品有限公司	制造业	FFS重膜项目	拟建
	8	鄂尔多斯市金诚泰化工有限责任公司煤制甲醇项目	冶金化工	30万t/a	拟建
	9	北方石油内蒙古新能源有限公司	冶金化工	焦炉煤气合成甲烷及40万t液化项目	拟建
	10	内蒙古特弘煤化有限现责任公司	冶金化工	60万t/a干馏煤	拟建
乌审召化工项目区	1	内蒙古博源联合化工有限公司	冶金化工	40万t/a天然气制甲醇项目	已建
	2	内蒙古博源联合化工有限公司氧气空分站项目	冶金化工	公用工程	已建
	3	内蒙古博源联合化工有限公司	冶金化工	60万t/a天然气制甲醇项目	已建
	4	内蒙古苏里格天然气化工有限公司	冶金化工	15万t/a扩建天然气制甲醇项目	已建
	5	内蒙古苏里格天然气化工有限公司	冶金化工	18万t/a扩建天然气制甲醇项目	已建
	6	内蒙古远兴江山化工有限公司	冶金化工	一期10万t/a二甲基甲酰胺工程	已建
	7	内蒙古远兴天然碱股份有限公司试验站	冶金化工	30万t/a干馏煤、5万t小苏打项目	已建
	8	内蒙古碱湖包装有限公司	制造业	5000万条编织袋（0.6万t）	已建
	9	乌审召一期生物质热电螺旋藻项目	食品制造	400t螺旋藻	已建
	10	乌审召一期生物质热电厂项目	热电联产	2×12MW	已建
	11	内蒙古中煤蒙大新能源化工有限公司年产50万t工程塑料项目配套自备热电厂项目	自备电厂	自备电厂	已建

园区	序号	项目名称	项目类型	项目规模	进展情况（至2019年年底）
乌审召化工项目区	12	内蒙古中煤蒙大新能源化工有限公司年产50万t工程塑料项目	建材	50万t/a工程塑料项目	已建
	13	鄂尔多斯市宏得化工有限责任公司	冶金化工	2万t/a混合吡啶项目	在建
	14	内蒙古远兴能源股份有限公司	冶金化工	甲醇制40万t清洁柴油组分	拟建
	15	乌审旗百方绿源油气有限公司	冶金化工	日处理20万tLNG液化工厂项目	拟建
	16	内蒙古中煤蒙大新能源化工有限公司	冶金化工	180万t/a煤制甲醇	拟建
	17	内蒙古碱湖包装有限公司	建材	年产3亿条塑料编织袋项目（3.6万t）	拟建

4.2 区域水资源利用现状

4.2.1 水资源总量

根据《乌审旗水系连通及工业供水保障规划》，乌审旗分为内流区和外流区无定河流域，其中无定河流域面积为6957km²，占全旗总面积的59.7%。

1956~2012年乌审旗多年平均分区水资源总量为7.80亿m³。分区地表水资源量为2.46亿m³，多年平均径流深为21.4mm，其中无定河流域天然径流量为2.09亿m³，径流深为30.1mm；内流区天然径流量为0.37亿m³，径流深为8.2mm。1980~2012年乌审旗多年平均浅层地下水资源量为6.73亿m³，分区地表水与地下水之间不重复计算量为5.34亿m³，产水模数为6.70万m³/km²，低于黄河流域平均产水模数。从地区分布来看，乌审旗水资源总量主要分布于无定河流域，占总量的60.7%。

4.2.2 水资源可利用量

根据《乌审旗水系连通及工业供水保障规划》计算结果，乌审旗无定河流域地表水资源可利用量为0.91亿m³。乌审旗内流区没有较大河流，地表水资源无法有效利用。

1980~2012年乌审旗多年平均浅层地下水资源（矿化度≤2g/L）可开采量为4.12亿m³，其中无定河流域可开采量为2.47亿m³，内流区可开采量为1.65亿m³。

4.2.3 水资源质量评价

1. 地表水资源质量

根据《内蒙古自治区水功能区划》（2010 年 12 月），乌审旗域内河流共划分一级水功能区 9 个，其中保护区 1 个，占总个数的 11.2%，河长 10.0km，占总河长的 4.7%；开发利用区 4 个，占总个数的 44.4%，河长 124.3km，占总河长的 58.2%；缓冲区 4 个，占总个数的 44.4%，河长 79.2km，占总河长的 37.1%。二级水功能区 4 个，总河长 124.3km，是乌审旗敏感地带的重要水域，按二级区第一主导功能分类，工业用水区 2 个，河长 94.3km，农业用水区 2 个，河长 30.0km。一、二级水功能区目标水质均为 III ~ IV 类水。乌审旗一、二级水功能区见表 4-8。

表 4-8 乌审旗一、二级水功能区名称

序号	一级区名称	河流长度/km	二级区名称	河流长度/km
1	纳林河乌审旗源头保护区	10.0		
2	无定河乌审旗开发利用区 1	44.6	无定河乌审旗工业用水区	44.6
3	无定河乌审旗开发利用区 2	10.0	无定河乌审旗农业用水区	10.0
4	纳林河乌审旗开发利用区	49.7	纳林河乌审旗工业用水区	49.7
5	海流图河乌审旗开发利用区	20.0	海流图河乌审旗农业用水区	20.0
6	无定河陕蒙缓冲区	48.4		
7	无定河蒙陕藏缓冲区	15.8		
8	无定河蒙陕缓冲区	10.0		
9	海流图河蒙陕缓冲区	5.0		

根据近年来水质监测结果，乌审旗一、二级水功能区水质均能达标。内流区没有纳入《内蒙古自治区水功能区划》的湖泊。

2. 地下水资源质量

地下水水质评价对象为浅层地下水，主要是矿化度大于 2g/L 的浅层地下水，内容主要包括地下水水化学特征、地下水水质现状评价等方面。

1) 地下水水化学特征

乌审旗浅层地下水主要接受大气降水的入渗补给，由于地下水径流途径短，排泄条件较好，水交替循环作用强烈，且含水层的易溶盐含量一般较低，地下水水质较好，地下水化学类型主要为重碳酸型，矿化度一般小于 1g/L。

A. 松散岩类孔隙水

萨拉乌素冲积湖积含水层水质普遍较好，水化学类型比较简单，多数地区为 HCO_3—

Ca・Mg・Na 或 HCO₃—Na 型水。无定河沿岸地区水质稍差，为 SO₄・Cl・HCO₃—Ca・Mg・Na、SO₄・Cl—Ca・Mg・Na 或 SO₄—Ca・Mg・Na 型水，矿化度小于等于 2g/L。

B. 碎屑岩类裂隙孔隙地下水

乌审旗北部地区主要为 HCO₃—Na 型水，碎屑岩承压水水质较好，矿化度小于等于 2g/L。

2）地下水水质现状评价

根据黄河勘测规划设计有限公司 2018 年 8 月《乌审旗水系连通及工业供水保障规划》评价结果：乌审旗地下水质评价面积为 1.16 万 km²，评价区地下水资源量为 6.86 亿 m³。其中，Ⅱ类水分布面积占总评价面积的 0.4%，地下水资源量占评价区地下水资源总量的 0.3%；Ⅲ类水分布面积占总评价面积的 51.2%，地下水资源量占评价区地下水资源总量的 62.8%；Ⅳ类水分布面积占总评价面积的 11.0%，地下水资源量占评价区地下水资源总量的 8.8%；Ⅴ类水分布面积占总评价面积的 37.4%，地下水资源量占评价区地下水资源总量的 28.1%（图 4-1）。

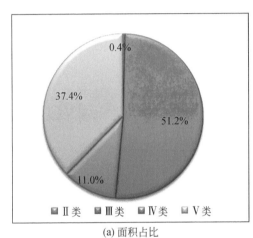
(a) 面积占比

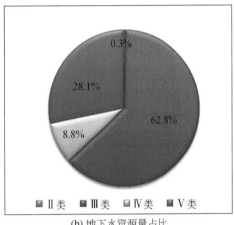
(b) 地下水资源量占比

图 4-1　水质评价

4.2.4　水资源开发利用现状

1. 供水工程

乌审旗供水工程类型主要包括地表水供水工程、地下水供水工程和非常规水源供水工程。其中地表水供水工程包括蓄水工程、引提水工程等，目前发挥供水作用的主要为蓄水工程；地下水供水工程包括机电井，以及农牧民、城镇居民的自用井等；非常规水源供水工程为矿井水利用工程。

截至 2019 年，乌审旗建成水库 11 座，总库容为 11925.04 万 m³，11 座水库概况见表 4-9。

表 4-9　乌审旗主要水库概况

序号	所在河流	水库名称	所在乡镇	总库容/万 m³	加固完成时间
1	无定河干流	古城水库	无定河镇	102.44	2012 年
2		巴图湾水库	无定河镇	10343	2005 年
3		张冯畔水库	无定河镇	491	2012 年
4	纳林河	陶利水库	苏里德苏木	79	未加固
5		寨子梁水库	无定河镇	100.8	2012 年
6		排子湾水库	无定河镇	138.6	2011 年
7	海流图河	团结水库	嘎鲁图镇	333	2007 年
8		贠家湾水库	嘎鲁图镇	100.68	2012 年
9	白河	七一水库	乌兰陶勒镇	146.8	2010 年
10		跃进水库	乌兰陶勒镇	79	未加固
11		胜利水库	乌兰陶勒镇	10.72	2015 年

截至 2019 年,乌审旗共有机电井 20838 眼,其中配套利用的机电井有 19252 眼,占机电井总数的 92.4%,供水能力达 19836 万 m³。

截至 2019 年,乌审旗煤矿企业自建矿井疏干水处理站 5 座,此外,纳林河矿区建有纳林河综合水处理厂,呼吉尔特矿区建有世林化工处理厂,2019 年,经处理后的矿井水可供水量约为 3573.7 万 m³。

2. 现状总供水量

1) 常规水源供水量

根据乌审旗 2010～2019 年水资源公报统计,各年份地表水源供水量情况见表 4-10,地下水源供水量见表 4-11。现状地表水源通过蓄、引、提工程供水,无其他跨流域调水等供水途径。现状地下水源有浅层水和深层水,由表 4-11 可知,从 2015 年疏干水开始用作供水水源,2015～2019 年供水量分别为 760 万 m³、1892.14 万 m³、1908.30 万 m³和 3442 万 m³。

表 4-10　乌审旗各年份地表水源供水量　　　　　　(单位:万 m³)

年份	蓄水	引水	提水	小计
2010	7902.00	282.00	192.00	8376.00
2011	7902.00	282.00	192.00	8376.00
2012	7902.00	282.00	192.00	8376.00
2013	3218.00	780.00	274.00	4272.00
2015	552.00	1075.00	1003.00	2630.00
2017	1966.58	2998.98	1456.40	6421.96

年份	蓄水	引水	提水	小计
2018	1539.79	2353.72	1012.55	4906.06
2019	1120.01	1128.35	929.27	3177.63

表 4-11　乌审旗各年份地下水源供水量　　　　（单位：万 m³）

年份	浅层水	深层水	疏干水	小计
2010	12315	5115	—	17430
2011	12140	5702	—	17842
2012	10112	5912	—	16024
2013	11054	8048	—	19102
2015	12913	6953	760	20626
2017	10545.75	5678.48	1892.14	18116.37
2018	11718.79	5677.23	1908.3	19304.32
2019	18103.62		3442	21545.62

2）其他水源供水量

根据乌审旗 2013～2019 年水资源公报统计，各年份其他水源供水量情况见表 4-12。

表 4-12　乌审旗各年份其他水源供水量　　　　（单位：万 m³）

年份	污水处理回用	雨水利用	小计
2013	92	—	92
2014	—	—	—
2015	—	—	—
2017	480.96	—	480.96
2018	308.00	60.48	368.48
2019	314.7	63	377.7

3）外部可供水量

根据黄水调〔2010〕38 号、黄水调〔2010〕39 号批复意见，利用镫口引黄工程从黄河干流引水，经达拉特旗三晌梁、东胜、康巴什和伊金霍洛旗进入图克工业项目区，年供水量为 2729 万 m³。

该引黄管线为双管双向供水，可以引黄河水到图克工业项目区，工业区经深度处理后废污水也可经另一管道输送到沿程的用水户。

4）总供水量

根据乌审旗 2010～2019 年水资源公报统计，各年份供水量统计见表 4-13。

表 4-13　乌审旗 2010～2019 年供水量统计　　　（单位：万 m³）

年份	地下水	黄河水	其他地表水	中水	疏干水	雨水	合　计
2010	17430	—	8376	—	—	—	25806
2011	17842	—	8376	—	—	—	26218
2012	16024	—	8376	—	—	—	24400
2013	19102	—	4272	92	—	—	23466
2015	19866	—	2630	—	760	—	23256
2017	16224	1113	5309	481	1892	—	25019
2018	17396	1125	3782	308	1908	60	24579
2019	18103.6	40	3200.6	314.7	3442	0	25100.95

3. 现状总用水量

根据乌审旗 2010～2019 年水资源公报统计，乌审旗各年份用水量见表 4-14。

表 4-14　乌审旗 2010～2019 年用水量统计　　　（单位：万 m³）

年份	农业	工业	生活	河道外生态	合　计
2010	22766	1347	363	1330	25806
2011	22822	1695	367	1334	26218
2012	21065	1786	355	1194	24400
2013	20170	1860	356	1080	23466
2015	19600	2575	336	745	23256
2017	19033.6	4817	361.69	807	25019.29
2018	18135.68	5226.80	409.40	807	24578.88
2019	18761.57	5071.74	420.14	847.5	25100.95

其中农业、生活和生态用水量统计见表 4-15，工业用水量统计见表 4-16。

表 4-15　乌审旗近年农业、生活和生态用水量统计　　　（单位：万 m³）

年份	农业			生活		生态		
	用水量	地下水	地表水	用水量	地下水	用水量	地下水	雨水/中水
2010	22766	14390	8376	363	363	1330	1330	—
2011	22822	14818	8004	367	367	1334	1334	—

续表

年份	农业			生活		生态		
	用水量	地下水	地表水	用水量	地下水	用水量	地下水	雨水/中水
2012	21065	12889	8176	355	355	1194	1194	—
2013	20170	16248	3922	356	356	1080	1080	—
2015	19600	17597	2003	336	336	745	745	—
2017	19033.6	14734.93	4298.67	361.69	361.69	807	807	—
2018	18135.68	15942.73	2192.95	409.40	409.40	807	746.52	60.48
2019	18761.57	16584.14	2177.43	420.14	420.14	847.5	754.5	93

注：2019 年生态中雨水指中水 30 万 m^3 和其他地表水 63 万 m^3。

表 4-16　乌审旗近年工业用水量统计　　　　　（单位：万 m^3）

年份	用水量	地下水	黄河水	其他地表水	中水	疏干水
2010	1347	1347	—	—	—	—
2011	1695	1323	—	372	—	—
2012	1786	1586	—	200	—	—
2013	1860	1418	—	350	92	—
2015	2575	1188	—	627	—	760
2017	4817	320.6	1112.7	1010.6	481	1892.1
2018	5226.80	297.39	1124.52	1588.59	308	1908.3
2019	5071.74	344.84	40	960.2	284.7	3442

由表 4-16 可知，乌审旗 2012 年之前用水来源均是本区域内的常规水源；随着区域经济的快速发展，2013 年开始利用中水；随着旗内各煤矿的相继投产，煤矿企业疏干水出现剩余，2015 年开始将疏干水部分纳入区域水资源配置；随后在 2017 年开始利用引黄水，2017 年和 2018 年利用黄河水量均超过 1100 万 m^3，但 2019 年利用黄河水量仅 40 万 m^3。

从行业用水水源分析，农业用水是当地地表水和地下水；农村和城镇生活用水全部来自地下水；城镇环境和农村生态用水几乎全部来自地下水，2018 年才开始利用少部分雨水或中水资源；工业则充分利用了地下水、引黄水、当地地表水、中水和矿井疏干水。

4. 水资源开发利用程度

乌审旗平均地表水资源量为 2.46 亿 m^3，2019 年地表水用水量为 3200.63 万 m^3，地表水开发利用率仅为 13%，开发利用率偏低，具有开发潜力。乌审旗平原区浅层地下水可开采量为 4.12 亿 m^3，2019 年平原区地下水用水量为 1.81 亿 m^3，地下水开采率为 43.9%，地下水开发也有一定的潜力，但受限于国家相关政策，考虑区域生态环境保护需要，地下水不得用于工业发展，未来地下水开发潜力有限。

5. 现状用水效率

2019 年乌审旗生活用水量为 420.14 万 m³, 生产用水量为 23833.31 万 m³, 生态用水量为 847.5 万 m³, "三生" 用水比例是 1.67 : 94.95 : 3.38, 生产用水占总用水量的绝大部分。

按常住人口计算, 2019 年年末乌审旗常住人口达 13.57 万人, 2019 年乌审旗完成地区生产总值 309.13 亿元, 人均地区生产总值 22.8 万元, 处于全国领先水平 (根据国家统计局发布的 2019 年国民经济运行情况, 全年国内生产总值 990865 亿元, 人均国内生产总值 70892 元)。2019 年乌审旗总用水量为 25100.95 万 m³, 人均用水量为 1849.74m³, 2018 年人均用水量 1822m³, 为鄂尔多斯 2018 年平均水平 (751m³) 的 2.4 倍; 2019 年万元 GDP 用水量为 81.2m³, 2018 年万元 GDP 用水量为 63.49m³, 是鄂尔多斯 2018 年平均水平 (41.48m³) 的 1.5 倍。乌审旗 2018 年万元工业增加值用水量为 19.33m³/万元, 为鄂尔多斯平均水平 (14.52m³/万元) 的 1.33 倍。2018 年乌审旗用水水平与鄂尔多斯市综合用水水平对比结果详见表 4-17。

表 4-17 2018 年乌审旗与鄂尔多斯市综合用水水平对比

区域	总用水量/万 m³	人均用水/m³	万元 GDP 用水量/m³	工业增加值/亿元	万元工业增加值用水量/m³
乌审旗	24578.88	1822.00	63.49	270.33	19.33
鄂尔多斯市	156100	751.06	41.48	1969.1	14.52

4.3 矿井水可利用量质分析

4.3.1 矿井水排放预测

2018 年乌审旗矿井疏干水实际排水量为 3633.12 万 m³, 未有效利用量达到 1724.82 万 m³, 2019 年乌审旗实际疏干水排水量为 4931.31 万 m³, 未有效利用量达到 1489.3 万 m³ (未考虑预测企业自用量 727 万 m³ 和处理损失量 630.65 万 m³)。根据 2019 年调查的实际情况, 预计 2020 年乌审旗 6 个煤矿企业疏干水排水量大概在 5110 万 m³, 实际未有效利用量可达到 1668 万 m³ (未考虑企业自用和处理损失)。

未来规划投产纳林河 1 号井、白家海子、梅林庙 3 座煤矿, 总产量达到 9000 万 t, 预计到 2030 年达产。根据可供水量和煤矿产量线性关系, 预计 2030 年疏干水排水量在 5800 万 ~ 7500 万 m³。

根据《乌审旗矿井疏干水利用方案》, 2020 年 6 个煤矿自用水量共计 727 万 m³, 疏干水深度处理厂处理损失取 15%, 按此计算, 2019 年煤矿疏干水可利用量达到 3573.7 万 m³,

各煤矿企业疏干水可利用量见表4-18。

表 4-18 乌审旗 2019 年煤矿企业疏干水可利用量 （单位：万 m³）

煤矿企业	排水量	自用量	处理量	处理损失	可供水量
纳林河 2 号矿	849.17	70	779.172	116.88	662.30
母杜柴登	1175.14	49	1126.14	168.92	957.22
门克庆	895.00	158	737.00	110.55	626.45
葫芦素	744.41	75	669.41	100.41	569.00
巴彦高勒	464.59	250	214.59	32.19	182.40
营盘壕	803.00	125	678.00	101.70	576.30
合计	4931.31	727	4204.31	630.65	3573.66

当煤矿用水总量为 5110 万 m³ 时，疏干水可利用量将达到 3725.6 万 m³。根据相关政策，扣除已批复的矿井企业疏干水使用量 68.97 万 m³，剩余 3656.6 万 m³ 的水量需纳入水资源统一配置，可用于工业、生态环境和城市杂用。

此外，通过充分利用引黄水量 2729 万 m³，将黄河水就近用于图克工业项目区工业需水，也可置换部分疏干水用于生态环境补水。

就 2019 年情况来说，扣除已批复的项目疏干水使用量和已供水量 3442 万 m³，矿井疏干水和黄河水用水指标加起来富余约 2930 万 m³，在用好黄河水指标的情况下，矿井疏干水可充分满足湖泊生态补水需求，见下节分析。到 2030 年，矿井疏干水还将增加，湖泊生态用水可以得到进一步满足。

4.3.2 水量分析

1. 矿井疏干水处理能力分析

乌审旗 6 个矿中，纳林河 2 号矿、营盘壕、巴彦高勒、门克庆煤矿分别有自己的处理站，母杜柴登、葫芦素共用一个处理站。纳林河矿区还建有中煤远兴净水厂，呼吉尔特矿区建有世林化工净水厂、图克大化肥净水厂（图克井下水深度处理站）和中天合创水处理厂一期工程。

中煤远兴净水厂为纳林河化工项目区综合水处理厂，一期工程已建成，设计日处理能力为 2.9 万 m³，其中矿井疏干水处理线设计规模为 2.4 万 m³/d，化工外排处理线设计规模为 0.5 万 m³/d，二期工程设计处理能力为 0.48 万 m³/d。纳林河 2 号井田建有输水管道工程，从矿井疏干水处理站开始将水输送至纳林河化工项目区综合水处理厂及应急蓄水池。营盘壕疏干水从矿井疏干水处理站送至纳林河化工项目区综合水处理厂，处理后供至纳林河化工项目区；根据规划，将在营盘壕井田南部、纳林河化工项目区综合水处理厂附近建成营盘壕矿井疏干水深度处理厂及纳林河化工项目区综合水处理厂至营盘壕深度水处理厂输水管线，深度水处理厂设计处理能力为 1.2 万 m³/d，处理后的疏干水供至纳林河化工项目区，2018 年该处理厂工程建设已招标。

呼吉尔特矿区的世林化工净水厂设计日处理能力为 1.2 万 m³，图克井下水深度处理站设计日处理能力为 4 万 m³；中天合创水处理厂一期工程设计日处理能力为 7.2 万 m³，规划二期工程设计日处理能力为 4.3 万 m³。巴彦高勒、母杜柴登、门克庆、葫芦素井田建有输水管道工程，其中巴彦高勒井田输水线路将水从巴彦高勒矿井疏干水处理站输送至世林化工净水厂，母杜柴登、门克庆、葫芦素井田输水线路将三座井田矿井疏干水通过泵站加压输送至图克人工湖。

现状情况下，两个矿区疏干水处理能力为 5840 万 m³/a，见表 4-19。2019 年疏干水排水量 4931.3 万 m³（未扣除自用部分）。从总体能力上看，全旗内疏干水处理厂有足够的处理能力，即可保证有充足的处理达标后的好水可供使用；从区域上分析，在扣除自用水的情况下，纳林河矿区处理能力略显不足，呼吉尔特矿区处理能力均有较多富余，需要通过疏干水输水管线将纳林河矿区部分外排疏干水送到呼吉尔特矿区处理；未来在疏干水继续增加的情况下，需要建设白家海子深度水处理厂，增加纳林河矿区的疏干水处理能力。

表 4-19　现状矿井疏干水处理厂及处理能力

矿区	名称	处理能力/万 m³		处理对象	2019 年煤矿疏干水处理量/万 m³
		日	年		
纳林河矿区	纳林河项目区综合水处理厂	2.4	876	纳林河 2 号矿	779.2
	营盘壕疏干水深度水处理厂	1.2	438	营盘壕	678
呼吉尔特矿区	世林化工净水厂	1.2	438	巴彦高勒	214.6
	图克井下水深度处理站+中天合创处理厂一期工程	4+7.2	1460+2628	葫芦素	669.4
				母杜柴登	1126.1
				门克庆	737.0
合计		16	5840		4204.3

注：处理量中已扣除自用水量，煤矿企业扣除自用水量后将疏干水送往处理厂处理。

2. 已批复矿井疏干水使用量

乌审旗企业已批复使用疏干水的有 2 个项目，共计使用疏干水 68.97 万 m³/a，详情见表 4-20。

4.3.3　水质分析

1. 生态环境补水的矿井疏干水水质需求分析

乌审旗沙地湖泊大多是盐碱湖，蕴含丰富的盐、碱资源，一直以来以盐碱开采利用为主。乌审旗沙地湖泊在水功能区划、水资源公报及环境质量公报中均未有明确的湖泊水质标准。随着湖泊盐碱资源开发枯竭，湖泊由盐碱开采利用转化为鸟类中转栖息地和维持生态平衡调节气候等生态功能，湖泊由开采利用转为全面生态保护。根据现状水质采样分析，湖泊盐碱性、矿化度、化学需氧量及总氮总磷等指标远高于湖泊地表水 V 类标准，盐碱性湖泊具有自身特殊的水化学特征。这种高盐碱性湖泊水域水生动植物较少，鸟类栖息地主要分布于湖泊水域周边湿地，以湖泊生态安全为目标，要求生态环境补水以地表水 III 类为标准，重点关注重金属指标和有毒有害指标（如氟化物、氰化物、挥发酚、硫化物、砷、硒、汞、镉、铅、铬等）。考虑到湖泊现状盐碱度较高，要求补水水质检测含盐量，以地下水 III 类指标控制，即溶解性总固体指标≤1000mg/L。

表 4-20 乌审旗两大矿区已批复使用疏干水情况

序号	项目	批复文件	批复水源	批复水量 /（万 m³/a）	位置
1	中天合创能源有限责任公司鄂尔多斯 300 万 t/a 二甲醚项目	内水资〔2010〕14 号	葫芦素及门克庆矿井疏干水	18.50	图克工业项目区
2	内蒙古博源化学有限责任公司 30 万 t/a 新型建材项目	鄂水发〔2013〕45 号	纳林河二号矿疏干水	50.47	纳林河化工项目区

2. 现状矿井疏干水水质指标分析

目前收集到巴彦高勒、中天合创矿井疏干水深度处理后的水质检测资料，纳林河 2 号矿井疏干水水质资料，以及营盘壕煤矿疏干水和深度处理站出水水质资料。

1）矿井疏干水水质

营盘壕 2019 年 11 月矿井疏干水水质检测指标为地表水 24 项和地下水 4 项，结果显示，地表水 24 项指标达到 III 类标准，地下水指标中锰为地下水 IV 类，其余为 III 类标准。

纳林河 2 号矿井疏干水有 2019 年 8～12 月 6 次的水质检测资料，涉及地表水 3 项指标，达到地表水 II 类指标；涉及地下水 6 项指标，硫酸盐类为地下水劣 V 类指标，钠为地下水 IV 类。

2）深度处理后的矿井疏干水水质

巴彦高勒 2019 年 8 月检测指标为地表水 23 项，地下水 6 项，其中汞含量为 2.14×10^{-4}mg/L，石油类指标为 0.06mg/L，均为地表水 IV 类，其余均达到地表水 III 类以上标准，整体评价巴彦高勒矿井疏干水深度处理后达到地表水 IV 类标准，地下水 6 项均不超 III 类标准。2020 年 3 月 18 日检测指标为地表水 23 项，对废水进行反渗透处理后的检测结果是地表水 III 类，其中总氮为 III 类，其余均达到地表水 I～II 类标准；对废水进行纳滤处理后的检测结果是地表水 II 类，其中总氮为 II 类，其余指标均达到地表水 I 类标准。

中天合创 2019 年 11 月检测指标为地表水 24 项，结果显示，矿井疏干水深度处理后水质可达到地表水Ⅲ类标准。2020 年 3 月 18 日检测指标为地表水 23 项，矿井疏干水深度处理后水质可达到地表水Ⅲ类标准（BOD_5 和 DO 为Ⅲ类，其他为Ⅰ～Ⅱ类）。

营盘壕 2020 年 4 月疏干水深度处理站出水检测 29 项指标，含地表水 24 项及集中式生活饮用水地表水源地补充项目 5 项，检测结果显示达到地表水Ⅲ类标准。

3）现状矿井疏干水补给湖泊后水质

中天合创疏干水返送遗鸥保护区湿地，据 2019 年 11 月 19 日和 2020 年 3 月 18 日的检测结果，湿地保护区水质为Ⅲ类。另据有关研究资料显示（何芬奇等，2018），2014 年遗鸥保护区湿地将泊江海子矿井疏干水沉淀处理后补入桃-阿海子，检测结果表明，泊江海子矿井水补水水质与周边遗鸥主要繁殖地的水质无明显差异。2017 年芦苇沼泽湿地达 $2km^2$，西半部出现明水面，10 月下旬迁徙水鸟总量达到 2.3 万只，重要栖息地功能恢复。

3. 现状矿井疏干水水质评价及利用建议

本书仅收集到 4 个煤矿的疏干水水质第三方检测资料（表 4-21），其中营盘壕矿井疏干水和深度处理疏干水各有 1 次检测数据，巴彦高勒煤矿和中天合创煤矿疏干水深度处理后仅有 2 次检测数据。水质检测指标各不相同，2 个以地表水质量标准中的检测指标为主，1 个地表、地下质量标准都包含但都未全覆盖，1 个以地下水为主未全覆盖。根据纳林河 2 号矿检测结果，矿井疏干水硫酸盐和钠离子含量高，整体含盐量高，考虑到补水水质有离子浓度高的风险，有可能造成湖泊含盐量累积，建议以检测地表水质量标准为主的煤矿增加地下水溶解性总固体等表征含盐量指标的检测。整体看水质检测资料不全面，需加强持续性监测。

4 个煤矿疏干水资料中 1 个为矿井疏干水原水，2 个为深度处理后的疏干水，1 个为疏干水和深度处理疏干水。从现状已有的水质检测资料分析，营盘壕矿井疏干水和深度处理疏干水，以及中天合创深度处理矿井疏干水达到地表水Ⅲ类标准，深度处理后水质优于原水，建议增加含盐量指标检测；巴彦高勒 1 次有 2 个指标超地表水Ⅲ类标准，最近的 2020 年 3 月检测指标满足地表水Ⅲ类标准，需在处理技术方面提高水质达标稳定性；纳林河 2 号矿疏干水因缺乏地表水检测指标，需进一步检测，盐离子指标高需进一步进行深度处理。

总体来看，深度处理后的达标矿井疏干水是优质的非常规水源，给湖泊补水效果明显，根据国家整体及自治区节水行动实施方案的有关要求，在符合水质要求的前提下，应当把处理后的矿井疏干水纳入全旗水资源统一配置，尽量用好用足。

表 4-21　矿井疏干水水质检测结果

指标类型 检测指标	营盘壕		纳林河2号						中天合创		巴彦高勒			III类标准限值	
	疏干水	深度处理疏干水	疏干水	疏干水	疏干水	疏干水	疏干水	疏干水	深度处理疏干水	深度处理疏干水	深度处理疏干水	反渗透	纳滤	地表水	地下水
	7月31日	4月21日*	12月12日	11月12日	10月12日	9月12日	8月25日	8月12日	11月19日	3月18日*	8月19日	3月18日*	3月18日*		
水温/℃		9.9							19		25.8				
pH	7.85	6.62	8.4	8.45	8.19	8.44	8.06	7.98	7.76	7.48	7.19	7.35	7.21	6~9	6.5~8.5
溶解氧	6.21	8.56							5.4	5.3	8.56	7.52	7.55	5	3
高锰酸盐指数/(mg/L)	1.4	3.3							2.2	2.2	8.56	1.7	0.69	6	3
化学需氧量/(mg/L)	6	4				未检出			12	8	9	12	6	20	
五日生化需氧量/(mg/L)	2.0	1.0						未检出	3.2	3.1	1.6	2.4	1.7	4	
氨氮/(mg/L)	0.1	0.025L	0.04	0.08	0.04	0.04	0.08	0.36	0.452	0.049	0.042	0.138	0.025L	1.0	0.5
总磷/(mg/L)	0.08	0.02							0.01L	0.01L	0.01L	0.07	0.01L	0.05a	
总氮/(mg/L)	0.54	0.94							0.42	0.3	0.6	0.58	0.37	1.0	1.0
铜/(mg/L)	0.04L	0.04L							0.05L	0.05L	0.006L	0.1	0.1	1.0	1.0
锌/(mg/L)	0.017	0.011							0.05L	0.05L	0.004L	0.05L	0.05L	1.0	1.0
氟化物/(mg/L)	0.71	0.052							0.52	0.48	<0.1	0.6	0.25	1.0	1.0
硒/(mg/L)	0.4L (μg/L)	0.4L (μg/L)b							0.0004L	0.0004L	0.0004L	0.4L (μg/L)	0.4L (μg/L)	0.01	0.01
砷/(mg/L)	2.3μg/L	1.0μg/L							0.0003L	0.0003L	0.0003L	5.5μg/L	11.8μg/L	0.05	0.01
汞/(mg/L)	0.04L (μg/L)	0.04L (μg/L)							0.00004L	0.0004L	$2.14×10^{-4}$	0.04L (μg/L)	0.04L (μg/L)	0.0001	0.001
镉/(mg/L)	0.025L (μg/L)	0.025L (μg/L)							0.001L	0.005L	0.001L	0.1L (μg/L)	0.1L (μg/L)	0.005	0.005

注：地表水24项

续表

指标类型	检测指标	营盘壕		纳林河 2 号						中天合创		巴彦高勒		III 类标准限值	
		疏干水	深度处理疏干水	疏干水						深度处理疏干水	深度处理疏干水	反渗透	纳滤	地表水	地下水
		7月31日	4月21日*	8月12日	8月25日	9月12日	10月12日	11月12日	12月12日	11月19日3月18日*	8月19日3月18日*	3月18日*	3月18日*		
地表水24项	铬（六价）/(mg/L)	0.004L	0.004L							0.008	0.005	0.004	0.004	0.05	0.05
	铅/(mg/L)	0.25L (μg/L)	0.25L (μg/L)							0.01L	0.01L	1L (μg/L)	1L (μg/L)	0.05	0.01
	氟化物/(mg/L)	0.001L	0.001L							0.004L	0.004L	0.02	0.01	0.02	0.05
	挥发酚/(mg/L)	0.002L	0.002L							0.0003L	0.0003L	0.0003L	0.0003L	0.005	0.002
	石油类/(mg/L)	0.06L	0.02							0.01L	0.06	0.01L	0.01L	0.05	
	阴离子表面活性剂/(mg/L)	0.13	0.04L							0.05L	0.05L	0.05L	0.05L	0.2	0.3
	硫化物/(mg/L)	0.005L	0.005L							0.005L	0.005L	0.005L	0.005L	0.2	0.02
	粪大肠菌群/(个/L)	6.3×10³ (MPN/L)	<20							80	80	2L	2L	10000	
地下水感官及一般化学指标	浊度/NTU			7.62	0.091	1.52	0.262	0.85	0.456						3
	总硬度/(mg/L)			216.96	210.87	201.73	207.97	249.56	241.24						450
	溶解性总固体/(mg/L)		51	443.47	554.36	556.54	450.5	558.57	516.77		24				1000
	硫酸盐/(mg/L)		5.66	24.54	18.55	9.7	15.2	22.52	23.38		5.76				250
	氯化物/(mg/L)			0.84	0.16	0.16	0.02	0.04	0.02		8.06				250
	铁/(mg/L)	0.1	0.07								0.02L				0.3
	锰/(mg/L)	0.35	0.01L								0.04L				0.1
	钠离子/(mg/L)			182	300	230	204	310	299						200

续表

指标类型	检测指标	营盘壕 疏干水 (7月31日*)	营盘壕 深度处理疏干水 (4月21日*)	纳林河2号 疏干水 (12月12日)	(11月12日)	(10月12日)	(9月12日)	(8月25日)	(8月12日)	中天合创 深度处理疏干水 (11月19日 3月18日*)	巴彦高勒 反渗透 (8月19日 3月18日*)	巴彦高勒 纳滤 (3月18日*)	Ⅲ类标准限值 地表水	Ⅲ类标准限值 地下水
毒理学指标	硝酸盐/(mg/L)		0.618							0.54				20
放射性指标	总 α 放射性/(Bq/L)	0.144												0.5
	总 β 放射性/(Bq/L)	0.193												1.0
	总碱度/(mg/L)			80.35	82.95	103.68	81.91	80.35	88.13					
	碳酸根/(mg/L)			未检出	12.43	未检出	未检出	未检出	未检出					
	碳酸氢根/(mg/L)			97.95	75.84	126.39	99.85	97.95	107.43					
	氢氧根/(mg/L)			未检出	未检出	未检出	未检出	未检出	未检出					
	电导率/(μs/cm)			1612	1531	1461	1502	1513	1589					
	悬浮物/(mg/L)	12		6	1	未检出	1	1	1					
	二氧化硅/(mg/L)			14	11	12.8	15	13	16					
	钙离子/(mg/L)			148.02	128.75	114.8	101.9	98.78	99.82					
	镁离子/(mg/L)			16.75	19.95	21.12	25.76	36.62	34.35					

注：* 为 2020 年检测数据，其余为 2019 年检测数据；a 表示湖泊年总磷指标限值 0.4，在 0.4 这个检出限未检出，其单位是 μg/L，下同；b 表示检出限限值 0.4；L 表示未检出。

4.4 湖泊需水预测

4.4.1 湖淖生态功能地位

1. 毛乌素沙地腹地生态脆弱敏感区

乌审旗位于毛乌素沙地腹地,毛乌素沙地位于我国鄂尔多斯高原南部,位于季风区的西北边缘,独特的地理位置、特殊的水热组合使其对环境变化敏感,作为中国"四大沙地"之一,其区域水资源和生态环境保护具有重要意义。

湖泊对气候变化敏感,湖泊的萎缩与扩张可指示区域气候变化和人类活动。干旱半干旱区湖泊对区域气候变化和人类活动的响应更为敏感,它不仅是气候变化的指标器,还是区域水循环的重要环节。

2. 湖淖生态功能

鄂尔多斯高原地处内蒙古南部,黄土高原北缘,环境、地形较为复杂,是我国候鸟南北迁徙的重要通道,也是众多鸟类的重要繁殖地。乌审旗高原沙地湖泊由降水与径流补给,旅鸟和夏候鸟是该生境鸟类的主体,其中旅鸟优势种有大天鹅、鸿雁、绿翅鸭等,常见种有小天鹅、豆雁、赤颈鸭等;夏候鸟优势种有赤麻鸭、绿头鸭、白骨顶、凤头麦鸡、灰头麦鸡、黑翅长脚鹬等,常见种有小䴙䴘、红脚隼、红脚鹬、须浮鸥、白鹡鸰等。特别是大天鹅,属国家二级保护动物,乌审旗湖淖湿地是其中部分迁徙路线的重要中转站;奥木摆淖曾是国家一级保护动物遗鸥的最主要繁殖栖息地。因此,乌审旗沙地湖泊具有重要的鸟类栖息地功能(图4-2)。

图4-2 合同察汗淖和巴彦淖尔候鸟

乌审旗处于我国半干旱区,是农牧业交错带,在全国生态功能区划中属于防风固沙区,对于维持区域生态平衡具有重要意义。湖面及其周边湿地植被是沙地绿洲,具有重要的防风防沙生态屏障功能和气候调节功能(图4-3)。

图 4-3　沙地绿洲

4.4.2　湖泊面积演化及原因

1. 面积演化

下载 20 世纪 80 年代至今的 TM/ETM 遥感影像，剔除云量大或目标区域不清晰年份的影像，共得到 1988~2018 年共 24 年（有 6 年未得到清晰的可供分析影像）的遥感影像数据。选择乌审旗较大的 13 个湖泊，解译湖泊面积，得到近年来湖泊面积的变化趋势（图 4-4）。

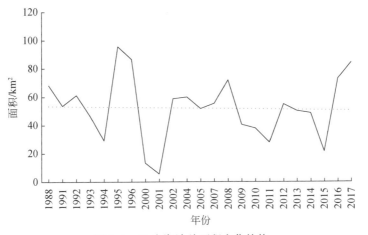

图 4-4　13 个湖泊总面积变化趋势

根据解译结果，合同察汗淖、巴汗淖正常年份面积可达 10km² 以上。全旗湖泊面积整体呈减小趋势，2000 年左右有一个明显的萎缩期，2002 年以后面积有所恢复。2020 年 7 月 22 日现场调研，巴汗淖、布寨淖、奥木摆淖、乌兰淖尔等湖泊干涸，有水湖泊的面积也较正常水平大幅萎缩，湖泊生态功能退化（图 4-5）。

图 4-5　2020 年 7 月巴汗淖干涸

2. 湖泊演变原因分析

1）气候因素

鄂尔多斯市有杭锦旗站、东胜站、伊金霍洛旗站等 5 个气象站点，乌审旗温度和降水采用邻近的伊金霍洛旗站分析。鄂尔多斯市的 5 个气象站点只有东胜站有水面蒸发资料，乌审旗水面蒸发演变分析采用东胜站分析。

根据伊金霍洛旗站 1960～2018 年近 59 年系列降水资料分析（表 4-22），多年平均降水量为 354.0mm，25% 频率典型年 1994 年，降水量为 417.1mm，50% 频率典型年 2014 年，降水量为 357.0mm，75% 频率典型年 1989 年，降水量为 279.9mm，特枯年典型年 1981 年，降水量为 194.7mm。2016 年降水量为 595.6mm，是 59 年以来第二大降水量，1967 年降水量为 624.2mm，是 59 年以来最高值。

表 4-22　1960～2018 年长系列水文代表年及降水量

频率	代表年	年降水量/mm
偏丰年 $p=25\%$	1994	417.1
平水年 $p=50\%$	2014	357.0
偏枯年 $p=75\%$	1989	279.9
枯水年 $p=95\%$	1981	194.7
1960～2018 年平均		354.0

1960～2018 年降水系列中，整体降水量呈略微增长趋势，1960～2010 年降水有减少趋势，但趋势不明显，2010 年以后降水量明显增加（图 4-6）。

根据伊金霍洛旗站 1960～2018 年系列资料分析，多年平均气温为 6.9℃，59 年来气温呈显著升高趋势（图 4-7）。

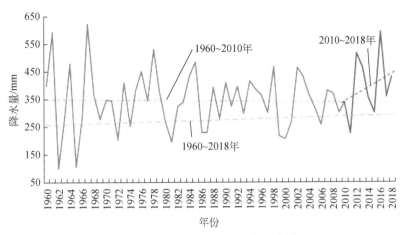

图 4-6　1960～2018 年系列年降水量

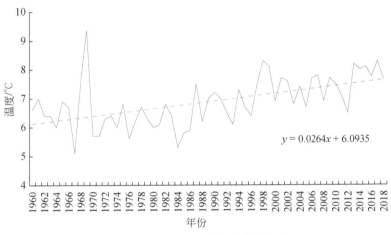

图 4-7　1960～2018 年系列年均温

2）湖泊演变与降水量变化

沙地湖泊主要补给来源为降水及上游降水下渗后形成的地下水补给。根据湖泊面积变化与降水量的变化可看出，两者有显著相同的变化趋势。2010 年前降水减少，湖泊面积也减少，但湖泊面积减少趋势大于降水；2010 年后降水增加，湖泊面积也显著增加，湖泊面积增加趋势大于降水。湖泊面积变化趋势比降水变化更大。

区域湖泊处于半干旱区，降水少而蒸发强烈，当夏季雨水来临时，湖面直接降水及周边流域内补给量增加，水位上升，湖面扩大；旱季降水减少，地下水源补给也减少，湖水水位下降。该区湖泊受气候变化影响大，湖泊面积变化是气候变迁的必然结果（图 4-8）。

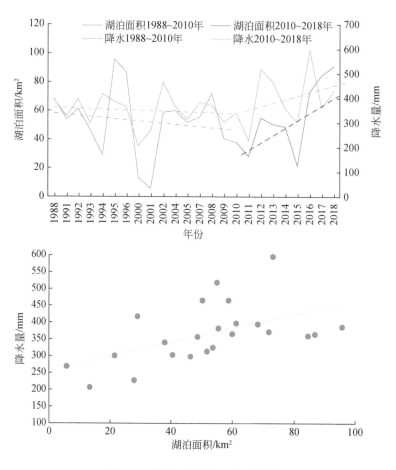

图 4-8 湖泊面积与降水变化趋势

3）湖泊变化与人类活动影响

乌审旗湖泊处于鄂尔多斯平坦的内陆高原区，由于没有大的排水通道，高原洼地内地表水和地下水聚集成湖，并在长期的蒸发浓缩作用下发展成盐湖。乌审旗沙地湖泊盐碱度高，pH 一般在 9.5 以上，最高可达 10.6，矿化度可达到 200g/L，大多是碱湖，蕴含丰富的盐、碱资源，著名的碱湖有合同察汗淖、巴彦淖尔、巴汗淖等。

依托储量丰富的天然碱资源优势，通过采挖地碱、发展日晒碱，壮大天然碱生产规模，整合天然碱企业，第二产业在乌审旗迅速发展，乌审旗成为鄂尔多斯地区化学工业的重镇。迅速发展的制碱业对湖泊水量水质均有一定程度的影响。

受当时技术水平和认知水平的限制，碱矿大规模开采中存在着无序开采、过量开采等问题，造成大面积采空区，对湖泊生态影响较大；水碱开发直接采用湖水为原材料，使湖水水量大面积减少，同时蒸发后的残卤未及时处理仍排回湖体，破坏湖水水质；制碱开发建设盐田，配套建设引水渠及晒碱田，都对湖泊整体景观造成影响（图 4-9）。

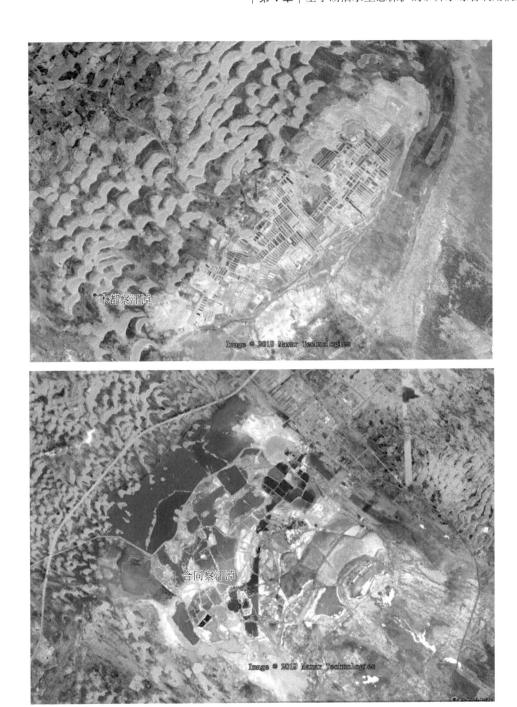

图 4-9　木都察汗淖和合同察汗淖碱湖采空区

4.4.3　湖泊水质分析

典型湖泊冬季、夏季水质检测结果见表 4-23、表 4-24。

表 4-23 冬季枯水期 6 个湖泊水质检测结果

指标	pH	电导率/(μs/cm)	矿化度/(g/L)	高锰酸盐指数/(mg/L)	COD_{cr}/(mg/L)	氨氮/(mg/L)	总磷/(mg/L)	总氮/(mg/L)	氟化物/(mg/L)	硫酸盐/(mg/L)	氯化物/(mg/L)	粪大肠菌群/(MPN/L)
巴彦淖尔西南	10.31	215000	136	188	1370	0.757	8.62	37.2	26.5	2170	38100	<20
巴彦淖尔东南	10.34	202000	126	186	1420	0.949	7.99	37.4	26.4	2180	38900	<20
巴彦淖尔西北	10.31	214000	136	190	1300	0.829	9.13	37.3	26.8	2280	39800	<20
巴彦淖尔东北	10.34	204000	108	184	1390	0.978	8.11	38.6	26.7	2440	39400	<20
巴汗淖中偏东北	10.2	121000	58.7	71.2	349	0.571	8.64	11.8	72.2	6470	18500	<20
巴汗淖中偏西南	10.2	118000	56.9	70.2	369	0.634	8.43	11.2	72.4	6120	17700	<20
奥木摆淖中心	10.11	108000	56.8	95.2	416	0.469	0.44	11.1	37.3	4770	17500	<20
合同察汗淖西点	10.5	173000	97.4	52.2	393	0.114	11	5.84	15.9	6740	26200	<20
合同察汗淖东点	10.47	155000	89.5	45.0	405	0.2	9.7	5.21	17.2	6080	24400	<20
合同察汗淖南点	9.57	321000	180	84.2	375	0.426	26.7	9.74	87.7	4970	68800	<20
哈玛日格台淖中心	9.38	9760	6.16	45.8	226	1.3	0.11	6.79	4.84	312	1090	<20
岩勒报吉淖中心	10.36	21000	11.5	47.4	273	0.109	0.45	7.72	7.42	718	3010	<20

表 4-24 夏季丰水期 8 个湖泊水质检测结果

指标	水样性状	pH	矿化度 /(g/L)	BOD$_5$ /(mg/L)	COD$_{cr}$ /(mg/L)	氨氮 /(mg/L)	总磷 /(mg/L)	总氮 /(mg/L)	氟化物 /(mg/L)	硫酸盐 /(mg/L)	氯化物 /(mg/L)	钾 /(mg/L)	钙 /(mg/L)	钠 /(mg/L)	镁 /(mg/L)	碳酸根 /(mg/L)	重碳酸盐 /(mg/L)
呼和淖尔	黄色、无味、浑浊、液体	10.33	456	819	3600	1.59	70.8	57.5	82.4	45400	147000	21500	0.53	152000	3.38	51100	6830
古日班乌兰水泡泉湖	无色、无味、微浑浊、液体	8.51	0.337	3.8	23	0.136	0.05	0.85	1.6	61.3	65.3	3.18	46.8	39.4	18.9	21.9	163
哈玛日格台淖	黄色、浑浊、液体	10.95	11	108	356	0.901	0.19	9.07	5.33	1500	2880	75.5	6.04	4040	96.5	3020	62.6
呼和陶勒盖淖	绿色、无味、浑浊、液体	10.12	112	316	1110	1.21	4.03	7.27	13.5	18600	48800	710	3.74	39100	72.2	7990	2160
合同繁汗淖北湖	无色、无味、微浑浊、液体	9.96	6.89	21.9	101	0.253	0.13	2.8	4.43	1310	1280	118	5.91	2540	63.2	1670	267
合同繁汗淖南湖	微黄色、无味、浑浊、液体	10.09	7.08	20.1	98	0.344	0.28	2.64	4.07	1200	1600	176	5.11	2520	61.9	1480	705
合同繁汗淖北湖2	微黄色、无味、微浑浊、液体	10.18	6.79	20.3	104	0.276	0.18	2.53	4.55	1600	1530	112	6.12	2550	42.6	1350	161
苏贝淖	浅灰色、无味、浑浊、液体	10.09	31	71.5	236	0.441	0.69	4.32	6.65	7290	8410	412	6.76	1150	108	4350	1280
巴彦淖尔	微黄色、无味、微浑浊、液体	10.25	56.7	211	992	0.333	0.93	5.83	28.9	6230	16200	2500	3.14	19000	97.1	11100	832
岩勒报吉淖	土黄色、无味、微浑浊、液体	10.11	18.4	110	409	2.44	1.71	13.6	5.7	2240	6420	746	4.72	5850	87.8	2710	1230

1）盐碱性

湖水 pH 在 8.51~10.95，大部分湖泊 pH 大于 10，为碱性湖泊。古日班乌兰淖尔为淡水泉眼湖，矿化度小于 1g/L，哈玛日格台淖、浩勒报吉淖、合同察汗淖部分样点为咸水湖，矿化度小于 35g/L，其余大部分湖泊为盐湖，矿化度>35g/L。

2）湖水组成

夏季水样八大离子检测结果表明（表 4-24），盐湖阳离子中钠离子含量最高，其次为钾离子，阴离子中氯化物含量最高，其次为硫酸盐或碳酸盐，表明区域湖泊以 NaCl、Na_2SO_4（芒硝）、Na_2CO_3（泡碱）等为主要组成形式，只是各化合物相对比例有所不同。乌审旗湖泊分布区自白垩纪以来基本保持了隆起状态，成为地势平坦的内陆高原。由于没有大的排水通道，地表水和地下水在向盆地聚集过程中溶解周边地区岩石地层风化物中的盐类物质，并携带到湖盆中，湖水蒸发强烈，盐类物质不断浓缩，整体盐类指标高。

3）污染物指标

从表 4-23、表 4-24 看出，湖泊氨氮较低，冬季均小于 1mg/L，达到地表水Ⅲ~Ⅳ类标准，夏季各湖泊略有升高；氨氮低而总氮都比较高，说明湖水中的氮主要以可溶性有机氮形式存在，主要是由沉积物灰黑色淤泥不断浸入湖水中而形成；高锰酸盐指数和 COD 表征有机物指标，检测值远超地表水Ⅴ类标准，说明湖水中有机物含量高（包括湖水中溶解性有机质和浮游动植物及微生物等悬浮物），主要由于湖水较浅，沉积物灰黑色淤泥中有机质丰富，湖水中溶入较多的沉积物浸出液，同时夏季采样时发现周边草场放牧影响也较大，牛羊及鸟类粪便对湖泊高 COD 含量也有一定贡献；BOD_5 含量较高，BOD_5/COD_{cr} 比值大部分低于 0.3，表明可生化性低；总磷在冬季远大于夏季，说明夏季温度升高后，湖中微生物活性增强；氟化物冬季夏季含量都较高，与地层本底值高有关。

4.4.4　湖泊生态保护目标

1. 湖泊功能分类

以保护湿地鸟类栖息地功能为主的湖泊。乌审旗湖泊湿地是国家一级保护动物遗鸥、二级保护动物大天鹅，以及绿翅鸭、豆雁、赤麻鸭、绿头鸭等鸟类的迁徙中转站和繁殖栖息地，湖泊最重要的生态保护目标是保护湖泊湿地鸟类栖息地。此类湖泊包括巴彦淖尔、奥木摆淖、合同察汗淖北湖区、哈玛日格台淖、呼和陶勒盖淖、浩勒报吉淖、古日班乌兰淖尔、查干扎达盖淖等。

以维持湿地生态系统平衡及生态屏障功能为主的湖泊。乌审旗处于我国半干旱区，在全国生态功能区划中属于防风固沙区，湖面及其周边湿地植被是沙地绿洲，具有重要的防风防沙生态屏障功能和气候调节功能。由于气候变化和人类活动的共同影响，目前沙地湖泊有近三分之二不同程度出现干涸现象。当湖泊干涸时，湖周植被缺少地下水支撑而消失，裸露的湖滩地成为风沙用地，保持一定水面、防止湖滩沙化是其中重要的生态保护目标。此类湖泊包括巴汗淖、木凯淖、布寨淖、乌兰淖尔、额如和淖尔、铁面哈达淖、达坝淖、巴日宋古淖等。

以全面恢复湖泊生态系统为主的湖泊。现状采碱湖区地形地貌特征均破坏严重，已不复自然湖泊形态，湖区内堆积大量的采矿废渣。乌审旗沙地湖泊采碱保留木都察汗淖碱湖区和合同察汗淖南湖区，其余湖泊建议停止碱湖开采，全面恢复湖泊生态环境。以全面恢复湖泊生态系统为目标的湖泊有察汗淖、呼和淖尔、巴汗淖、苏贝淖、合同察汗淖南湖区等。

2. 湖泊生态保护目标

以不同湖泊的生态功能为基础，结合湖泊目前的开发利用形式，确定湖泊生态保护目标，对面积为 1km² 以上具有生态功能的湖泊进行生态保护。哈玛日格台淖虽面积小于 1km²，但现场看生态环境好，鸟类数量种类多，可作为重要栖息地进行生态保护；木都察汗淖开发利用程度比较大，不具备自然湖泊形态，不作为保护目标；根据历史面积调查，布寨淖干涸的年份比较多，本次不作为保护目标；边界跨界湖淖奎生淖、察汗淖本次不作为保护湖泊，不进行生态需水计算。综上，共计 14 个湖淖为重点生态保护目标，计算生态需水。

4.4.5 湖泊生态需水与补水量

1. 湖泊基本水面面积

1）盐碱水湖基本水面面积
结合历史水面面积和水利普查数据综合确定基本水面面积。

2）咸水湖基本水面面积
冬季水质检测中哈玛日格台淖矿化度 6.16g/L，浩勒报吉淖 11.5g/L，属于咸水湖，生态保护目标均为保护水生生物和鸟类繁殖栖息地。夏季水质检测中两湖矿化度均升高，原因为连续多日干旱，使湖水面缩小，矿化度升高。本次以冬季水质检测值计算两湖基本水面面积。

乌审旗沙地湖泊作为鸟类中转迁徙站和繁殖栖息地，最重要的鸟类食物补给是水生植物、浮游动植物和底栖动物。根据资料，5~8g/L 的矿化度范围是水生生物耐盐性的一个极限，是生物空间分布的一个重要生态屏障。考虑水生生物的耐盐极限，结合两个湖泊的现状矿化度，将哈玛日格台淖矿化度为 5g/L 时对应的湖泊面积为基本水面面积，将浩勒报吉淖矿化度为 8g/L 时对应的湖泊面积为基本水面面积，分别对应基本水面面积为 0.2km² 和 5.5km²（表 4-25）。

表 4-25 咸水湖基本水面面积

湖泊	现状				目标		
	面积/km²	水深/m	矿化度/(g/L)	含盐量/kg	矿化度/(g/L)	水深/m	面积/km²
哈玛日格台淖	0.16	0.5	6.16	492800	5	0.5	0.20
浩勒报吉淖	4.6	0.5	11.5	26450000	8	0.6	5.51

2. 基本水面面积下湖泊生态需水

1) 湖泊生态需水计算方法

湖泊生态需水采用水量平衡法计算,单位为万 m^3。

$$Q_{生态补水} = Q_{来水量} - Q_{生态需水量}$$

$$Q_{生态需水} = Q_{水面蒸发} - Q_{降水量} - S_{渗漏}$$

式中,$Q_{生态补水}$ 为湖泊生态补水量;$Q_{生态需水}$ 为湖泊生态需水量;$Q_{来水量}$ 为湖泊所在流域内来水补给量;$Q_{降水量}$ 为湖泊基本生态面积下水面年降水量,以湖泊基本生态面积乘以多年平均降水量计算;$Q_{水面蒸发}$ 为湖泊基本生态面积下水面蒸发量,以湖泊面积乘以多年平均蒸发量计算;$S_{渗漏}$ 为湖泊渗漏量,其中合同察汗淖、巴汗淖、苏贝淖、巴彦淖尔为流域地下水最低排泄点,湖泊渗漏量不计。

湖泊来水量以湖泊所在流域内的水量平衡计算,单位为万 m^3。

$$Q_{来水量} = W - G - E - F$$

式中,W 为流域内水资源量,即湖泊所在流域内的地表地下水资源总量;G 为湖泊所在流域内社会经济耗水,包括流域内生活、工业及农业等用水量;E 为湖泊所在流域内生态耗水,即流域内除地带性植被以外的其他非地带性消耗水资源的生态耗水;F 为流域内中深层地下水出流量。

2) 分区水资源量及社会经济耗水

A. 分区水资源量

根据《乌审旗水资源综合利用规划》(2019 年),乌审旗内流区地表水资源量为 3460 万 m^3,地下水资源量为 25888.9 万 m^3,重复量 0.43 万 m^3,水资源总量为 29348.4 万 m^3。乌审旗湖泊基本位于乌审旗内流区。

根据《全国水资源综合规划》成果,鄂尔多斯市流域四级区套旗县(区)水资源量如表 4-26 所示。全市水资源量 29.6 亿 m^3。本次计算时将乌审旗水资源量调整为《乌审旗水资源综合利用规划》(2019 年)中的最新数据。

表 4-26　鄂尔多斯市流域四级区套旗县区水资源量表　　(单位:万 m^3)

行政区域	地表水资源量					不重复地下水资源量	水资源总量
	石嘴山至河口镇南岸	吴堡以上右岸	无定河流域	内流区	小计		
东胜区	3176	3237		1202	7615	5384	12999
达拉特旗	16622				16622	20612	37234
准格尔旗	1643	30551			32194	8077	40271
鄂托克前旗				2422	2422	19893	22315
鄂托克旗	1232			37	1269	21394	22663
杭锦旗	4655			3347	8002	33607	41609

行政区域	地表水资源量					不重复地下水资源量	水资源总量
	石嘴山至河口镇南岸	吴堡以上右岸	无定河流域	内流区	小计		
乌审旗		16534		3494	20028	58387	78415
伊金霍洛旗	55	15250	582	7987	23874	12518	36392
全市合计	27383	49038	17116	18489	112026	184301	296327

　　根据全市水资源量成果,将内流区水资源量分配在沙地湖泊所在流域。在同一旗县内部,气候条件、下垫面特征类似,径流系数大致相同。不重复地下水资源量是以不同区域的降水入渗系数计算总的产水量,扣除地表水资源量即为不重复地下水资源量,研究区为内流区,全部为平原区的不重复水资源量。根据以上原则计算湖泊流域分区水资源量(表4-27)。

表 4-27　湖泊流域分区水资源量 　　　　(单位:万 m³)

流域五级分区	湖泊流域分区	伊金霍洛旗	乌审旗	杭锦旗	鄂托克旗	总计
合同察汗淖流域	伊旗 5 湖	5214		199		5413
	乌兰淖尔伊旗	1151				1151
	巴汗淖	1412	2300			3712
合同察汗淖流域	巴彦淖尔		2380			2380
	大克泊+小克泊			904	570	1474
	苏贝淖+奎生淖	422	2330	180		2932
	达坝淖		2275			2275
	合同察汗淖+木凯淖+周边小湖		9600			9600
	奥木摆淖		5600		48	5648
	小计	8199	24485	1283	618	34584
浩勒报吉淖流域	浩勒报吉淖		4864		489	5352
合计		8199	29349	1283	618	39937

　　B. 分区社会经济耗水

　　根据水资源公报,2018 年乌审旗总用水量为 24579 万 m³,其中内流区用水量为 8773 万 m³。五级流域分区合同察汗淖流域和浩勒报吉淖流域除了包含乌审旗内流区外,还包含伊旗红庆河镇、札萨克镇、苏布尔嘎镇等部分区域,和鄂托克前旗昂素镇、鄂托克旗苏米图苏木等部分区域,各旗(区)用水量依据本旗 2018 年用水量按流域面积分配到本次计算的湖泊流域单元。湖泊流域范围内社会经济耗水总计 14724 万 m³。

　　C. 生态耗水

　　乌审旗沙地湖泊区低湿地主要有河漫滩、湖滨低地、滩地、丘间低地等。它们的共同特点是地下水位高，除大气降水外，有径流补给或浅层地下水侧渗补给，消耗水资源量。生态耗水的土地利用类型主要来自河流滩地、湖泊沼泽、林地与盐碱地，部分地段有高盖度草地。生态耗水主要是汇水洼地的非地带性植被。

a. 生态耗水计算面积

根据 2018 年土地利用解译数据，合同察汗淖流域共有沼泽 58km²，滩地 45km²，高盖度草地 1124km²，盐碱地 370km²。

b. 耗水定额

沼泽：根据宋炳煜（1997）的研究结果，河滩草甸在 7 月的蒸腾量为 9.2mm/d，蒸发量为 0.4mm/d，蒸散量合计为 9.6mm/d，各种植物在 7 月的蒸散量占年总蒸散量的28%～31%，平均为 30%，据此推断，沼泽草甸的年蒸散量为 940～960mm。

高盖度草：高盖度草地覆盖度在 70% 以上，耗水定额以 360～380mm 计算，因多年平均降水量为 354mm，耗水定额大于降水量，计算定额差值为消耗水资源量。

滩地：湖滨滩地植物根据土壤盐渍化程度不同生长不同植被，与沼泽相比，没有明水面，耗水定额为 450～500mm。

盐碱地：地表盐碱聚集，植被稀少，只能生长耐盐碱植物，其耗水定额小于滩地，本次以净消耗 80～90mm 计算。

c. 生态耗水

根据以上土地利用类型面积与定额，计算出合同察汗淖流域生态耗水量为 10622 万 m³（表4-28）。

表 4-28　湖泊流域内生态耗水量

土地利用类型	面积/km²	耗水定额/mm	多年平均降水量/mm	耗水量/万 m³
沼泽	62	947		3681
滩地	58	455	354	588
高盖度草	1295	367		1739
盐碱地	507	88		4614
总计				10622

3）中深层地下水出流量

乌审旗湖泊地处鄂尔多斯高原毛乌素沙地，气候干旱，地表径流不发育，地下水资源丰富。乌审旗地处鄂尔多斯高原水文地质区，其区域水文地质条件受气候、地貌、岩性、地质构造、地表水体、新构造运动及人类活动等因素的控制。根据地下水埋藏条件，把地下水划分为潜水和承压水两大类型。潜水分布广泛，主要的含水层有第四系上更新统、全新统和白垩系下统志丹群第三段。承压水主要含水层为白垩系下统志丹群第三段，河湖相碎屑堆积，相变复杂，含水岩层的岩性和渗透性能变化很大，含水层和隔水层在水平方向上的分布都不稳定，在不同地区含水层的数目、厚度、埋藏深度皆不一致。

根据侯光才和张茂省（2008）对鄂尔多斯盆地地下水勘查研究结果，黄河内流区地表分水岭与地下分水岭不完全对应，第四系上更新统孔隙含水层与白垩系裂隙孔隙含水层在区域上无稳定的隔水层，上覆第四系含水层与下伏白垩系地下水的水力联系密切。乌审旗湖泊大多位于合同察汗淖和浩勒报吉淖流域，其中合同察汗淖流域中苏贝淖属地表地下分水岭一致区域，浩勒报吉淖流域属地表地下分水岭不完全一致区域。

根据内流区第四系–白垩系裂隙孔隙水层–湖淖水循环特征，在地表分水岭与地下分水岭不完全一致区域，浅层地下水系统在面上接受降水入渗补给，就地以垂向蒸发和人工开采的形式排泄，中深层地下水向下游排泄。根据候光才研究结果，约60%以上的水量就地排泄，通过中深层地下水向下游排泄的水量约为40%。浩勒报吉淖、奥木摆淖流域以40%计算，其他流域以10%~20%计算。

4）湖泊生态补水

以流域水资源量减去流域社会经济耗水、坡面生态耗水和地下水出流量后，根据流域水量平衡计算各湖泊天然来水量。湖泊天然补给量加上湖泊水面降水补给量，减去湖面蒸发量为湖泊的蓄变量，即湖泊生态补水量。

根据计算结果，在多年平均水资源量条件下，达到基本生态水面面积时，乌审旗湖泊总面积64km²，考虑湖泊水量平衡关系，总计乌审旗湖泊生态补水量1805.3万m³，主要补水湖泊为巴汗淖、巴彦淖尔、苏贝淖、奥木摆淖和浩勒报吉淖。

3. 生态适应性调控后的水面面积

枯水年和特枯水年由于水源缺乏，实在不具备补水条件时，适当降低生态保护目标，进行生态适应性调控，即将湖泊基本水面面积适当减少（表4-29）。考虑到湖泊生态系统具有一定的耐受性和抗干扰性，在枯水年或特枯水年受到水分胁迫后如果及时补充水分仍能保持生态系统一定的活力和功能，本次综合考虑后将湖泊基本水面面积减少到平水年份的1/2。具栖息地功能的湖泊生态适应性调控仅适用于单次缺水调控，若遇到连续枯水年或特枯水年，则应实施应急生态补水，以防止湖泊生态系统被破坏。以湿地生态系统平衡及生态屏障功能和全面恢复湖泊生态系统功能为主的湖泊如巴汗淖、呼和淖尔、苏贝淖、达坝淖、合同察汗淖南湖区等在枯水年份可实施应急生态补水。

4.5　区域水资源供需形势分析

4.5.1　不同水平年水资源配置情况

根据《乌审旗水系连通及工业供水保障规划》和《乌审旗矿井疏干水利用方案》，分析2025年和2030年乌审旗水资源配置情况[①]。

---

① 本章研究现状年为2019年。

表4-29 基本水面面积下湖泊补水量需求

五级流域分区	湖泊流域分区	湖泊	面积/km²	水资源量/万m³	社会经济耗水量/万m³	生态耗水量/万m³	中深层地下水出流量/万m³	湖泊来水量/万m³	湖泊基本水面面积/km²	湖面降水量/万m³	湖面蒸发量/万m³	蓄变量/万m³	补水湖泊及补水量/万m³	备注
巴汗淖	巴汗淖	伊旗5湖	1416.2	5413.0	2596.0	812.0	1121.0	884.0	10.5	370.3	1451.1	-196.8		伊旗范围,本次不计算补水量
		乌兰淖尔伊旗	214.3	1151.0	423.1	298.7	199.5	229.7	3.0	106.2	416.2	-80.3		伊旗范围,本次不计算补水量
		巴汗淖	653.5	3712.0	1300.8	1650.8		760.4	13.0	460.2	1803.5	-582.9	-582.9	
	巴彦尔	巴彦尔	309.7	2380.0	1447.7	534.0	110.4	287.9	3.7	130.3	510.5	-92.3	-92.3	
	苏贝淖	大克泊+小克泊	710.7	1473.5	200.0	695.1		578.4	6.1	214.9	842.1	-48.8		鄂旗范围,本次不计算补水量
		苏贝淖+奎生淖	573.2	2932.0	537.8	1821.2		573.0	6.2	217.7	853.2	-62.5	-111.3	
		达坝淖	466.7	2274.9	1025.6	644.0	380.0	225.3	1.8	62.7	245.6	42.4		
合同察汗淖流域	合同察汗淖流域	合同察汗淖+木凯淖+周边小湖	1681.3	9600.0	3450.4	1359.1	1960.6	1536.3	23.1	816.3	3199.1	-846.5	-804.1	
	奥木摆淖	奥木摆淖+呼和陶勒盖淖+呼和淖尔+周边小湖	1448.2	5648.0	2972.0	1073.0	2199.1	1704.3	10.8	383.4	1502.4	-39.6	-39.6	
浩勒报吉淖流域	浩勒报吉淖流域	浩勒报吉淖+周边小湖	1339.7	5352.2	1152.9	1734.3	2118.6	689.2	8.1	285.7	1119.6	-175.0	-175.0	
合计			8813.4	39936.6	14724.4	10622.2	8089.1	6500.8	86.1	3047.6	11943.3	-2082.4	-1805.3	

注:"-"表示水量亏缺需要补水;湖泊总面积89.5km²中含伊旗、鄂旗的湖泊面积,乌审旗湖泊总面积64km²。

1. 不同水平年需水预测情况

规划 2020 年乌审旗需水量 2.67 亿 m³，其中生活需水量 450 万 m³，工业需水量 8914 万 m³，河道外生态环境需水量 485 万 m³；2025 年需水量 3.09 亿 m³，其中生活需水量 483 万 m³，工业需水量 13813 万 m³，河道外生态环境需水量 500 万 m³；2030 年需水量 3.39 亿 m³，其中生活需水量 515 万 m³，工业需水量 17090 万 m³，河道外生态环境需水量 511 万 m³。不同水平年需水情况见表 4-30。

表 4-30　乌审旗不同水平年需水量预测　　　　（单位：万 m³）

水平年	生活	工业	建筑业及第三产业	农牧业	牲畜	河道外生态环境	合计
2020 年	450	8914	262	15289	1325	485	26725
2025 年	483	13813	258	14559	1332	500	30944
2030 年	515	17090	252	14210	1339	511	33917

根据最严格水资源管理制度的有关要求，2025 年用水总量控制指标为 3.10 亿 m³，2030 年为 3.40 亿 m³。

2. 不同水平年供水情况预测

2020 年，在考虑大草湾取水工程、纳林河净水厂向图克工业项目区输水线路实施增加地表水供水量、建成海流图河白河两条支线向图克工业项目区供水、适度控制现状工业利用地下水的开采量，积极开发非常规水源的前提下，预测多年平均供水量 2.62 亿 m³，总缺水量 533 万 m³，主要为农业，工业不缺水。

2025 年，通过新建一批地表取水工程，建成纳林河支线、连通巴图湾水库至纳林河净水厂管线以及镫口引黄主管线，初步形成乌审旗水系连通的格局，考虑控制工业用地下水开采量，积极挖掘非常规水源供水潜力，预测多年平均供水量 3.05 亿 m³（其中通过镫口引黄取水量 580 万 m³），总缺水量 489 万 m³，其中工业不缺水。

2030 年，通过完善水系连通、优化水量调配并适度控制工业用地下水开采量，预测多年平均供水量 3.28 亿 m³（其中通过镫口引黄取水量 2729 万 m³），总缺水量 1079 万 m³，其中工业缺水 419 万 m³（表 4-31）。

表 4-31　乌审旗不同水平年供水量预测　　　　（单位：万 m³）

水平年	需水量		供水量				缺水量	
	总需水量	其中工业	地表水	地下水	非常规水源	合计	总缺水	其中工业
2020 年	26725	8914	6029	16309	3854	26192	533	0
2025 年	30944	13813	10727	16054	3674	30455	489	0
2030 年	33917	17090	12058	15867	4913	32838	1079	419

据《乌审旗矿井疏干水利用方案》预测结果（表4-32），在非常规水源中，不同规划水平年呼吉尔特和纳林河两个矿区疏干水可利用量为：预测 2020 年，乌审旗煤炭年开采量为 6100 万 t，矿井疏干水可利用量为 2956 万 m^3；2025 年，乌审旗煤炭年开采量累计为 6100 万 t，矿井疏干水可利用量为 2598 万 m^3；2030 年，乌审旗煤炭年开采量累计为 9000 万 t，矿井疏干水可利用量为 3397 万 m^3。

4.5.2 供需形势分析

从 2012 年最严格水资源管理制度实施以来，年用水总量总体平稳。2018 年用水量比 2011 年少 1639.13 万 m^3。2019 年国家出台了《国家节水行动方案》，内蒙古出台了具体实施方案，2019 年用水量比 2011 年少 1117.05 万 m^3。今后节水力度将进一步加大，特别是习近平总书记 2019 年 9 月 18 日在黄河流域生态保护和高质量发展座谈会上对节水提出了新的更高要求，强调要全面实施深度节水控水行动。因此，总体上判断，今后的一个时期内，乌审旗年度用水量将维持相对稳定的状态，但用水结构将发生深刻变化。

根据现状供用水情况，复核和修正未来区域水资源配置方案。由于生活用水与现状相比变化不大，且供水水源为地下水，供水保证率高，水源稳定；农业用水逐年减少，主要供水水源为地下水和地表水，水源稳定，未来与现状相比变化性较小；主要分析工业和生态环境用水供需变化。

1. 工业用水供需形势分析

未来不同水平年工业用水量主要根据工业发展速度和规模来确定，当前工业正向高质量发展转变，2019 年工业节水成效显著。根据《乌审旗水系连通及工业供水保障规划》预测结果，2020 年规划的工业需水量 8914 万 m^3（其中工业园区需水量 8766 万 m^3）。2018 年工业实际用水量 5226.80 万 m^3，2019 年工业实际用水量 5071.74 万 m^3，因此，工业用水量 2020 年维持在 5000 万 m^3 左右是大概率事件，这比预测需水量约少 3900 万 m^3。

根据 2010~2018 年全国水资源公报、内蒙古水资源公报、鄂尔多斯水资源公报及 2010~2019 年乌审旗水资源公报，其工业用水变化态势如图4-10所示。

全国、内蒙古、鄂尔多斯工业用水量均呈现下降趋势，特别是内蒙古自治区，工业用水下降趋势明显，唯有乌审旗工业用水量呈现略微增加趋势。在《国家节水行动方案》和《内蒙古自治区节水行动实施方案》贯彻落实的情况下，乌审旗将进一步调整产业结构和空间布局，实施工业节水减排行动，工业用水量持续大幅增加的可能性降低。即使按此增加趋势推算出 2025 年、2030 年和 2035 年工业用水量分别是 8140.25 万 m^3、10534.3 万 m^3 和 12928.35 万 m^3，仍远小于 2025 年预测需水量 13813 万 m^3 和 2030 年预测值 17090 万 m^3。

对于工业供水量，供水水源多样，其中矿井疏干水逐渐成为重要和主要的组成部分。据报税企业水量核定统计，乌审旗 2017 年 6 个煤矿企业实际疏干水排水量为 1892.17 万 m^3，2018 年为 3633.12 万 m^3，2019 年为 4931.31 万 m^3。2018 年和 2019 年乌审旗 6 个已投产煤矿企业疏干水实际排水量见表4-33。

表 4-32 不同规划水平年乌审旗煤矿矿井疏干水可供水量计算表

矿区	井田	设计产量/万t	2020 年 产量/万t	涌水量/万m³	自用矿井疏干水量/万m³	处理损失/万m³	可供水量/万m³	2025 年 产量/万t	涌水量/万m³	自用矿井疏干水量/万m³	处理损失/万m³	可供水量/万m³	2030 年 产量/万t	涌水量/万m³	自用矿井疏干水量/万m³	处理损失/万m³	可供水量/万m³
纳林河矿区	纳林河1号井	400	0	0	0	0	0	0	0	0	0	0	400	320	48	54	218
	纳林河2号井	800	800	800	70	144	586	800	720	70	128	522	800	648	70	114	464
	营盘壕井田	1200	1200	516	125	81	310	1200	464	125	71	268	1200	395	125	57	213
	白家海子井田	1500	0	0	0	0	0	0	0	0	0	0	1500	720	120	111	489
	小计	3400	2000	1316	195	225	896	2000	1184	195	199	790	3900	2083	363	336	1384
呼吉尔特特矿区	母杜柴登	600	600	1050	49	195	806	600	945	49	175	721	600	803	49	147	607
	巴彦高勒	1000	1000	750	250	107	393	1000	675	250	92	333	1000	574	250	73	251
	梅林庙	1000	1000	0	0	0	0	1000	0	0	0	0	1000	800	120	136	544
	门克庆井田	1200	1200	960	158	161	641	1200	864	158	143	563	1200	734	158	118	458
	葫芦素井田	1300	1300	351	75	56	220	1300	316	75	50	191	1300	269	75	41	153
	小计	5100	4100	3111	532	519	2060	4100	2800	532	460	1808	5100	3180	652	515	2013
合计		9000	6100	4427	727	744	2956	6100	3984	727	659	2598	9000	5263	1015	851	3397

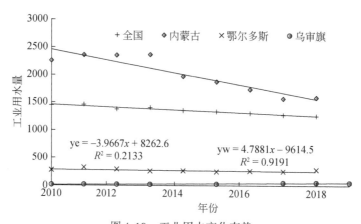

图 4-10 工业用水变化态势

ye 为鄂尔多斯市工业用水趋势线公式；yw 为乌审旗工业用水趋势线公式；

全国工业用水量单位为亿 m^3，其余单位为 $10^6 m^3$

表 4-33 乌审旗煤矿企业疏干水实际排水量

序号	企业名称	疏干水排水量/万 m^3	
		2018 年	2019 年
1	乌审旗蒙大矿业有限责任公司（纳林河 2 号矿）	705.1	849.17
2	鄂尔多斯市伊化矿业资源有限责任公司（母杜柴登）	727.25	1175.14
3	中天合创能源有限责任公司门克庆煤矿	693.3	895
4	中天合创能源有限责任公司葫芦素煤矿	667.16	744.41
5	内蒙古黄陶勒盖煤炭有限责任公司（巴彦高勒）	271.16	464.59
6	鄂尔多斯市营盘壕煤炭有限公司	569.15	803
	合计	3633.12	4931.31

从 2018 年煤矿企业实际疏干水排水量和水资源公报提供的供水量对比来看，2018 年矿井疏干水供水量 1908.30 万 m^3，小于实际排水量，疏干水还剩余 1724.82 万 m^3 没有得到有效利用（未考虑企业自用和处理损失）；外部引黄水利用 1124.52 万 m^3，指标还剩余 1604 万 m^3。2019 年矿井疏干水供水量 3442 万 m^3，实际排水量 4931.31 万 m^3，剩余 1489 万 m^3（未考虑企业自用和处理损失）；使用黄河水 40 万 m^3，指标剩余 2689 万 m^3。

从疏干水实际排水量和预测涌水量相比，2019 年的实际排水量 4931.31 万 m^3 已经超过 2020 年预测涌水量 4427 万 m^3，并十分接近 2030 年预测值 5025 万 m^3；2019 年的实际可供量（按照预测的企业自用量和 15% 处理损失扣除，约 3573.7 万 m^3）已经超过 2020 年预测可供水量 2956 万 m^3 和 2030 年预测值 3397 万 m^3。由此可知，煤矿企业疏干水涌水量和可供水量大于预测值。

根据调查结果，按照现状煤矿企业 14 万 m^3/d 的排水量计算，疏干水排水量比 2020

年预测值大 15.4%，约 683 万 m³；可供水量（扣除企业自用和处理损失，自用量较大）比 2020 年预测值大 26%，约 770 万 m³。

工业供水水源中的地表水、地下水和引黄水，在区域气候、政策变化不大的情况下，总体变化不大；中水回用量可能因工业企业数量和规模的减少而比规划值有所减少，但中水相对其他水源和疏干水来说，数量较少，减少量可忽略。

综上，相对于 2020 年预测值来说，预估 2020 年工业实际需水量低于预测值约 3900 万 m³，疏干水供水量高于预测值约 770 万 m³，这样约有 4670 万 m³ 的水资源需要优化调整，亟待将矿井疏干纳入区域统一配置，为其找到合理高效的利用途径。

2. 生态环境用水供需形势分析

根据现状全旗供用水情况，生态环境用水主要是城镇环境和农村生态，用水水源主要是地下水，2018 年才利用少量雨水；《乌审旗水系连通及工业供水保障规划》中，生态环境用水也未考虑区域内重要湖泊的生态需水以及乌审旗景观水系用水。

全旗内重要湖泊维持基本水面面积需补水量约 1805.3 万 m³（表 4-29）。

根据乌审旗景观水系工程设计，景观湖水面面积共 196.4 万 m²，平均水深 1m，蓄水量 196.4 万 m³；排水渠水面面积共计 7.68 万 m²。若按照多年平均水面蒸发量 1387mm 计算，景观水系年蒸发量 283.1 万 m³。景观湖若按照年换水两次，每次均全部换水，则需水量 392.8 万 m³。

综上，生态环境用水方面需增加用水量 2481.2 万 m³，需要找到合适的供水水源和足够的水量，并符合用水水质标准。

4.6　区域矿井水配置方案

4.6.1　湖泊补水

根据煤矿位置及疏干水可供水量在 2018 年和 2019 年的实际调查情况，为湖泊优先配置矿井疏干水。各湖泊具体补水水源和补水量见图 4-11。

根据表 4-18，若不考虑疏干水 2019 年实际利用状况，2019 年纳林河 2 号矿疏干水可供水量为 662.3 万 m³，营盘壕可供水量为 576.3 万 m³，扣除批复的项目疏干水使用量为 50.5 万 m³，可充分满足浩勒报吉淖、奥木摆淖及周边小湖的生态补水 214.6 万 m³，多余水量可供纳林工业园区企业使用，或送至疏干水管线。巴彦淖尔、苏贝淖、奎生淖、合同察汗淖、木凯淖及周边小湖共需补水 1007.7 万 m³，葫芦素、门克庆、母杜柴登和巴彦高勒 4 座煤矿合计可供水量为 2335 万 m³，扣除已批复项目疏干水使用量 18.5 万 m³，仍可充分满足湖淖补水量，并有多余水量供图克工业项目区企业使用。可在引黄管线合适位置设置分水口，给巴汗淖补水，引黄指标 2729 万 m³，可充分满足巴汗淖补水量 582.9 万 m³，剩余黄河水指标可供图克工业项目区企业使用。

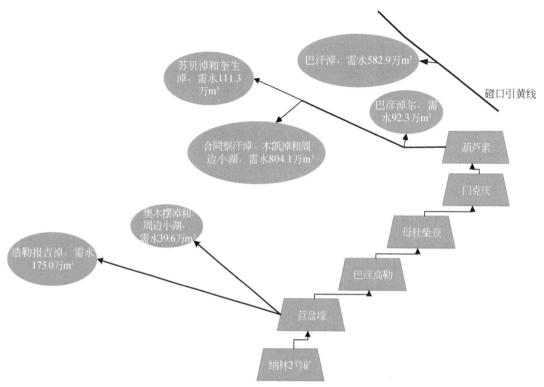

图 4-11　乌审旗主要湖泊补水路径及补水量

4.6.2　水源保障

采用区域内节水、水质实时监测、煤矿企业取用水等措施，保障湖淖生态补水量。

1. 节水措施

关于节水，国家相继出台了多项法规政策，如《最严格的水资源管理制度》《"十三五"水资源消耗总量和强度双控行动方案》《全民节水行动计划》《国家农业节水纲要》《国家节水行动方案》及其分工方案等。各项法规政策从水资源总量、用水效率，工业、农业、生活生产等各个层次、各行业、各种指标上规定了节水举措，体现"节水优先"的方针。

2019 年 10 月，水利部办公厅印发《规划和建设项目节水评价技术要求》（水节约〔2019〕136 号）明确指出，水资源超载地区或缺水地区用水效率（定额）指标应对照国内（外）同类地区先进水平，其他地区用水效率（定额）指标应优于国内同类地区平均水平。由此推测，近一段时期内，乌审旗总用水量不会大幅增加，还可能通过深化改革、调整结构节约部分水量。

2. 呼吉尔特海子蓄水工程

在呼吉尔特矿区规划建设呼吉尔特海子蓄水工程，用来调蓄门克庆煤矿疏干水剩余未配置的部分水量，2020 年年末配置水量日均 2.4 万 m^3。呼吉尔特海子非汛期在 1286.5m 水位运行，库容 85.18 万 m^3，汛期在 1285.7m 水位运行，库容 25.95 万 m^3。呼吉尔特海子调蓄的疏干水可供给金诚泰化工二期新增用水量 1.4 万 m^3/d 和置换地表水取水 1 万 m^3/d，2020 年后日均供水量 2.4 万 m^3。金诚泰化工冬季（120 天）用水约为夏季（245 天）的 70%，用水量差值需要的调节容积为 72 万 m^3，通过煤矿自建的 80 万 m^3 蓄水池调节。呼吉尔特海子下游村委会规划建设 1000 亩水稻及 4 万亩生态区，其农业及生态用水主要集中在夏季，由呼吉尔特海子下泄渠道供给；下泄未被农业利用的水全部用于生态区建设。

3. 水质监测预警

2014 年颁布的《城镇排水与污水处理条例》第 23 条规定，城镇排水主管部门应当加强对排放口设置预处理设施和水质、水量检测设施的指导和监管；第 24 条规定，城镇排水主管部门应当对排水户排放污水的水质和水量进行监测，并建立排水监测档案。

针对区域内煤矿企业和工业园区，加强疏干水及污水处理后的水质在线实时监测，水质监测系统实现与水务和环保部门联网。按照水质监测要求，在处理后的矿井水出水口、管径变化接口处、控制点以及湖泊补水口，布置水量、水质监测点，水质除监测常规指标外，还需要监测地下水本底指标。处理后的污水常规监测指标和矿井疏干水监测指标要能够自动判断分析，发现超标及时预警；其他不能在线实时监测的指标也需要定期监测并公布。

4. 煤矿企业按量用水

为充分利用非常规水源，避免故意浪费，保障足够的湖淖补水水源，应及时制定相关政策，不允许煤矿企业随意浪费煤矿疏干水。除企业取水证规定的取水量以外，多余疏干水需经处理达标后排入疏干水输水管线，作为非常规水源纳入乌审旗统一配置。

4.6.3 配置工程

湖淖生态补水和输水工程按照就近、充分利用现有管线、工程规模经济合理的原则布置，由 6 条主输水管线和 1 条输水支线组成，分别是巴汗淖线、巴彦淖尔线、合同察汗淖线、苏贝淖线、奥木摆淖干线、浩勒报吉淖干线和呼和淖尔支线，输水线路总长度为 127.23km。

在巴汗淖东部设置补水口，从乌审旗与伊金霍洛旗边界线以东约 2.1km 处的伊金霍洛旗碹口引黄管线上取水，建设巴汗淖线，为巴汗淖补水；在图克工业项目区——乌审召化工项目区的水系连通线路上设置巴彦淖尔线、苏贝淖线和合同淖线 3 条补水主线，分别为巴彦淖尔、苏贝淖与奎生淖、合同察汗淖与木凯淖及周边小湖补水；从营盘壕井下水深度处理厂经城市水系输水给浩勒报吉淖干线，浩勒报吉淖干线从嘎鲁图镇城市水系末端接入，为浩勒报吉淖补水，在浩勒报吉淖干线约 7.7km 处设置奥木摆淖干线，为奥木摆淖及周边小湖补水；在奥木摆干线上约 39.5km 处设置分水口及呼和淖尔支线，为呼和淖尔补水。适时建设巴彦淖尔—巴汗淖输水工程。

　　根据各湖淖地势,确定管道扬程及是否有压,然后再根据各湖淖需补水量,确定各干线及支线设计压力和管道直径。由于本区内的矿井疏干水本底为微咸水或咸水,具有一定的腐蚀性,因此,对管材的耐腐蚀有较高的要求。内外涂塑钢管内外防腐层采用重防腐改性环氧树脂粉末,经高温预热后,塑料层与钢管内外壁高温熔结,具有优良的防腐性能;且内外涂塑钢管内壁光滑,不随使用时间变化,摩擦阻力小,适用范围广,本次选用内外涂塑钢管。管线概况见表4-34。

表4-34　乌审旗湖淖补水工程管线概括

管线名称	供水对象	长度/km	供水量 /万 m³	高差/m	管道规格 尺寸	计算管径 /mm
巴汗淖线	巴汗淖	2.08	582.9	自流,有压	DN700	631
巴彦淖尔线	巴彦淖尔	4.39	92.3	自流,有压	DN300	251
苏贝淖线	苏贝淖及奎生淖	3.42	111.3	8	DN300	276
合同淖线	合同察汗淖、木凯淖及周边小湖	5.42	817.8	自流,有压	DN800	747
奥木摆淖干线	奥木摆淖及周边小湖	53.72	43.4	21	DN200	173
呼和淖尔支线	呼和淖尔	15.35	20	自流,有压	DN125	117
浩勒报吉淖干线	浩勒报吉淖	42.85	173.8	90	DN450	403
合计		127.23	1841.5	119		

　　其中,管道设计流速取经济流速 $1.2 \mathrm{m^3/s}$,并据此计算输水管道的管径;需要加压的输水管道泵站设计扬程计算公式如下:

$$H_p = H_0 + H_b + \sum h_f + \sum h_j \qquad (4\text{-}1)$$

式中,H_p 为泵站设计扬程,m;H_0 为净扬程,m;H_b 为水泵内部水头损失,m;$\sum h_f$ 为管道沿程水头损失,m;$\sum h_j$ 为局部水头损失,m。

　　水泵内部水头损失 H_b 在净扬程不小于 20m 时,取值范围为 3 ~ 5m,小于 20m 时,取值范围为 2 ~ 3m,本次计算分别取 4m 和 2.5m;管道沿程水头损失 $\sum h_f$ 按式(4-2)计算,按照等管径的一根管道计算;局部水头损失 $\sum h_j$ 在规划阶段一般取沿程水头损失的 10% ~ 15%,本次计算取 10%。

$$h_f = 16 \times Q^2 \times L / (C^2 \times D^4 \times \pi^2 \times R) \qquad (4\text{-}2)$$

式中,Q 为管道实际流量,$\mathrm{m^3/s}$;L 为管长,m;C 为谢才系数,按照式(4-3)计算;D 为管径,m;R 为水力半径,其值为 $D/4$,m,下同。

$$C = R^{1/6} / n \qquad (4\text{-}3)$$

式中,n 为糙率系数,取 0.012。

4.6.4 科学调度

1. 实时调度

在应补水的湖泊出水口处设置水量量测设备，在湖泊适宜位置设立水位监测设施，常用的水量监测设备有量水堰和管道流量计，常用适宜的水位监测设备有浮子式水位计、压力式水位计、雷达水位计、激光水位计、水尺等，它们都可由带固态存储器的遥测数传终端（RTU）采集、记录水位数据，并通过与无线或有线信道相连，构成简单的水位自动监测站。这些水位自动测站可将实时采集并记录的各湖泊水位数据实时传输给水利、环保、林业等相关部门。

主要负责部门可根据应补水湖泊的水位、水量监测情况对输水工程各个节点进行实时控制，高效调度，湖泊补水工程各控制节点示意图见图 4-12。在中长期调度时，根据预报的天气情况预测湖泊可能得到的降水补给量，计算湖泊水量亏缺情况，制订中长期补水计划；在短期调度时，根据监测的湖泊水位状况，当湖泊水位到达一定标准时，发送指令关闭输水阀门，当湖泊水位接近最小值时，发送指令打开输水阀门进行补水；在临时应急调度时，根据事情紧急程度临时关闭补水总线或某支线。

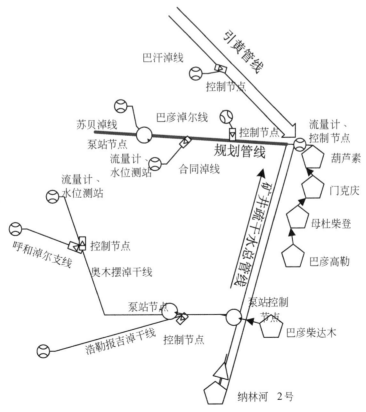

图 4-12 湖泊补水工程控制节点示意图

2. 应急蓄水

针对煤矿安全事故、矿井水污染或经处理后煤矿排出水水质不达标等不利情况，采取调蓄池应急蓄水措施，待不利情况解除后再向湖泊进行补水。应急蓄水工程包含蓄水池、水量水位监测设施、输水管道、泵站及调节阀门等。蓄水池包括呼吉尔特海子蓄水工程和各煤矿蓄水调节池，泵站包括 4 条干线的输水泵站，2 条干线和 1 条支线的加压泵站，调节阀门包括各支线的控制节点阀门。呼吉尔特蓄水工程用来调蓄门克庆煤矿疏干水剩余未配置部分水量，各煤矿调节池用于调节各煤矿疏干水排出前的调蓄，泵站及调节阀门用于输水管道的加压及流量大小调节。

当不利事件发生时，各煤矿监测预警设备能及时发出报警，相关部门接到报警后，应根据各蓄水池的蓄水状态，立即通过输水工程应急控制系统发送指令，准确快捷地控制泵站、阀门等启闭，将水质不达标的水拦蓄在小范围的蓄水池内，将不利事件的影响降至最低。

4.7 小　结

鄂尔多斯市乌审旗地处沙漠腹地，生态环境脆弱，地表水资源短缺，但区域内煤矿资源丰富，随着煤炭开采，区域面临矿井水富余、需要找到合理的外排途径，水生态环境保护需要找到量质达标稳定水源的新老问题。本案例涉及乌审旗 6 座在生产煤矿和 3 座规划煤矿，总设计生产能力 8500 万 t/a，根据区域水资源开发利用和矿井水利用现状，估算了矿井涌水量和可利用量；根据水量平衡，估算了主要湖泊需水量；通过现有水资源配置方案分析，提出了基于湖泊水生态保护的矿井水综合利用模式，主要结论如下：

（1）在分析乌审旗水资源利用现状和 6 座煤矿矿井水利用现状的基础上，结合实际调查情况，利用趋势预测法估算了 6 座煤矿矿井水涌水量及可利用量，并对其矿井水处理能力和处理后的水质指标进行了分析。2020 年 6 座煤矿涌水量预测为 5110 万 m^3，可利用量达到 3725.6 万 m^3/a。扣除已批复的企业矿井水使用量 68.97 万 m^3/a，剩余 3656.6 万 m^3/a 的水量可纳入区域水资源统一配置，用于工业、生态环境和城市杂用。

（2）乌审旗沙地湖泊具有重要的鸟类栖息地功能、防风防沙生态屏障功能和气候调节功能，因为气候变化和人类活动双重因素影响，20 世纪 80~90 年代湖泊大面积萎缩，2002 年以后才有所恢复。利用湖泊形态法、功能法、趋势分析法、特征值法等，确定了主要湖泊的基本保护面积约为 64km²，考虑湖泊水量平衡关系，得到乌审旗湖泊生态补水量约为 1805.3 万 m^3，主要补水湖泊为巴汗淖、巴彦淖尔、苏贝淖、奥木摆淖和浩勒报吉淖。

（3）根据现状供用水情况，总体上判断，今后一个时期，乌审旗年度用水量将维持相对稳定，但用水结构将发生深刻变化，主要体现在生态用水和工业用水方面。工业用水量 2020 年维持在 5000 万 m^3 左右，比原配置方案中的预测需水量约少 3900 万 m^3。疏干水供水量高于预测值约 770 万 m^3，这样约有 4670 万 m^3 的水资源需要优化调整，亟待将矿井疏干水纳入区域统一配置，为其找到合理高效的利用途径。全旗生态环境用水方面需增加用水量 2481.2 万 m^3，需要找到合适的供水水源和足够的水量，并符合用水水质标准。

（4）根据煤矿位置及矿井水可供水量 2018 年和 2019 年实际调查情况，为湖泊优先配置矿井水，提出了重点湖淖生态补水和输配水工程。该工程按照就近、充分利用现有管线、工程规模经济合理的原则布置，由 6 条主输水管线和 1 条输水支线组成，输水线路总长度 127.23km，并通过实时调度、应急蓄水等措施对输配水工程进行科学调度。

| 第 5 章 | 基于煤矿小循环和园区大循环的矿井水综合利用模式

本模式是矿井水矿山企业自用与园区循环利用的典型案例,在山西朔州平鲁区平朔矿区进行示范,适用于经济较发达、水资源短缺、矿井水较少的半干旱与半湿润地区。

本案例基于平鲁区水资源开发利用现状和煤矿开发实际情况,分析各煤矿现状矿坑/井涌水量和可利用量,以及规划水平年的供需水形势,根据矿坑/井水①需求分析和可利用量预测,结合用水户水量和水质要求,并适当考虑技术经济合理性,提出基于煤矿小循环和园区大循环的矿井水综合利用示范方案,为区域矿井水的综合高效利用、水资源集约节约利用方式提供有益的示范性探索。

本书涉及的现状年为 2019 年,规划水平年为 2030 年。煤矿小循环指在每个煤矿内的矿坑/井水循环利用,园区大循环指若干个煤矿除自用和消耗后富余的水量供给工业园区或配套工业的水资源循环利用。

5.1 研究区概况

本案例所研究的煤矿位于海河三级支流桑干河的上源源子河和恢河流域内,由于矿坑/井水利用、配置均在区域内进行,故研究区域确定为朔州市平鲁区。

朔州市位于山西省西北部,地处 $111°53′ \sim 113°34′E$、$39°05′ \sim 40°17′N$ 之间,北接大同,西北与内蒙古交界,南与忻州市接壤,全市面积为 1.06 万 km^2,占全省总面积的 7%。

平鲁区位于朔州市西北部,居山西省北部边陲,桑干河上游,该区西北沿长城与内蒙古自治区清水河县与和林格尔县接壤,西南与本省忻州市偏关县和神池县相邻,北接朔州市右玉县,东临山阴县,南接朔城区。地理坐标为 $39°20′ \sim 39°59′N$、$111°32′ \sim 112°40′E$。全区南大北小,呈三角形,南北最长约 69.5km,东西最宽约 67.9km,总面积为 2327km^2。

5.1.1 自然地理

1. 地形地貌

平鲁区地处黄土高原丘陵区,三大地形——岩基山区、黄土丘陵区和山间盆地各占总土地面积的 45%、51% 和 4%。区内山脉连绵,峰峦起伏,区内地势西北高,东南低,呈

---

① 露天矿排出的水称矿坑水,井工矿排出的水称矿井水,研究区既有露天矿又有井工矿,这里作下区分。

西北向东南倾斜之势，东端西部和北部三面环山，东南及西北部为黄土丘陵，中部城区附近有小片平地，中间顺南北走向突起一个背形的山脉，形成了黄河、海河两大水系的分水岭。全区平均海拔为 1200m，平鲁区政府驻地井坪镇地处山间盆地，海拔 1360m，三面环山。西部为管涔山脉，海拔 1500m 以上，其中黑驼山主峰高 2147.3m；东部为丘陵地带，海拔在 1200~1400m；北部高石庄乡为高原丘陵区，海拔在 1600m 以上；南部开口处通向朔州盆地。

由于东南部横穿洪涛山脉，西北部纵贯管涔山脉，因而具有沟壑纵横、山丘起伏、坡度较大的特点。一般南坡陡，基岩裸露；北坡缓，多有堆积物覆盖，地面植被疏稀。由于地面切割严重，形成较大河流 7 条，沟谷 13685 条。

基岩山区分布在平鲁区东部花圪坨、西南部下木角和西部的只泥泉等边远山区；中部地区属黄土丘陵区，面积较大，按地势条件可分为黄土高原丘陵区、黄土丘陵缓坡区和黄土丘陵沟壑区；山间盆地位于井坪、向阳堡和下水头一带。平鲁区地貌分区详见表 5-1。

表 5-1　平鲁区地貌分区

地貌分区		分布范围	地貌地质及水文地质概述
名称	代号		
基岩山区	I	下木角 只泥泉 花圪坨	海拔 1500~2000m，相对高差 400~600m，山形陡峭一般坡角 20°~30°，山顶一般呈圆顶及尖顶，沟谷发育，多呈 V 形谷，一般南坡陡，基岩裸露，北坡平缓多被坡植物覆盖。山顶及陡坡出露有寒武奥陶系灰岩、泥灰岩、页岩。沟谷及缓坡为第四系黄土、砂砾石及古近系、新近系红色黏土。红黏土之上局部含上层滞水及河谷潜水，深部含基岩裂隙溶洞水，分布不均
丘陵区	黄土高原丘陵区　II1	蒋家坪 高石庄 阻虎	海拔 1400~1700m，相对高差 100~300m，山顶浑圆，地形呈波状起伏，冲沟发育，切割不深，呈剥蚀堆积地形。山顶及沟谷出露有寒武奥陶系石灰岩、竹叶状灰岩、鲕状灰岩、紫色页岩及片麻岩，缓坡多分布第四系黄土，沟谷为近代冲积洪积沙砾碎石层。基岩裂隙发育，含裂隙水，在沟谷有泉水出露
	黄土丘陵缓坡区　II2	凤凰城 周花板 骆驼山 东平太	海拔 1450~1650m，地形呈波状起伏，冲沟发育，切割深度 50~80m，系剥蚀堆积地形，上部主要为第四系风成黄土，下伏第四系红色土及古近系、新近系红色黏土，含上层滞水及孔隙水，水量不大
	黄土丘陵沟壑区　II3	榆岭 陶村 下面高 白堂	海拔 1250~1450m，相对高差 80~150m，冲沟发育，呈树枝状，多 V 形谷，切割 50~100m，系侵蚀堆积地形。上部主要为第四系黄土覆盖，在沟谷有石炭二叠系砂岩、砂质页岩出露，古近系、新近系红色黏土呈零星分布，含裂隙水，层间局部地方有承压自流水，此区泉水出露广泛
山间盆地	III	井坪 向阳堡 下水头	海拔 1350~1400m，相对高差 20~40m，地形平坦，呈长条状地形由西向东缓倾，系堆积地形。上部为冲洪积亚砂土、红色黏土及砂砾石，下伏石炭二叠系砂页岩及奥陶系灰岩，上部砂砾石含有较丰富的潜水

2. 气候特征

平鲁区属半干旱大陆性季风气候，具有干燥少雨、风沙多、温差大的特点。根据平鲁区气象站历年降水量资料，本区多年（1956～2016 年）平均降水量为 415.5mm，年最大降水量为 630.3mm（1964 年），年最小降水量为 202.7mm（1965 年）。

平鲁区降水量年际变化较大，年内分配极不均匀，6～9 月的降水量占全年降水量的 60% 以上，其他月份仅占全年降水量的 40% 以下。降水具有总量小、强度大、历时短、暴雨集中、局部性暴雨多的特点，易于形成短时洪水，洪水暴涨暴落，多为单峰过程，且尖瘦、峰值高、流量小、挟沙能力强、年际变化大，雨洪径流系数小，一般在 0.1～0.3，具有典型的山溪性河流特点。

平鲁区多年平均气温为 5.5℃。1 月最低，平均气温为 -10～7℃，极端最低温度为 -30.5℃；7 月最热，平均气温为 20～21.5℃，极端最高温度为 36.1℃。全年无霜期平均为 115 天，最短 89 天，最长 148 天。年最多和次多风向为 WNW 和 W，频率分别为 16.6% 和 13.1%，静风频率为 12.9%，年平均风速为 3.15m/s。冻结深度为 0.974m，年平均湿度为 48%～70%，年平均日照时数为 2808.2h，多年平均蒸发量为 2229.5mm。

3. 河流水系

平鲁区地处黄河流域黄河水系和海河流域永定河水系两大水系的分水岭地带。永定河水系流域面积为 1345.7km²，占总面积的 57.8%，黄河水系流域面积为 981.3km²，占总面积的 42.2%。属永定河水系的河流有 9700 多条，地表水总径流量为 7170 万 m³/a，其中较大的河流有大沙沟、歇马关河、七里河、源子河。大沙沟河是源子河的最大一级支流，长 99km，为季节性河流，常年基本无清水流量；歇马关河发源于砂页岩地区，河道内长年有清水，1966 年实测歇马关河清水流量为 0.22m³/s，1985 年实测流量为 0.181m³/s；七里河近年来由于平朔露天煤矿的开挖，清水流量有所减少，1985 年实测清水流量为 0.057m³/s。

黄河水系的河流有红河（苍头河支流）及偏关河支流。红河年径流量为 829.4 万 m³/a，由三层洞泉群排泄后出右玉县；偏关河支流属于季节河，在本区内基本无清水流量。

两大水系内主要河流详情如下。

源子河：源子河是桑干河的源头，起源于大同市左云县马道头乡的截口山，经左云县东古城，从右玉县曾子坊进入朔州市，横穿右玉县南部山区，从高家堡的大川村东出右玉县，经山阴吴马营乡进入平鲁，在平鲁过榆岭乡、下面高乡，从花圪坨乡的高阳坡村西南流入朔城区，最后在朔城区神头镇的马邑村与恢河汇合注入桑干河。源子河流域面积为 2083.71km²，河道全长 110km，其中平鲁区内流域面积 1091km²，主干流长 31km，平均河宽为 120～200m，平均纵坡 1.5‰～6.5‰，河床糙率为 0.025～0.055，河床比较稳定，在平鲁区内基本流向为西北—东南，河床属分叉型。区内源子河主要支流有大沙沟河、冻牛坡河、歇马关河等。

七里河：七里河是恢河的一级支流，发源于平鲁区井坪镇的打鹰沟，经白堂乡从朔城区的下窑、刘家口沿下团堡东北部而下，横穿朔州市市区，经朔城区的七里河村，到神头镇太平窑村北汇入恢河。七里河流域面积为 331.2km²，河道全长 30km，其中平鲁区内主干流长 11km；河宽 100～400m，主河床宽 30～270m；在朔城区刘家口以上纵坡为15‰～30‰，河型属分叉型，刘家口以下纵坡为 2.5‰～10‰，河型为顺直型。在朔城区七里河村以上河床主要为砂砾石，河床糙率为 0.030～0.50，以下为细砂，糙率为 0.030～0.40。1984 年由于建设平朔安太堡露天矿，在平鲁区井坪镇南部细水村建有改河坝 4 座，并沿左侧开挖了一条新人工河，将其上游一支流改道（经平鲁区县城南绕城东，汇入大沙沟河），涉及流域面积 15.7km²，改道口下游段大致由西北向东南途经二铺煤矿、安太堡、刘家口、七里河公园，于二十里铺汇入太平窑水库进入恢河，目前，七里河流域总面积为 316.12km²。七里河径流主要以洪水为主，年平均径流量为 940 万 m³，径流深为 29.7mm，清水基流主要来自上游煤矿排水，年均流量为 0.1～0.3m³/s。

歇马关河：歇马关河是源子河的一级支流，发源于平鲁区榆岭乡的张马营、石井沟一带，经王高登、陶村，在陶村乡的歇马关村东南进入朔城区内，在朔城区流经赵家口，在源子河村东汇入源子河。该河流经赵家口水库（属朔城区裕民灌区）后，可经西干渠将水排入朔城区城关乡牛家店村东的七里河内。流域总面积为 158km²，河道长 29km，河道平均比降为 10.7‰，在平鲁区流域面积为 147km²，河道长 18.1km，河型为顺直型，河床糙率为 0.040～0.055。流域总体走势为西北高、东南低，海拔在 1250～1450m。流域内以土石山区为主，沟壑众多，属于黄土丘陵沟壑区，地面植被覆盖较差，水土流失严重。

偏关河：偏关河是黄河的一级支流，古名关河，发源于平鲁区西南部下木角乡利民沟，上游叫另山河，自南向北流经下木角、另山、下水头，自下乃河村转向西流，经南坪、口子上村，与口子上河汇合，从老营镇贾堡村入偏关县境，与只泥泉河汇合，由东向西横贯老营镇、陈家营乡、窑头乡、新关镇、天峰坪镇，于天峰坪镇关河口村汇入黄河，流域面积为 2084km²，全长 130km，在平鲁区内流域面积为 645km²。偏关河的主要支流为口子上河、口前河、另山河、野猪河、只泥泉河等。偏关河为季节性河流，非汛期多处于干涸状态。整段河床及西岸多以砂卵石、石灰岩为主，相对稳定。多年平均径流量为 3948 万 m³，其中洪水径流量为 2330 万 m³，基流量为 1615 万 m³。

5.1.2 区域地质与水文地质条件

1. 地层条件

平鲁区内地层出露较全，太古界集宁群为一套混合岩化作用的变质岩系，构成本区的古老基底。元古界沉积，下古生界寒武系直接覆盖在片麻岩系上。寒武系、奥陶系分布较广，上古生界石炭系、二叠系亦较发育，中生界地层缺失，新生界分布颇广，新近系分布零星，第四系较为普遍。

1）太古界集宁群（Arjn）

太古界集宁群主要分布于县境北部的大河堡、松梁沟及三层洞一带，下水头亦有零星出露。集宁群由一套受混合岩化较弱的深变质岩石组成。主要岩性为黑云硅线榴石钾长片麻岩，含榴长英麻粒岩（浅色麻粒岩），以及少量的透辉紫苏斜长麻粒岩（暗色麻粒岩）。该太古界集宁群岩性厚度比较稳定，横向变化不大。与上覆寒武系下统馒头—毛庄组呈角度不整合接触。出露厚度大于1600m。沉积时间据同位素年龄测定在20亿年前。

2）古生界

A. 寒武系（∈）

寒武系主要分布于本区蒋家坪、高石庄、下水头及下木角一带，为一套浅海相碎屑岩-碳酸盐岩构造。分下、中、上三统七组，其间均为连续沉积。其上与奥陶系呈整合接触关系，其下与太古界集宁群呈角度不整合接触。

B. 奥陶系（O）

奥陶系分布较为广泛，与寒武系相毗邻，厚度大，出露良好，主要展布于凤凰城、西水界、骆驼山、花圪坨及下木角一带，其他地方亦有零星出露，为一套浅海相碳酸盐岩建造。分下、中两统、四组五段，与下伏寒武系地层呈整合接触，与上覆石炭系地层呈平行不整合接触，中奥陶在晚期至早石炭在本区东北部较西南部地壳上升幅度较大，剥蚀较强，致使本系地层由西南向东北渐次向下剥失明显，使其奥陶系下统与上覆石炭系直接接触。

3）上古生界

A. 石炭系（C）

石炭系是本区主要含煤岩系，并赋存有铁矿、铝土矿、黏土矿等矿产资源。零星出露于下水头、西水界以东及下面高一带，为一套海陆交替相-陆相沉积的砂岩、页岩、黏土岩、石灰岩、泥灰岩的含煤构造，划分为中统本溪组及上统太原组。与下伏地层奥陶系呈平行不整合接触。

B. 二叠系（P）

二叠系分布于本区中南部向阳堡、榆岭、白堂、陶村、下面高及井坪一带，为一套海陆相碎屑岩含煤构造。连续沉积于石炭系地层之上，与下伏石炭系地层呈整合接触，分为两统四组，石千峰在本区剥蚀殆尽。

4）新生界

新生界区内广泛分布，主要分布于井坪—向阳堡盆地，丘陵山区其厚度为5～25m，盆地内据钻孔揭露其沉积厚度可达100m。

A. 新近系上新统（本区无中新统沉积 N_2）

新近系上新统主要分布于白堂、榆岭、陶村、下面高及盆地下部，一般厚3～30m，井坪北钻孔揭示达71.77m。从平鲁县红崖村剖面看可明显地分为上、下两部分，下部为棕红色亚黏土夹灰黄色砂砾石和灰色砾石；上部则主要为深红色黏土含白色钙质结核。

B. 第四系（Q）

第四系本区分布亦广，除下更新统（Q_1）无沉积外，其余都有分布。

a. 中更新统（Q_2）

中更新统主要分布于西钟牌、陶村、榆岭及广大山区的沟谷之中，成因为洪积相，厚度5～25m，与下伏、上覆地层均为平行不整合接触。岩性为一套洪积物，为棕黄色亚砂土夹古土壤层，含次生灰白色钙质结核，质地硬，具垂直节理及大孔隙，厚10～40m。

b. 上更新统（Q₃）

区内上更新统分布甚广，与下伏中更新统呈平行不整合接触。其厚度一般为 5~30m，局部达45m。现按其成因类型分为冲积相、洪积相、洪坡积相及风积相。

冲积相、洪积相：主要分布于较大冲沟两岸及一级阶地及河谷，由于本区几条较大的河流规模不大，故沉积物以洪积为主，冲积极少。其岩性下部为砂砾石夹透镜状砂层或砂，上部则以粉砂土为主，夹砾石或砂透镜体，结构较松。

洪坡积相及风积相：该成因类型多以披盖形式分布于区内各个不同的地貌单元上，展布面积甚广。岩性主要为灰黄、浅黄色粉砂土，含少量小钙质结核夹砂砾石透镜体。粉砂土结构疏松，孔隙与垂直节理发育。厚度一般为 3~10m。

c. 全新统（Q₄）

冲积相、洪积相：主要分布在井坪大沙沟、下水头河、源子河和区内较大的暂时性洪流冲沟中。岩性主要为砂砾石、砂土及亚砂土、砾石成分。一般厚 1~10m。

2. 构造条件

平鲁区地处山西中北部多字型构造北端，吕梁背斜北端与山西西北部中生代多字型盆地西南端的接壤部位，构造比较复杂。在历经多次构造运动的影响下，除生成一系列褶皱及断裂外，对沉积构造及岩浆活动有着重要的控制作用。

太古界集宁群构成本区古老基底，由于多次地壳运动，构成了区内寒武系与太古代集宁群角度不整合，石炭系中统与奥陶系平行不整合，新生界与二叠系角度不整合，新生界内部亦有平行不整合，依据上述不整合面划分为四个构造层。不同的构造层显示不同的沉积相。

本区自寒武系以来形成一套海陆相-海相-海陆相-陆相沉积构造。自中生代末期受燕山运动的影响，这套沉积构造受自东向西的水平压力，形成近东西向构造引力场，致使该套沉积构造产生褶皱，加之新华夏体系影响与干扰使褶皱轴部由原来的南北向略向西发生偏转，形成北西向的轴部宽缓向南倾伏的褶曲，褶曲由复式向斜和背斜组成。由于褶曲两翼产状平缓，因此褶曲形态只在大面积上才有显示。构造形迹多为南北向、东西向、北东向、北西向四组构造行迹。总体呈"米"形。受喜马拉雅运动影响，形成新生代多字型盆地断陷，使平鲁大部分地区处于相对隆起而遭受剥蚀，新生代松散层只在局部沉积。

本区灰岩高中山区，构造较发育。北部有减弱趋势，在漫长的地质发展史中，由于经受多次构造运动的变迁，以及外力作用的相互影响，形成如今的地貌景观及所显现的构造形迹特征。

3. 水文地质条件

平鲁区大部分是土石山区，仅在中部有山间小盆地分布，有松散岩类孔隙水含水岩组，面积很小；南部沿平鲁向斜一带为砂岩裂隙水含水岩组，西部、北部是大片的石灰岩地区。水文地质类型可划分为三大类，即山间河谷区孔隙地下水、一般山丘区裂隙地下水，以及岩溶山地地下水。

1）山间河谷区孔隙地下水

该类型主要分布于井坪—向阳堡和下木角—下水头山间盆地，该区属第四系松散岩类的孔隙地下水，包括第四系全新统、上更新统河谷冲积层孔隙水，第四系中、上更新统黄土层孔隙水和上新统红土、砂砾石孔隙裂隙水。

第四系松散岩类地下水，主要受大气降水入渗补给，其次是两侧含水层的径流补给及山区洪水的短暂补给，含水层地下水由上游向河谷下游运移，少部分以垂直补给下伏地层，耗于蒸发及开采。

第四系全新统、上更新统河谷冲积层孔隙水富水性贫-富水，单井出水量 50 ~ 1000m³/d；第四系中、上更新统黄土层孔隙水富水性贫-较贫水，单井出水量 10 ~ 100m³/d；上新统红土、砂砾石孔隙裂隙水富水性极贫-贫水，单井出水量一般小于 10m³/d。

山间河谷区松散岩类孔隙水属于潜水类型地下水，随季节性变化明显。丰水期水位较高，枯水期水位显著降低或干枯。

2）一般山丘区裂隙地下水

该类型分布在井坪以南的七里河、马关河一带的石炭二叠系砂页岩裂隙水区，包括白堂、陶村、榆岭、下面高，该区域是煤矿集中开采区，著名的平朔安太堡露天煤矿就在白堂乡。本区属双层地质结构，上部为碎屑岩裂隙水，下部为灰岩岩溶水。由于本区处于神头泉的径流区，南部边缘接近排泄区，岩溶发育，富水性强，单井出水量大，是良好的开采地段。而顶部被碎屑岩覆盖，不存在大气降水的入渗补给，该区的岩溶水只有从上游地区补给。

分布在平鲁向斜中的裂隙潜水主要依靠大气降水的入渗补给。渗入岩层裂隙水沿层间运移，由沟两侧向沟底排泄。它没有统一的自由水面，是随地形起伏带由高向低、由两侧向河谷中心运移。往往由于冲沟切穿裂隙含水层，运移的裂隙水溢出地表形成下降泉。这类地下水是属于沿途径流、沿途补给、沿途排泄。总体是由向斜两翼向轴部汇集、排泄除部分通过裂隙带补给深部层间承压水外，大部分沿沟谷排泄，最后汇入马关河和七里河。二叠系砂岩裂隙潜水的富集规律，即砂岩裂隙所接受的大气降水沿向斜两翼沿层间裂隙向轴部运移，构成向斜轴部富水，同时向斜轴也是裂隙水的排泄中心，由轴部向两翼富水性逐渐减弱。

深部承压水主要分布在向斜轴部，它由向斜两翼岩层裂隙带所接受的入渗补给，沿层间裂隙带或层面向轴部汇集。轴部是裂隙承压水赋存带，它具有统一的水面，水头压力一般高出地表 3 ~ 5m，海拔为 1200 ~ 1300m，水力坡度在 15% 左右。其富集规律，由向斜两翼向轴部富水性逐渐加强，其中以向斜轴部的石盒子组最富水，山西组次之。埋藏较浅的山西组砂岩裂隙发育，储水条件良好，而埋藏较深的砂岩裂隙不太发育，储水条件和富水性都差。

一般山丘区碎屑岩裂隙潜水年际间变化不太显著，年内变化比较明显，在枯水期泉水流量减少，丰水期明显增加。近年来，由于采煤破坏，该区地下水位变化较大。

3）岩溶山地地下水–岩溶山区岩溶裂隙水

该类型主要分布于神头泉域补给区和天桥泉域补给区。

神头泉域补给区：分布于源子河东部的下面高乡花圪坨一带，属奥陶系灰岩中低山裸露的基岩山区；平鲁区最北部红河流域的蒋家坪、三层洞、大新窑一带，为寒武系石灰岩岩溶山区；大沙沟以北的奥陶系灰岩组成的中山区，上部黄土覆盖，植被较好，下伏奥陶系灰岩，地处西水界、双碾、阻虎、向阳堡乡和凤凰城镇以南。

天桥泉域补给区：分布于偏关—吴堡区和下木角—只泥泉一带的寒武系石灰岩裸露山区。

由于本区处于晋西北黄土高原，地势较高，起伏不平、沟壑纵横，岩石变形剧烈，山脉水系在平面上展布格局复杂，因而导致地下水补、径、排条件的复杂性。区域地下水的补给、径流、排泄条件受区域地质、构造等因素的控制。总体来看，地下水的径流方向与地表水一致，属海河水系的地下水向神头泉汇流，属黄河水系的地下水向天桥泉汇流。地下水主要接受大气降水的入渗补给，向东南、西北两个方向运移排泄出境。

寒武系岩溶裂隙潜水，分布在另山背斜两翼及蒋家坪、高石庄、三层洞一带，下寒武系灰岩夹页岩层间岩溶水属弱透水层，水量贫乏，在区域岩溶水系统中起着很重要的隔水作用。而中、上寒武系石灰岩为主要含水层，厚 $100 \sim 200m$，含水组裂隙十分发育，但溶洞、溶孔、溶隙等现象不太发育。大气降水主要通过灰岩裂隙渗入地层赋存于裂隙带，并沿裂隙带运移，在适当的条件下溢出地表。据调查，本组泉水出露较多，流量一般在 $3 \sim 5L/s$，最大的三层洞泉流量 $263L/s$。其次还有曹家沟泉和八墩泉等。总之，本含水岩组的富集规律是由补给区即背斜轴部到径流区至排泄区，富水性由弱→中等→强。

奥陶系灰岩在本区分布普遍，有裸露的，也有隐伏的，地下水类型大部分地区为潜水型，但在局部地段也有承压型，含水量主要由裂隙、溶洞、溶孔、溶隙所组成，其富水性的强弱主要决定于补给条件、裂隙岩溶的发育程度及所处的地形地貌和构造位置等。富水–中等富水的奥陶系灰岩岩溶裂隙潜水，含水层主要由下马家沟组、亮甲山组灰岩、白云质灰岩中裂隙、溶洞、溶孔等组成，含水层底板埋深 $300 \sim 360m$，水位埋深 $70 \sim 150m$，水位高程 $1065m$ 左右，单井出水量在 $500 \sim 1000m^3/d$。贫水的灰岩岩溶裂隙潜水，含水层为下奥陶系灰岩、白云质灰岩、白云岩裂隙岩溶带，该岩组位于补给区，主要接受大气降水的入渗补给，灰岩中溶洞、溶孔不发育，裂隙较发育，水位埋藏 $70 \sim 150m$，单井出水量 $160 \sim 500m^3/d$，富水性较弱，富水程度不均。

根据资料分析，岩溶水由补给区到径流区至排泄区，水位有不同程度的变化。补给区每年下降 $1m$ 左右，径流区下降约 $0.5m$，排泄区下降 $0.1m$。

4）岩溶山地地下水–变质岩、块状火成岩裂隙水

该类型分布在另山背斜轴部的人马山附近和虎头山麓以及三层洞断层以北的蒋家坪、高石庄一带，含水层以片麻岩、花岗岩、火山角砾岩风化裂隙带为主，一般风化带发育深 $30 \sim 40m$，为裂隙潜水，泉水流量为 $1.7 \sim 5.8L/s$，虽流量不大，但可供人畜饮用，其中税家窑泉水流量为 $6.94L/s$，前沙沟泉水流量为 $5.78L/s$。

变质岩裂隙水比较丰富，主要依靠降水的入渗补给和上覆岩层的渗漏补给，富水带多分布在风化裂隙和构造裂隙十分发育的地段，在地形条件适宜的情况下流出地表，另外在花岗岩脉和片麻岩接触带往往是裂隙发育带，处于向斜褶皱部，也是富水带。

5.1.3 区域煤矿基本情况

平鲁区内资源丰富，已探明的矿产资源主要有煤、铁、石墨、高岭土、石灰石、锰、黄铁矿、硅石等 40 余种，其中煤、高岭土、石灰石等蕴藏量大，开采价值高。煤储量达130 亿 t，主要有 4 号、9 号、11 号煤层可采，地质构造简单，储藏浅，易开采，煤质优良，是良好的动力用煤，驰名中外的平朔安太堡及安家岭露天煤矿就在本区内。高岭土总储量 13 亿 t，其中高岭岩勘探储量 272.5 万 t，可采储量 140 万 t，厚度 2m，各项指标全部达到或部分超过美国完全煅烧质量标准，具有特殊的经济开发价值。除煤、石灰石外，其他资源尚未得到有效开发，经济潜力巨大，发展前景广阔，对国内外投资者具有强大的吸引力。

平鲁区工业目前已初步形成以煤炭开采为主体，包括化工、皮革、绒毛、肉制品、小杂粮加工、陶瓷、建材及耐火材料等支柱产业组成的多元化工业新格局。本区安太堡露天煤矿、安家岭露天煤矿及正在建设的东露天煤矿，是目前我国最大的露天煤矿。

1. 煤矿企业及产能

根据调查成果，截止到 2021 年 4 月，平鲁区共有煤矿 25 座，设计产能 11200 万 t/a，规划井田面积 268.12km²，保有资源储量 179.43 亿 t。研究对象设计生产能力占朔州市煤矿总生产能力的 61.95%。平鲁区煤矿基本情况见表 5-2。

表 5-2 平鲁区煤矿基本情况

序号	名称	生产能力/（万 t/a）	规划面积/km²	占用资源储量/万 t	保有资源储量/万 t
1	中煤平朔集团有限公司安太堡露天矿	2000	24.0319	97976	92098
2	中煤平朔集团有限公司安家岭露天矿	2000	54.7651	1145084	1059347
3	中煤平朔集团有限公司东露天矿	2000	48.4098	206454	203010
4	中煤平朔集团有限公司井工一矿	1000	10.6696	34627	32396
5	中煤平朔集团有限公司井工三矿	1000	19.2256	53055	51088
6	山西朔州平鲁区后安煤炭有限公司	500	4.8336	18482	17542
7	山西朔州平鲁区龙矿大恒煤业有限公司	300	6.9095	23625	20964
8	山西朔州平鲁区茂华万通源煤业有限公司	210	15.4006	44049	38797
9	山西朔州平鲁区茂华白芦煤业有限公司	180	9.7457	43857	41747
10	山西朔州平鲁区易顺煤业有限公司	180	5.7488	20888	19571
11	山西朔州平鲁区森泰煤业有限公司	180	8.2387	14086	12813
12	山西朔州平鲁区国兴煤业有限公司	180	6.0592	25398	23082
13	山西朔州平鲁区华美奥兴陶煤业有限公司	150	4.2514	15608	13997
14	山西朔州平鲁区芦家窑煤矿有限公司	150	8.5827	40445	38943
15	山西朔州平鲁区西易党新煤矿有限公司	150	5.3421	21776	19074
16	山西朔州平鲁区茂华下梨园煤业有限公司	150	3.8985	10303	9865
17	山西朔州平鲁区国强煤业有限公司	120	4.1151	16703	15229
18	山西朔州平鲁区兰花永胜煤业有限公司	120	7.356	19939	17142
19	山西朔州平鲁区华美奥崇升煤业有限公司	90	2.8808	11973	10670

序号	名称	生产能力 /（万 t/a）	规划面积 /km²	占用资源 储量/万 t	保有资源 储量/万 t
20	山西煤炭运销集团莲盛煤业有限公司	90	1.7271	6939	6246
21	山西朔州平鲁区华美奥冯西煤业有限公司	90	2.4281	10120	9047
22	山西朔州平鲁区茂华东易煤业有限公司	90	4.3855	14883	12976
23	山西朔州平鲁区西易煤矿有限公司	90	2.4959	9190	6616
24	大同煤矿集团圣厚源煤业有限公司	90	4.5967	20739	19058
25	山西中煤平朔北岭煤业有限公司	90	2.0168	3325	3032
合计		11200	268.1148	1929524	1794350

中煤平朔集团有限公司拥有 6 座生产煤矿和 2 座已闭矿煤矿，现核定矿井原煤生产能力为 8090 万 t/a，其中，安太堡露天矿 2000 万 t/a、安家岭露天矿 2000 万 t/a、东露天矿 2000 万 t/a、井工一矿 1000 万 t/a、井工三矿设计生产能力 1000 万 t/a，北岭煤矿 90 万 t/a。同时还拥有 6 座选煤厂，原煤改造后的处理能力 12500 万 t/a。中煤平朔集团所属煤矿产能及涌水量统计见表 5-3。

表 5-3　中煤平朔集团所属煤矿产能及涌水量

平朔矿区生产矿井	产能/ （万 t/a）	年均涌水量/ （万 m³/a）	备注
安家岭露天矿	2000	9.8	2017 年减产为 2000 万 t/a，涌水量为 2013~2019 年均值
安太堡露天矿	2000	4.09	2017 年减产为 2000 万 t/a，涌水量为 2010~2013 年均值
东露天矿	2000	25.65	涌水量为 2010~2019 年均值
井工一矿	1000	546.43	涌水量为 2015~2019 年均值
井工二矿		131.4	2016 年闭矿，涌水量为 2010~2016 年均值
井工三矿	1000	205.26	涌水量为 2012~2015 年均值
北岭煤矿	90	22.5	涌水量为 2010~2019 年均值
总计	8090		

2. 煤矿企业取用水基本情况

研究区煤矿企业基本归属大企业集团或地方骨干煤炭企业，这些煤矿企业几乎全部建有矿井水处理站与选煤厂，矿井水经处理后能自身消耗或实现综合利用；有些煤矿企业因矿井水不足还需要外部购买用水权。由于工业用水不允许抽取地下水，需要取水的煤矿企业需要优先利用引黄水指标。

5.1.4 区域水资源量

1）降水量

根据 2018 年经过专家论证的《朔州市平鲁区水资源保护规划》报告，平鲁区 1956～2016 年多年平均年降水量为 415.5mm，折合水资源量 9.67 亿 m³。最大年降水量为 1964 年的 630.3mm，最小年降水量为 1965 年的 202.7mm，极值比（极大值与极小值之比）为 3.11。

2）河川径流量

根据《朔州市平鲁区水资源保护规划》报告，平鲁区 1956～2016 年多年平均河川径流量为 2849 万 m³，折合径流深 12.2mm。最大年径流量为 1967 年的 7719 万 m³，最小年径流量为 1965 年的 389 万 m³，极值比（极大值与极小值之比）19.8。

3）地下水资源量

根据《朔州市平鲁区水资源保护规划》报告，平鲁区 1956～2016 年多年平均地下水资源量为 13953 万 m³。

4）水资源总量

根据《朔州市平鲁区水资源保护规划》报告，平鲁区 1956～2000 年多年平均水资源总量为 15464 万 m³，1956～2016 年平鲁区水资源评价成果表 5-4。

表 5-4　平鲁区水资源评价成果表

系列	面积/km²	河川径流量/万 m³	地下水资源量/万 m³	重复计算量/万 m³	水资源总量/万 m³
1956～2016 年	2327	2849	13953	1338	15464

5.1.5 水资源开发程度和潜力分析

1. 水利工程和供水能力

截至 2019 年，平鲁区有 1 座中型水库，1 座小型水库，50 处引水工程，7 处机电泵站，2 处小型机电灌站，19 处塘坝和 108 眼机电井，其中机电井包括工业 16 眼，农灌 9 眼，城镇生活 19 眼，农村生活 60 眼，其他 4 眼。

根据《朔州市水资源公报》，2019 年平鲁区总供水量为 4423 万 m³，其中地表水 3104 万 m³，地下水 1050 万 m³，中水 269 万 m³。2011～2019 年供用水情况见表 5-5 和图 5-1。

表 5-5　平鲁区 2011～2019 年各水源供水情况　　　　　（单位：万 m³）

年份	地表水	地下水	中水	总供水量
2011	138	1353	1381	2872
2012	398	1826	962	3186

年份	地表水	地下水	中水	总供水量
2013	1508	2348	2111	5967
2014	1784	1717	856	4357
2015	984	919	18	2083
2016	2825	611	131	3567
2017	3023	687	134	3844
2018	2692	926	233	3851
2019	3104	1050	269	4423

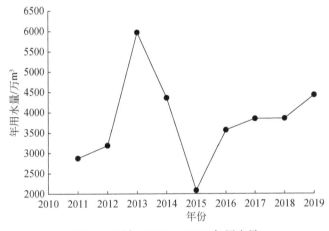

图 5-1 平鲁区 2011～2019 年用水量

根据《朔州市人民政府办公厅关于印发朔州市实行最严格水资源管理制度工作方案和考核办法的通知》，平鲁区 2020 年和 2030 年用水总量控制目标均为 8400 万 m³，2019 年平鲁区用水量 4423 万 m³，在控制目标范围内。

2. 水资源开发利用潜力

1）地表水开发利用程度

根据河川径流的时空分布特点，除河道内要保持一定的生态环境用水外，河道外用水为主要供水目标。按地表水开发利用率指标将地表水资源开发利用划分为三类：地表水资源开发利用率大于 30%，为高开发利用区；地表水资源开发利用率在 10%～30%，为中开发利用区；地表水资源开发利用率小于 10%，为低开发利用区，或难于开发利用区。

平鲁区（1956～2016 年）平均天然年径流量为 2849 万 m³/a，地表水可利用量 2470 万 m³/a。2019 年河川径流取水量为 3104 万 m³，扣除年引黄水量 1620 万 m³，本地地表水利用量 1484 万 m³，开发利用率为 52.09%，开发利用程度为 73.04%，为高开发利用区。

2）地下水开发利用程度

根据《地下水超采区评价导则》（GB/T 34968—2017）要求，按地下水开采系数法对平鲁区地下水资源开采程度进行分析，即 $K>1.2$，为地下水严重超采区；$1.0<K\leqslant1.2$，为地下水一般超采区；$0.8<K\leqslant1.0$，为地下水采补平衡区；$K\leqslant0.8$，为地下水开发尚有潜力区。

平鲁区（1956~2016 年）地下水资源量为 13953 万 m^3，可采资源量为 2155.6 万 m^3，2019 年地下水实际开采量为 1050 万 m^3，综合开采系数为 0.487，地下水尚有一定的开发利用潜力。

5.2　矿井水利用现状及存在的主要问题

平鲁区水资源量时空分布不均，水资源短缺、水生态环境恶化问题较严重。平鲁区目前正处于社会经济快速发展和转型期，其工农业生产、生活、生态需水量的增长也进入了一个高峰期。区域供水除地表水、地下水和引黄水外，还利用了矿井水、再生水等非常规水源。

5.2.1　历年非常规水利用情况

1. 利用量

2010 年，平鲁区有排污口 1 处，废污水排放量达 65.3 万 m^3，入河量为 62.2 万 m^3，其中矿坑/井水不外排，全部利用。2011~2019 年废污水利用总量见图 5-2，由该图可知，在 2013 年废污水利用量达到峰值后，2014~2017 年几乎呈直线下降，2016 年以后，废污水主要用于工业，废污水利用总量在 130 万~270 万 m^3，直到 2017 年废污水利用量才有所增加。

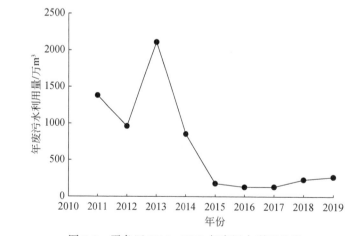

图 5-2　平鲁区 2011~2019 年废污水利用总量

其中，2011~2015 年非传统水源供水量统计见表 5-6。

表 5-6　平鲁区 2011～2015 年非传统水源供水量统计　　（单位：万 m³）

年份	废污水利用量	矿坑/井水利用量	总量
2011	545	836	1381
2012	121	841	962
2013	1166	945	2111
2014	220	636	856
2015	180		180

2. 排放量

根据《朔州市平鲁区水资源保护规划》报告，2016 年调查废污水排放量为 665.4 万 t，见表 5-7。2030 年预测废污水排放量为 1075.8 万 t。

表 5-7　平鲁区入河排污口 2016 年调查情况

序号	所在乡	排污口名称	排入河流	年排入量/万 t	排污口类型	入河方式
1	白堂乡	潘家窑矿	七里河	1.32	工业	管道
2	白堂乡	山西朔州平鲁区茂华万通源煤业有限公司	七里河	7.32	工业	管道
3	白堂乡	山西煤炭运输集团莲盛煤业有限公司	七里河	3.46	工业	管道
4	井坪镇	山西朔州平鲁区易顺煤业有限公司	马关河	2.85	工业	管道
5	榆岭乡	山西中煤平朔北岭煤业有限公司	马关河	21.6	工业	管道
6	陶村乡	山西朔州平鲁区国强煤业有限公司	马关河	6.88	工业	管道
7	陶村乡	山西朔州平鲁区龙矿大恒煤业有限公司	马关河	7.94	工业	管道
8	陶村乡	山西朔州平鲁区华美奥兴陶煤业有限公司	马关河	11.8	工业	管道
9	井坪镇	朔州市平鲁区污水处理厂	大沙沟河	536	生活污水	管道
10	井坪镇	山西中煤平朔能源化工有限公司	大沙沟河	45.6	混合废水	管道
11	井坪镇	山西朔州平鲁区森泰煤业有限公司	大沙沟河	9.66	工业	管道
12	向阳堡	山西朔州平鲁区茂华下梨园煤业有限公司	大沙沟河	3.65	混合废水	管道
13	下面高乡	大同煤矿集团圣厚源煤业有限公司	源子河	2.53	混合废水	—
14	下面高乡	山西朔州平鲁区华美奥崇升煤业有限公司	源子河	4.78	混合废水	管道
合计				665.39		

5.2.2　非常规水源利用规划

1. 污水利用

受地理位置和自然环境的制约，城市废污水没有正常的排泄通道，天然水体因水资源匮乏又不具备自然净化的条件，所以污水处理的目的和出发点应当从防治污染出发，积极开拓回用途径，使污水再生利用和资源化，以及对水源和水环境做相应的保护。

根据朔州市城市、工业污废水处理与回收利用规划要求，2030 年，全市城市污水处理率达到 100%，污水回用率达到 65%，其中 20% 回用于工业，25% 回用于城市生态环境建设，20% 为农田灌溉利用。

此外，鉴于工业及市政中对水质要求不严的低水质用水部门（包括工业冷却水、市政绿化用水、生活杂用等城市用水）用水量较少，区域农业用水的供需矛盾非短期内所能改变的实际情况，一定时期内城市污水资源开发利用的重点是与优质水源进行优化配置、实施污水灌溉。

平鲁区污灌发展规划依据 2020 年城市污水处理规划及区域农业发展用水要求进行：七里河污水处理厂建成后，经处理排放的污水与下游太平窑水库地表水实施联合调度，以满足恢河灌区发展用水要求。

2. 雨水利用

雨水集蓄利用是把汛期多余的雨水集蓄起来，实行丰蓄枯用，是解决干旱时段人畜饮水和补充灌溉用水的有效途径。雨水利用在朔州市有几十年或更为悠久的发展历史，对本地农业发展起到重要作用。目前在雨水集蓄利用方面主要存在以下的问题：一是对雨水集蓄利用工程发展灌溉的重要性认识不足，部分地区雨水集蓄利用工程只局限于解决人畜饮水问题；二是受资金短缺和技术条件限制，现有多数蓄水工程的建设质量不过关，不符合工程质量标准；三是重建轻管，使现有的集雨工程不能充分发挥效益，甚至已处于报废状态；四是工程规划不合理，难以形成规模效益。

雨水集蓄利用工程需要挖潜改造，其重点是对现有工程进行清淤和灌溉系统配套，以提高工程的供水能力。未来农村雨水集蓄利用工程的重点在于解决山丘区人畜吃水和发展山地灌溉，根据平鲁区降水特征、待解决的人畜吃水规模及发展山丘区农业灌溉的补灌用水要求，规划 2030 年雨水回用率将达到 35%。

3. 矿井水利用

根据《朔州水资源总体规划总报告》，2030 年朔州市煤矿的矿井涌水量可达到 4800 万 m^3，其中规划利用量达到 3140 万 m^3，规划利用率为 65.4%。平鲁区 2030 年矿坑/井水规划利用量 250 万 m^3。

根据山西省发展和改革委员会完成的《山西省矿井水利用规划》及朔州市矿坑/井水开发利用规划，到 2030 年，朔州市平均矿坑/井水排水利用率达到 70% 以上，其中年矿坑/井水排水量在 1000 万 m³ 以上的矿区，矿坑/井水排水利用率要求达到 80% 以上；年矿坑/井水排水量 100 万 ~1000 万 m³ 的矿区，矿坑/井水排水利用率要求达到 70% 以上；年矿坑/井水排水量 100 万 m³ 以下的煤炭企业，矿坑/井水排水利用率要求达到 60% 以上。

5.2.3 非常规水处理能力

截至 2019 年，平鲁区已建成 1 座城镇污水处理厂，中煤平朔集团有限公司已建成 16 座生产、生活废水处理站，各煤矿企业各自建有矿井水处理站和生活污水处理站。城镇废污水与工业生产、生活污废水处理能力之和达 1225 万 m³/d。

1. 平鲁区污水处理厂

截至 2019 年，已建成城镇污水处理厂 1 座——平鲁区污水处理厂。平鲁污水处理厂位于城北部井西北街北侧约 2km，在安口河下游南岸旁，主要处理平鲁城区生活污水及企业生产废水，于 2006 年 10 月竣工验收。该厂原设计规模近期为 1 万 m³/d，远期为 1.5 万 m³/d，并预留 5000t 扩建及中水处理场地。污水处理采用奥贝尔氧化沟工艺，污水处理后水质标准执行国家《污水综合排放标准》（GB 8978—1996）一级 B 标准。山西平朔煤矸石发电有限责任公司对污水处理厂进行了改造，增加了再生水系统，于 2008 年 8 月正式投运，处理能力为 0.8 万 m³/d，出水水质达到工业回用水标准，并回用至电厂作为生产用水及杂用水，剩余排至排洪沟，最终至桑干河，出水水质达到一级 A 标准。该厂于 2015 年进行了二期扩建工程，改造一期工程中的预处理设施，提高原有设施的处理能力，使其总处理规模达到 2 万 m³/d 的要求。二级处理采用改良 A₂/O 工艺，深度处理后能达到国家《城镇污水处理厂污染物排放标准》（GB 18918—2002）及修改单（2006 年）中的一级标准的 A 类。该工程于 2016 年竣工投运。

2. 中煤平朔集团矿区废污水处理站

中煤平朔集团所属煤矿已建成矿区废污水处理站 16 座，处理能力合计达到 8.124 万 m³/d。其中，安太堡、安家岭矿区污废水处理规模及处理对象见表 5-8，木瓜界区域污废水处理规模及处理对象见表 5-9，东露天矿区域已建成 3 座污水处理设施，污废水处理规模详见表 5-10。

表 5-8 安太堡、安家岭矿区污废水处理规模及处理对象

序号	名称	设计处理规模 /(m³/d)	实际处理量 /(m³/d)	设计处理对象	出水去向
1	安太堡生活污水处理厂	600	400	安太堡区生活污水、部分机修废水	至安太堡终端污水厂进行深度处理
2	安太堡终端污水厂	2000	1200	安太堡区所有生活污水、机修废水	进入安太堡复用水二级加压泵站

序号	名称	设计处理规模 /（m³/d）	实际处理量 /（m³/d）	设计处理对象	出水去向
3	井工维修中心污水处理站	240	240	井工维修区域的生活污水及生产废水	
4	安家岭生活污水处理站	4800	3200	安家岭区所有生活污水、机修废水	进入调蓄水库复用
5	井工一矿上窑区井下水处理厂	7200	3500	井工一矿上窑采区疏干水	进入调蓄水库复用
6	井工一矿太西区井下水处理厂	24000	6500	井工一矿太西区疏干水	2300m³/d 用于太西区生产，其余废水全部进入调蓄水库
7	井工二矿深度净化车间	4400	4400	调蓄水库复用水	用于井工二矿井下生产及消防用水（2016 年以前）
8	安家岭终端污水处理厂	15000		调蓄水库上游生产排水及少量生活污废水	拟用于安太堡 2×350MW 低热值煤电厂及平朔煤矸石电厂生产用水
9	大西沟污废水处理站	3600		安家岭大西沟上游选煤厂污废水	至安家岭终端污水处理厂
10	油水分离间（4 座）	4×480		安太堡、安家岭区域露维中心油水	
	合计	63760			

表 5-9   木瓜界区域污废水处理规模及处理对象

序号	名称	设计处理规模 /（m³/d）	实际处理量 /（m³/d）	设计处理对象	出水去向
1	井工三矿生活污水处理站	1200	950	木瓜界矿区生活污水	少量用于井工矿黄泥灌浆用水，其余外排
2	井工三矿井下水处理站	12000	6000	井工三矿井下疏干水	井下生产、选煤厂、锅炉房等生产用水
3	大沙沟污废水处理站	6400	2000	井工三矿井下疏干水	木瓜界新建选煤厂的生产用水
	合计	19600	8950		

表 5-10   东露天矿区域污废水处理规模

序号	排放点或类别	污废水处理规模/（m³/d）	备注
1	东露天矿工业广场生活污水	960	经生活污水处理站处理后用于选煤厂洗煤补充用水

序号	排放点或类别	污废水处理规模/(m³/d)	备注
2	选煤厂装车站场地生活污水	120	经生活污水处理站处理后用于绿化及选煤厂煤泥水处理车间回用
3	930E 污水处理站	360	
合计		1440	

安太堡、安家岭矿区污水的设计处理规模达 63760m³/d，2015 年该区域经处理后的复用水可供水量为 1051.19 万 m³/a，实际使用量为 454.7 万 m³/a。木瓜界区域已建成了 3 座污水处理设施和 4 座复用泵房，污水设计处理规模达 19600m³/d，2015 年该区域经处理后的复用水可供水量为 284.13 万 m³/a，实际使用量为 119.87 万 m³/a。东露天区域污水设计处理规模达 1440m³/d，2015 年该区域经处理后的复用水可供水量为 10.07 万 m³/a，所有复用水全部回用。

平朔露天矿生活区污水处理厂为平朔露天煤矿"三同时"配套建设项目，建于 1986 年，主要处理平朔露天矿生活区污水生活污水，设计处理能力为 1.0 万 m³/d，处理后出水排至七里河流向桑干河。平朔露天矿生活区污水处理厂改造工程于 2001 年实施，2003 年年底完成，2004 年年初正式投入运行。改造后的污水处理厂规模达到 1.5 万 m³/d，中水及回用规模为 0.40 万 m³/d。

目前，平朔露天矿生活区污水处理厂处理后的中水主要用于露天矿生活区的绿化、洒水、洗车等，年利用量仅 13 万 m³，具有较大的开发利用潜力。根据平朔矿区东露天矿井水资源论证结论及省（市）水行政主管部门相关批复，在完成相应的中水输送系统改造后，近期污水处理厂将向平朔露天煤矿供水，供水规模为 214 万 m³/a。

3. 地方煤矿企业矿井水和生活污水处理能力

平鲁区已投产煤矿均建有矿坑/井水处理站和生活污水处理站，已调查的 11 座煤矿企业污水处理能力见表 5-11，由表可知，折合处理能力为 1249.18 万 m³/a。

表 5-11　已调查煤矿企业污水处理能力

序号	煤矿企业	污水处理能力/(m³/d)
1	大恒煤矿	3360
2	国强煤矿	1920
3	国兴煤矿	1920
4	后安煤矿	5520
5	东易煤矿	4200
6	西易煤矿	2160
7	冯西煤矿	1440
8	万通源煤矿	7200
9	白芦煤矿	384

序号	煤矿企业	污水处理能力/(m³/d)
10	森泰煤矿	3480
11	易顺煤矿	2640
小计		34224

5.2.4 中煤平朔矿区矿井水利用现状

1. 水质分析

矿井水为生产用水时，企业必须对矿井水进行悬浮物、pH、特殊污染物等进行处理后才能利用。中煤平朔矿区内来自不同区域的污水本体水质差异巨大，通过厂区污水收集系统进入与之毗邻的污水处理站，各污水处理站根据来水特点以及相应的出水用户特点，执行不同的水质标准，统计见表5-12。

表5-12　各类水源水质状况

序号	地点	设计执行标准	悬浮物/(mg/L)	COD/(mg/L)	BOD/(mg/L)	氨氮/(mg/L)	油类/(mg/L)	pH
1	井工一矿太西区井下污水处理站	《城市污水再生利用城市杂用水水质》（GB/T 18920—2020）	50	50	—	10	—	6～9
2	井工一矿上窑区井下污水处理站	《煤炭工业污染物排放标准》（GB 20426—2006）	50	50	—	10	—	6～9
3	安家岭终端污水处理站	《城市污水再生利用城市杂用水水质》（GB/T 18920—2020）中"道路清扫、消防"类别	50	50	—	10	—	6～9
4	安家岭生活污水处理站	《城镇污水处理厂污染物排放标准》（GB 18918—2002）的一级A类	50	50	20	5（8）	10	6～9
5	安太堡生活污水处理站	《污水综合排放标准》（GB 8979—1996）中的一级排放标准	50	50	20	5（8）	—	6～9
6	安太堡终端污水处理站	《城镇污水处理厂污染物排放标准》（GB 18918—2002）的一级A类	50	50	20	5（8）	10	6～9
7	油水分离间	《污水综合排放标准》（GB 8979—1996）中的一级排放标准	50	50	20	5（8）	—	6～9

序号	地点	设计执行标准	悬浮物 /(mg/L)	COD /(mg/L)	BOD /(mg/L)	氨氮 /(mg/L)	油类 /(mg/L)	pH
8	引黄水	《地表水环境质量标准》（GB 3838—2002）的Ⅲ类、《城市污水再生利用 工业用水水质》（GB/T 19923—2005）	30	20	4	1.0	—	6~9
9	刘家口水源地	《地下水质量标准》（GB/T 14848—2017）的Ⅲ类	—	—	—	0.5	—	6.5~8.5

中煤平朔矿区内不同行业，不同生产工艺对水质的要求各不相同，通过查阅各生产用水单位相应的规程规范，用水部门所执行水质标准统计如表 5-13 所示。

表 5-13　中煤平朔矿区各用水部门需水水质标准统计表

序号	用水节点	水质执行标准
1	安太堡低热值电厂	《城市污水再生利用 工业用水水质》（GB/T 19923—2005）
2	矸石电厂	《城市污水再生利用 工业用水水质》（GB/T 19923—2005）
3	安家岭露天矿	《煤炭工业露天矿设计规范》（GB 50197—2015）
4	安太堡露天矿	《煤炭工业露天矿设计规范》（GB 50197—2015）
5	安太堡洗煤厂	《选煤厂洗水闭路循环等级》（GB/T 35051—2018）
6	安家岭洗煤厂	《选煤厂洗水闭路循环等级》（GB/T 35051—2018）
7	井工一矿洗煤厂	《选煤厂洗水闭路循环等级》（GB/T 35051—2018）
8	安太堡露天设备维修中心	《煤炭工业给水排水设计规范》（GB 50810—2012）洗车及机修厂冲洗设备用水
9	安家岭露天设备维修中心外包单位	《煤炭工业给水排水设计规范》（GB 50810—2012）洗车及机修厂冲洗设备用水
10	西易矿	《煤矿井下消防、洒水设计规范》（GB 50383—2006）
11	井工一矿	《煤矿井下消防、洒水设计规范》（GB 50383—2006）
12	安太堡厂区绿化复垦	《城市污水再生利用城市杂用水水质》（GB/T 18920—2020）
13	安家岭厂区绿化复垦	《城市污水再生利用城市杂用水水质》（GB/T 18920—2020）

2. 用水途径

中煤平朔集团矿区 2015 年各生产单位全年总用水量为 1605.09 万 t，自产原煤总用水量为 994.29 万 t，用水单耗 0.1053m³/t，入洗原煤总用水量为 242.89 万 t，用水单耗 0.0274m³/t，生产辅助单位总用水量为 367.91 万 t。中煤平朔矿区各区域 2015 年供用水情况见表 5-14。

表 5-14　中煤平朔矿区各区域 2015 年供用水情况

区域名称	水源类型	2015 年日供水能力/m³	2015 年供水能力/万 m³	2015 年用水量/万 m³	水源地
安太堡、安家岭区域	地下水	11720	427.78	280.47	刘家口水源地、潘家窑一眼井
	地表水	13699	500	474.09	引黄水
	复用水	28800	1051.19	454.7	矿区水资源综合利用
	小计	54219	1978.97	1209.26	
木瓜界区域	地下水	4800	175.2	50.56	麻黄头水源地、平安化肥厂二眼井、东日升一眼井
	地表水	10959	400	0	引黄水
	复用水	7784	284.13	119.87	井下水处理站、生活污水处理站、大沙沟处理站
	小计	23543	859.33	170.43	
东露天区域	地下水	10983	400.88	66	韩村水源地、副工业广场水源井、930E 三眼井、北岭二眼井
	地表水	12329	450	149.33	引黄水
	复用水	276	10.07	10.07	各生活污水处理站
	小计	23588	860.95	225.4	
北坪工业园区	地表水	12192	445	95.43	引黄水
合计		113542	4144.25	1700.52	

"十三五"期间平朔矿区各区域可供水量见表 5-15。

表 5-15　平朔矿区各区域"十三五"期间可供水量汇总

序号	区域名称	水源类型	日供水能力/m³	年供水能力/万 m³	水源地
1	安太堡、安家岭区域	地下水	11720	427.78	刘家口水源地、潘家窑一眼井
		地表水	13699	500	引黄水
		复用水	23288	850	矿区水资源综合利用
		小计	48707	1777.78	

序号	区域名称	水源类型	日供水能力/m³	年供水能力/万 m³	水源地
2	木瓜界区域	地下水	4800	175.2	麻黄头水源地、平安化肥厂二眼井、东日升一眼井
		地表水	10959	400	引黄水
		复用水	15397	562	井下水处理站、生活污水处理站、大沙沟处理站
		小计	31156	1137.2	
3	东露天区域	地下水	10983	400.88	韩村水源地、副工业广场水源井、930E 三眼井、北岭二眼井
		地表水	12329	450	引黄北干
		复用水	548	20	各生活污水处理站
		小计	23860	870.88	
4	北坪工业园区	地表水	12192	445	引黄水
合计			115915	4230.86	

3. 用水量特征分析

实际调查表明，安太堡、安家岭区域的生产用水单位共计 38 处。根据各生产用水单位的生产性质以及在区域上的分布结构，将安太堡、安家岭区域的 38 处用水点整合为 13 个用水节点，2016~2019 年实际用水量见表 5-16。用水量统计表明，安家岭、安太堡区域总用水量年际变化相对较稳定，用水总量保持在每年 1000 万 m³ 左右。

表 5-16　各节点 2016~2019 年的实际用水量　　　　（单位：万 m³/a）

节点			2016 年	2017 年	2018 年	2019 年	平均
安太堡	安太堡低热值电厂		181.8	120.2	—	—	151
	安太堡露天矿		11.15	16.99	18.54	13.32	15
	安太堡洗煤厂		102.22	85.31	127.79	144.68	115
	安太堡露天设备维修中心及生产辅助单位	露天设备维修中心	137.38	146.65	124.66	91.11	125
		动力中心					
		保卫中心					
		物资供应中心					
		煤质管理部					
		监装					
		安太堡车站					

节点		2016 年	2017 年	2018 年	2019 年	平均
安太堡	煤矸石电厂	29.3	18.15	12.11	10.44	17.5
	安太堡厂区复垦绿化生态用水	150.58	161.43	152.82	115.17	145
安家岭	安家岭露天矿	11.08	11.38	14.72	10.82	12
	安家岭选煤厂	31.85	92.71	66.24	69.2	65
	井工一矿	169.74	174.95	224.63	178.68	187
	井工一矿选煤厂	20.18	18.83	35.27	13.32	21.9
	西易矿	8.51	7.41	9.94	14.14	10
	安家岭区域露天设备维修中心及生产辅助单位 — 露天设备维修中心 / 物资供应中心 / 设备管理租赁中心 / 煤质地测部 / 洗选中心办公楼 / 安家岭车站 / 保卫中心 / 救护消防应急救援中心	119.86	85.58	83.22	83.36	93
	安家岭厂区复垦绿化生态用水	159.52	215.89	217.29	107.3	175
总计		1133.17	1155.48	1087.43	852.06	

从表 5-17 可以看出，项目区的水资源主要集中在厂区的生态绿化方面，这由露天开采的特殊工艺所决定，研究区安家岭、安太堡两座大型露天矿在生产过程中对地表的破坏程度要远大于井工开采造成的影响，需要对破坏的地表进行复垦绿化，因此需要相当程度的投入；相反，对于原煤生产，露天采煤对水资源的消耗要低于井工开采对水资源的消耗。

表 5-17　不同类型用水户用水统计

用水类型		平均用水量/(万 m³/a)	占比/%
原煤生产	露天开采	27.0	2.38
	井工开采	218.9	19.33
煤炭洗选		190.0	16.78
煤电		158.5	14.00
生态绿化		320.0	28.26
生产配套辅助（生活）		218.0	19.25
总计		1132.4	

5.3 矿井水可利用量计算

朔州市煤炭资源丰富，除应县外其他 5 县（区）均有煤炭开采，矿坑/井水排水回用是朔州市的一大特色，也是解决矿坑/井水排水污染水环境的有效途径。根据朔州市有关煤矿矿坑/井水排水水质化验资料，煤矿矿坑/井水虽硫酸盐、氨氮、pH、总硬度等超标严重，但经处理后完全可以满足矿井井下消防洒水、井上煤场洒水和洗煤厂生产用水水质要求。矿坑/井水排水应优先回用于煤矿生产等用水，剩余部分再处理后回用于工业、灌溉及生态环境等其他途径。

5.3.1 充水条件分析

研究区煤田稳定可采煤层主要为山西组下部的 5 号煤层与太原组中下部的 10 号煤层，部分井田也开采太原组中上部的 8 号煤层与 9 号煤层，4 号煤层和 11 号煤层也有开采。根据朔州市煤田相关水文地质勘察资料，朔州市煤田 5 号煤层顶板以上的含水层一般主要包括石炭系上统山西组、二叠系下统下石盒子组及上统上石盒子组砂岩裂隙水、新近系上新统、第四系松散岩类孔隙水；10 号煤层至 5 号煤层之间含水层主要为石炭系上统太原组的灰岩岩溶裂隙水，可采煤层以下含水层以奥陶系中统石灰岩岩溶裂隙水为主。

在煤矿正常开采情况下，露天矿充水以降水和地表水为主；矿井（含巷道系统）充水以煤层上覆的矿床采动影响范围内的含水层为主，即开采 5 号煤的直接充水层为山西组砂岩裂隙水含水层，含水层岩性以中、粗粒砂岩为主，渗透系数可达 0.0012 ~ 0.012m/d；间接充水含水层为二叠系下统下石盒子组及上统上石盒子组砂岩裂隙水含水层，含水层岩性以中、粗粒砂岩为主，裂隙不发育，厚度变化较大，发育程度不等，富水性弱。开采 10 号煤的直接充水层为灰岩岩溶裂隙水含水层，渗透系数可达 0.0056 ~ 9m/d。

1. 降水及地表水

若煤层导水裂缝带高度直接导通地表，其余各煤层导水裂缝带高度在煤层浅埋区达到了地表。因此雨季时大气降水及地表水将成为矿井充水水源。

2. 含水层

1）山西组砂岩裂隙含水层

井田内各可采煤层导水裂缝带将导通该含水层，是 4^{-1}、4^{-2}、8、9^{-1}、9^{-2} 号煤层及 11 号煤层的直接充水水源，含水层单位涌水量为 0.01701 ~ 0.23L/（m·s），渗透系数 29.80m/d，富水性弱-中等。一般对矿井充水影响较小，局部因富水性强将对矿井充水产生一定影响。

2）石盒子组砂岩裂隙含水层

4^{-1}、4^{-2} 以及下部 9^{-1}、9^{-2} 和 11 煤层部分地段采动裂缝发育将导通石盒子组砂岩裂隙含水层，成为矿井充水水源，但该含水层富水性弱，对矿井充水影响小。

3）第四系松散岩类孔含水层

井田煤层埋藏较浅，煤层采动裂缝发育导通第四系松散层孔隙含水层，成为矿井充水水源，但该含水层补给条件差，补给水源少，对矿井充水影响不大。

4）太原组砂岩裂隙含水层

9号、11号煤层直接充水水源，含水层主要为9号煤层以上的砂岩裂隙含水层，单位涌水量0.01702L/(s·m)，渗透系数0.05927m/d，富水性弱，对矿井充水影响较小。

5）奥陶系灰岩岩溶水

4^{-1}号煤层底板标高1030~1250m，4^{-2}号煤层底板标高1020~1240m，9^{-1}号煤层底板标高990~1210m，9^{-2}号煤层底板标高为980~1200m，11号煤层底板标高970~1170m。4^{-1}号煤层底板最大突水系数为0.013MPa/m，4^{-2}号煤层底板最大突水系数为0.014MPa/m，9^{-1}号煤层底板最大突水系数为0.019MPa/m，9^{-2}号煤层底板最大突水系数为0.023MPa/m，11号煤层底板最大突水系数为0.027MPa/m。在带压区开采4^{-1}、4^{-2}、9^{-1}、9^{-2}、11号煤层时，发生奥灰水突水的危险性较小。一旦构造导水，各煤层在带压区开采时奥灰水将会沿导水构造直接进入采掘工作面，影响生产甚至淹井。

3. 老空水

根据煤层间距和煤层采动导水裂缝带发育高度，一般情况下，层间距小的煤层之间，上覆采空区积水会沿下层煤采空区导水裂缝带渗漏到下层煤中，上山方向老空区积水会沿连通巷道渗流到下山采区中。

4. 充水途径

断裂构造及陷落柱、煤层垮落带导水裂缝带、未封堵及封堵不良钻孔、关闭井筒都有可能成为开采煤层的充水途径。

5.3.2 主要投产矿井涌水量调查分析

影响矿井涌水量预测的因素很多，即使在水文地质条件简单的矿区，因其开采深度、开采时间以及周边环境的不同而有差异。研究区内主要煤矿调查涌水量如下。

1. 中煤平朔集团下属煤矿

中煤平朔集团露天矿和井工矿年涌水量统计见表5-18，由表可知，安家岭煤矿年均涌水量为9.8万 m^3（2013~2019年），安太堡煤矿年均涌水量为4.09万 m^3（2010~2013年），东露天矿年均涌水量为25.65万 m^3（2010~2019年），井工一矿年均涌水量为546.43万 m^3（2015~2019年），井工二矿年均涌水量为131.4万 m^3（2010~2016年），井工三矿年均涌水量为205.26万 m^3（2012~2015年），潘家窑煤矿年均涌水量为29.7万 m^3（2010~2019年），北岭煤矿年均涌水量为22.5万 m^3（2010~2019年）。

表 5-18　中煤平朔集团下属煤矿调查涌水量

（单位：万 m³/a）

矿区	产能	涌水量										平均
		2010 年	2011 年	2012 年	2013 年	2014 年	2015 年	2016 年	2017 年	2018 年	2019 年	
安家岭	3000 万 t/a（2014 年）减产为 2000 万 t/a（2017 年）	3.68			0.8	1.105	0.715	1.351	3.16		51.7	9.8
安太堡	3000 万 t/a 减产为 2000 万 t/a（2017 年）		4.12		4.47							4.09
东露天矿	2000 万 t/a（设计规模）	25.65（702.73m³/d 即 29.28m³/h）										25.65
井工一矿	1000 万 t/a						557.63	512.94	572.71	541.17	547.71	546.43
井工二矿	1000 万 t/a	131.4（3600m³/d 即 150m³/h），2016 年闭矿										131.4
井工三矿	1000 万 t/a			275.47	203.57	185.20		156.78				205.26
潘家窑	60 万 t/a 提升为 90 万 t/a	29.7（813.70m³/d），已整合										29.7
北岭煤矿	90 万 t/a	22.5（616.4m³/d）										22.5

2. 冯西煤矿

山西朔州平鲁区华美奥冯西煤业有限公司位于朔州市平鲁区下面高乡西部约 2.6km，行政区划隶属平鲁区下面高乡管辖，为乡办煤矿，1989 年 12 月正式投产，其地理坐标为 112°27′58″ ~ 112°29′05″E，39°29′23″ ~ 39°30′28″N。矿井工业场地距平鲁区井坪镇 19km，距朔州市约 22km，与朔州市、平鲁区均有公路相接。冯西煤矿批准开采 4 号、9 号、11 号煤层，现开采 4 号煤层，生产能力为 90 万 t/a，2015 ~ 2017 年冯西煤矿矿井涌水量及煤炭产量见表 5-19。

表 5-19 2015 ~ 2017 年冯西煤矿矿井涌水量及煤炭产量

年份	月份	月涌水量/m³	采煤量/t	富水系数/(m³/t)
2015	1	12052	69260	0.174
	2	8760	57890	0.151
	3	9894	36230	0.273
	4	8232	35890	0.229
	5	7911	32210	0.246
	6	7300	10370	0.704
	7	9826	41790	0.235
	8	10512	46198	0.228
	9	13640	61730	0.221
	10	11972	0	
	11	11115	0	
	12	11440	0	
	合计	122654	391568	
2016	1	11320	0	
	2	12138	0	
	3	10508	5730	1.834
	4	12013	56000	0.215
	5	11680	0	
	6	13920	74000	0.188
	7	9344	41200	0.227
	8	10404	32000	0.325
	9	10764	97070	0.111
	10	10730	56600	0.19
	11	11844	0	
	12	7358	58590	0.126
	合计	132023	421190	

年份	月份	月涌水量/m³	采煤量/t	富水系数/(m³/t)
2017	1	14716	0	
	2	15317	63423	0.242
	3	14200	63641	0.223
	4	15529	63002	0.246
	5	14600	64297	0.227
	6	13185	63168	0.209
	7	14600	64287	0.227
	8	14450	65917	0.219
	9	13052	31817	0.41
	10	9308	55373	0.168
	11	13573	66699	0.203
	12	12667	51836	0.244
	合计	165197	653460	
	年均富水系数		0.237	

兼并重组整合后,山西省国土资源厅于 2014 年 1 月 24 日为本矿井换发了采矿许可证,井田面积为 2.4281km²,批准开采井田范围内的 1 号 ~ 11 号煤层,开采深度 1000 ~ 1270m,生产规模仍为 90 万 t/a。

3. 兴陶煤矿

山西朔州平鲁区华美奥兴陶煤业有限公司管理的兴陶煤矿井田面积为 4.25km²,批采 4 号、9 号、11 号煤层,生产能力 150 万 t/a,目前矿井 4 号煤已开采完毕。

2011 年兴陶煤矿矿井排水量为 365304m³(不含 5 月),煤炭产量为 138.5 万 t,年均富水系数为 0.264m³/t,煤矿开采下组煤层。2011 年矿井排水量与煤炭产量统计数据见表 5-20。其他年份的资料暂未收集到。

表 5-20 2011 年兴陶煤矿矿井排水量与煤炭产量统计数据

时间	矿井排水量/m³	煤炭产量/t	富水系数/(m³/t)
2011 年 1 月	30225	182000	0.166
2011 年 2 月	33480	204000	0.164
2011 年 3 月	29760	156000	0.191
2011 年 4 月	31000	101000	0.307
2011 年 5 月	21080		
2011 年 6 月	25730	81000	0.318
2011 年 7 月	32550	98000	0.332
2011 年 8 月	45322	110000	0.412

时间	矿井排水量/m³	煤炭产量/t	富水系数/(m³/t)
2011 年 9 月	37944	114000	0.333
2011 年 10 月	36611	114000	0.321
2011 年 11 月	32364	115000	0.281
2011 年 12 月	30318	110000	0.276
合计	365304	1385000	0.264

4. 大恒煤矿

根据山西省煤矿企业兼并重组整合工作领导组办公室晋煤重组办发〔2009〕36 号文《关于朔州市平鲁区煤矿企业兼并重组整合方案（部分）的批复》（以下简称 36 号文），山西朔州平鲁区龙矿大恒煤业有限公司由原山西朔州大恒煤业有限公司、山西朔州嘉强煤业有限公司和朔州市白土窑煤矿三座煤矿企业兼并重组整合而成，隶属于山西龙矿能源投资开发有限公司。2015 年 9 月 14 日山西省煤炭工业厅文件晋煤行发〔2015〕791 号文《关于山西朔州平鲁区龙矿大恒煤业有限公司等两座煤矿核定生产能力的批复》同意山西朔州平鲁区龙矿大恒煤业有限公司生产能力由 180 万 t/a 核定为 300 万 t/a，同时煤矿还配套建设有 300 万 t/a 的选煤厂。

龙矿大恒煤矿现状开采 4^{-1} 和 4^{-2} 号煤层，除 F_6 断层以东区域未采，4^{-1} 号煤层基本采空，井田中部 4^{-2} 号煤层已采空，现采井田北部区域。根据调查，2016 年大恒煤矿煤炭产量为 223 万 t，矿井排水量为 445823m³，年均富水系数为 0.200m³/t；2017 年煤炭产量243.882 万 t，矿井排水量 501082m³，年均富水系数为 0.205m³/t。2016 年和 2017 年大恒煤矿矿井排水量与煤炭产量见表 5-21。

表 5-21　2016～2017 年大恒煤矿矿井排水量与煤炭产量统计

时间	矿井排水量/m³	煤炭产量/t	富水系数/(m³/t)	时间	矿井排水量/m³	煤炭产量/t	富水系数/(m³/t)
2016 年 1 月	35956	246000	0.146	2017 年 1 月	22152	142000	0.156
2016 年 2 月	35400	146000	0.242	2017 年 2 月	35448	211000	0.168
2016 年 3 月	49097	246000	0.200	2017 年 3 月	37469	210500	0.178
2016 年 4 月	48668	206000	0.236	2017 年 4 月	36540	210000	0.174
2016 年 5 月	46550	195000	0.239	2017 年 5 月	47008	208000	0.226
2016 年 6 月	41046	150000	0.274	2017 年 6 月	49880	215000	0.232
2016 年 7 月	40695	138000	0.295	2017 年 7 月	63708	248859	0.256
2016 年 8 月	37081	188000	0.197	2017 年 8 月	56202	253161	0.222
2016 年 9 月	22821	136000	0.168	2017 年 9 月	52048	230300	0.226
2016 年 10 月	34042	238000	0.143	2017 年 10 月	42800	200000	0.214
2016 年 11 月	28692	131000	0.219	2017 年 11 月	17424	88000	0.198
2016 年 12 月	27791	210000	0.132	2017 年 12 月	40404	222000	0.182
合计	445823	2230000	0.200	合计	501082	2438820	0.205

5. 后安煤矿

山西朔州平鲁区后安煤炭有限公司位于朔州市平鲁区东南直距 14.5km 陶村乡王高登村、刘高登村一带，是山西省煤矿企业兼并重组整合工作领导组办公室晋煤重组办发〔2009〕81 号文批准的单独保留矿井。后安煤矿于 2004 年开始筹建，2005 年年底投产，设计生产能力 60 万 t/a；2007 年该矿井进行了机械化采煤升级改造，生产能力提升到 120 万 t/a；2009 年兼并重组时属单独保留矿井，兼并重组后核定生产能力 180 万 t/a。井田面积 4.8336km²，批采 4~11 号煤层中的 4 号和 9 号两个层煤，批采标高 980~1290m，原煤保有量 1.5 亿 t。2014 年和 2015 年分别核定生产能力为 240 万 t/a 和 300 万 t/a，同时配套建设有同等规模的选煤厂。现开采 4 号煤层，主采 9 号煤层。矿井涌水量为 75~100m³/h，基本是地表水和上部含水岩层，不涉及奥灰水，排水量约 2200m³/d。2016 年 1 月至 2017 年 12 月矿井排水量与煤炭产量统计资料具体见表 5-22。

表 5-22 2016~2017 年后安煤矿矿井排水量与煤炭产量统计

时间	矿井排水量 /m³	煤炭产量 /t	富水系数 /(m³/t)	时间	矿井排水量 /m³	煤炭产量 /t	富水系数 /(m³/t)
2016 年 1 月		0		2017 年 1 月	61868	268992	0.230
2016 年 2 月		0		2017 年 2 月	60420	273393	0.221
2016 年 3 月	26578	117600	0.226	2017 年 3 月	62032	274479	0.226
2016 年 4 月	48650	209700	0.232	2017 年 4 月	63706	274596	0.232
2016 年 5 月	48986	207567	0.236	2017 年 5 月	65923	274680	0.240
2016 年 6 月	43469	179624	0.242	2017 年 6 月	65310	274413	0.238
2016 年 7 月	51877	209183	0.248	2017 年 7 月	70255	274432	0.256
2016 年 8 月	61348	230631	0.266	2017 年 8 月	72167	273354	0.264
2016 年 9 月	63829	229601	0.278	2017 年 9 月	75135	273218	0.275
2016 年 10 月	69675	245334	0.284	2017 年 10 月	75200	272465	0.276
2016 年 11 月	64008	244307	0.262	2017 年 11 月	54227	206974	0.262
2016 年 12 月	70021	274591	0.255	2017 年 12 月	9027	36399	0.248
合计	548441	2148138	0.255	合计	735271	2977395	0.247

根据表 5-22，2016 年后安煤矿煤炭产量为 2148138t，矿井排水量为 548441m³，年均富水系数为 0.255m³/t；2017 年煤炭产量为 2977395t，矿井排水量为 765271m³，年均富水系数为 0.247m³/t。

6. 国兴煤矿

根据山西省煤矿企业兼并重组整合工作领导组办公室晋煤重组办发〔2009〕116 号文

件《关于朔州市平鲁区茂华万通源煤业有限公司等六处煤矿企业重组整合方案的批复》（以下简称116号文），山西朔州平鲁区国兴煤业有限公司由原山西朔州兴泰源煤业有限公司、原山西朔州三家窑煤业有限公司和原山西万成煤业有限公司兼并重组而成，重组后的主体企业属国电燃料有限公司。兼并重组后井田面积为 5.9881km²，生产规模为 120 万 t/a，批准开采 4~11 号煤层，实际开采 9 号、11 号煤层。

本次收集到 2014~2017 年矿井涌水量和对应煤炭产量资料，如表 5-23 所示。其中，2016 年全年未生产，故未列出。

表 5-23　国兴煤矿矿井涌水量与煤炭产量统计

年份	月份	月涌水量/m³	采煤量/t	富水系数/(m³/t)
2014	1	16810	0	—
	2	16580	0	—
	3	16510	0	—
	4	17300	0	—
	5	18170	187226	0.097
	6	18100	91250	0.198
	7	18320	8725	2.100
	8	18690	89603	0.209
	9	18220	109996	0.166
	10	17440	189570	0.092
	11	17200	221173	0.078
	12	16990	297397	0.057
	合计	210330	1194940	0.176
2015	1	17440	138552	0.126
	2	16720	90263	0.185
	3	17580	106799	0.165
	4	17200	111000	0.155
	5	18890	109246	0.173
	6	18230	110730	0.165
	7	18650	107922	0.173
	8	18170	95575	0.190
	9	18090	87718	0.206
	10	17420	19224	0.906
	11	16830	7667	2.195
	12	16510	0	—
	合计	211730	984696	0.215

续表

年份	月份	月涌水量/m³	采煤量/t	富水系数/(m³/t)
2017	1	16510	0	—
	2	15880	0	—
	3	16510	0	—
	4	16300	0	—
	5	17440	0	—
	6	17200	0	—
	7	18370	7876	2.332
	8	18370	65638	0.280
	9	18100	222383	0.081
	10	17440	145941	0.120
	11	17200	162863	0.106
	合计	189320	604701	0.313

7. 国强煤矿

根据 116 号文，山西中强伟业煤业有限公司为单独保留矿井，重组后矿井名称为山西朔州平鲁区国强煤业有限公司，重组后主体企业属国电燃料有限公司。

中强煤矿前身为朔州市平鲁区陶村乡芦西煤矿，1986 年正式投产，经过 20 年开采，北部的 4、9 号煤层将近采空，南部的 4、9、11 号煤层均未开采；重组更名后矿区面积 4.1151km²，重组后批准开采 4、9、11 号煤层，生产能力为 120 万 t/a。

由于国强煤矿 2016 年、2017 年处于停产状态，本次工作仅收集到 2013～2015 年的涌水量和对应的煤炭产量资料，详见表 5-24。

表 5-24　2013～2015 年国强煤矿矿井涌水量与煤炭产量统计

时间	月涌水量/m³	月采煤量/t	富水系数/(m³/t)
2013 年 1 月	17541	83524	0.210
2013 年 2 月	10270	—	—
2013 年 3 月	22285	95361	0.234
2013 年 4 月	20907	91851	0.228
2013 年 5 月	21066	98521	0.214
2013 年 6 月	18026	76521	0.236
2013 年 7 月	16511	49852	0.331
2013 年 8 月	17070	54511	0.313
2013 年 9 月	19468	55874	0.348

时间	月涌水量/m³	月采煤量/t	富水系数/（m³/t）
2013 年 10 月	13115	—	—
2013 年 11 月	10879	—	—
2013 年 12 月	11524	—	—
2013 年小计	198662	606015	0.328
2014 年 1 月	10299	—	—
2014 年 2 月	12541	—	—
2014 年 3 月	10974	—	—
2014 年 4 月	9907	—	—
2014 年 5 月	18965	88594	0.214
2014 年 6 月	16448	75189	0.219
2014 年 7 月	16658	76528	0.218
2014 年 8 月	19853	85645	0.232
2014 年 9 月	11084	33984	0.326
2014 年 10 月	10193	29847	0.342
2014 年 11 月	12954	35487	0.365
2014 年 12 月	17560	49873	0.352
2014 年小计	167436	475147	0.352
2015 年 1 月	17336	71106	0.244
2015 年 2 月	10270	35303	0.291
2015 年 3 月	10974	0	—
2015 年 4 月	9907	0	—
2015 年 5 月	8766	26176	0.335
2015 年 6 月	9026	23675	0.381
2015 年 7 月	13683	47913	0.286
2015 年 8 月	8142	22367	0.364
2015 年 9 月	8561	23674	0.362
2015 年 10 月	16593	58363	0.284
2015 年 11 月	13124	36415	0.360
2015 年 12 月	12319	36393	0.338
2015 年小计	138701	381385	0.364

由于煤矿煤炭产量不稳定，2013～2015 年煤炭产量分别为 60.6 万 t、47.51 万 t 和
38.14 万 t。

8. 西易煤矿

根据 36 号文，山西朔州平鲁区西易煤矿有限公司以山西西易能源集团股份有限公司
为主体，由原山西平朔安家岭西易煤矿有限公司、山西朔州平鲁西易新井煤矿有限公司兼
并重组整合而成，行政区划隶属朔州市平鲁区。批准开采煤层为 1～11 号煤层，批采标高
1240～1030m，生产规模 90 万 t/a。

西易煤矿井田东面与山西朔州平鲁区茂华东易煤业有限公司相邻，东南与中煤东坡煤
业有限公司相邻，北、西、南为平朔安家岭露天煤矿。西易煤矿至今尚未达产，2015 年 6
月～2015 年 9 月处于停产状态。本次收集到 2015～2017 年生产期间的涌水量和对应煤炭
产量的资料，详见表 5-25。

表 5-25 2015～2017 年西易煤矿矿井涌水量与煤炭产量统计

时间	月总涌水量/m^3	月煤炭产量/t	富水系数/(m^3/t)	日均涌水量/m^3
2015 年 1 月	13570.56	19387	0.7	437.76
2015 年 2 月	13816.32	27664	0.499	445.69
2015 年 3 月	14894.88	38542	0.386	480.48
2015 年 4 月	21412.32	78485	0.273	713.74
2015 年 5 月	19284.48	72753	0.265	622.08
2015 年 10 月	19396.08	76034	0.255	625.68
2015 年 11 月	20802.24	74686	0.274	693.41
2015 年 12 月	21367.68	74686	0.286	689.28
平均值	18068.07	57779.63	0.367	588.52
2016 年 1 月	17915.52	62994	0.284	597.18
2016 年 2 月	17038.08	7182	2.372	587.52
2016 年 3 月	18495.84	47073	0.393	596.64
2016 年 4 月	18043.2	57065	0.383	601.44
2016 年 5 月	19284.48	67300	0.287	622.08
2016 年 6 月	10742.4	65322	0.164	358.08
2016 年 7 月	18242.88	66000	0.276	588.48
2016 年 8 月	18570.24	67481	0.275	599.04
2016 年 9 月	18912.48	67350	0.281	630.42

时间	月总涌水量/m³	月煤炭产量/t	富水系数/(m³/t)	日均涌水量/m³
2016 年 10 月	11085.6	10735	1.033	357.6
2016 年 11 月	15220.8	6770	2.248	507.36
2016 年 12 月	15415.68	67100	0.23	497.28
平均值	16580.6	49364.33	0.686	545.26
2017 年 1 月	17915.52	58187	0.308	577.92
2017 年 2 月	19339.2	71950	0.269	690.69
2017 年 3 月	15222.24	58153	0.262	491.04
2017 年 4 月	19065.6	71286	0.267	635.52
2017 年 5 月	16710.24	40792	0.41	539.04
2017 年 6 月	11980.8	74205	0.161	399.36
2017 年 7 月	19820.16	74370	0.267	639.36
2017 年 8 月	15802.56	72132	0.219	509.76
2017 年 9 月	14846.4	69819	0.213	494.88
平均值	16744.75	65654.89	0.264	553.06

9. 东易煤矿

根据 116 号文，山西朔州平鲁区茂华东易煤业有限公司为单独保留矿井，整合主体企业为中国华电山西茂华能源投资有限公司。2009 年 12 月 11 日取得山西省国土资源厅颁发的采矿许可证，2018 年 1 月 29 日换发许可证，批准开采 4～11 号煤层，生产规模为 90 万 t/a，井田面积为 4.2922km²，目前开采 9 号煤层，但矿井生产不正常，基本处于停产状态。东易煤矿西北为山西朔州平鲁区西易煤矿有限公司，北部、西北部和东部为山西平朔安家岭露天煤炭有限公司的井田范围，南部为山西中煤东坡煤业有限公司。

该矿井田内采（古）空区积水共有 15 处，积水面积合计 33.642 万 m²，积水量合计约 29.77 万 m³；4⁻¹号煤层采（古）空区积水共 8 处，积水面积合计 21.416 万 m²，积水量约 16.56 万 m³；4⁻²号煤层采（古）空区积水共 3 处，积水面积合计 8.893 万 m²，积水量合计约 3.12 万 m³；9 号煤层采空区积水共 4 处，积水面积合计 3.333 万 m²，积水量合计约 8.28 万 m³。

本次收集到东易煤矿 2015～2018 年矿井涌水量及煤炭产量统计资料（表5-26），其中2015 年、2016 年和 2017 年生产不正常，2015 年和 2017 年仅有 5 个月生产；2016 年产量为 0；2018 年生产较为正常，原煤产量为 768665.48t，接近煤矿生产规模 90 万 t/a，故矿井涌水量预测采用 2018 年的煤炭产量和涌水量。

表 5-26　2015～2018 年东易煤矿矿井涌水量及煤炭产量统计

年份	月份	月涌水量 /m³	月采煤量 /t	富水系数 /(m³/t)	年份	月份	月涌水量 /m³	月采煤量 /t	富水系数 /(m³/t)
2015	1	14789.6	—	—	2017	1	14389	—	—
	2	14382.6	—	—		2	14288.8	—	—
	3	14607.5	—	—		3	14180.7	—	—
	4	15171	9709.8	1.562		4	14580.8	—	—
	5	14869	—	—		5	14220.7	—	—
	6	14660.4	—	—		6	14301	—	—
	7	14382.6	—	—		7	14684.6	—	—
	8	14193.1	—	—		8	14721	18014	0.817
	9	14642.8	59204.03	0.247		9	14916.9	11684	1.277
	10	15341.77	180642.7	0.085		10	14872.8	2600	5.720
	11	15387.1	95533.5	0.161		11	14756.9	40719.9	0.362
	12	15625.1	47764.5	0.327		12	14557	83796.5	0.174
	合计	178052.57	392854.55	0.453		合计	174470.2	156814.41	1.113
2016	1	14514.4	—	—	2018	1	15849.2	80838.44	0.196
	2	14255.4	—	—		2	15864.2	35939.22	0.441
	3	14078.6	—	—		3	15760.3	51628	0.305
	4	14497.9	—	—		4	15969.6	72067	0.222
	5	14210.2	—	—		5	15923.6	79202	0.201
	6	14877.2	—	—		6	16068.3	61563	0.261
	7	14185.5	—	—		7	16166.9	61849.81	0.261
	8	14897.7	—	—		8	16211.7	64630	0.251
	9	14852.7	—	—		9	16378.2	70617.05	0.232
	10	14941.7	—	—		10	16115.2	52153.04	0.309
	11	14580.8	—	—		11	15980.4	63319.66	0.252
	12	14462.8	—	—		12	15875.1	74858.26	0.212
	合计	174354.9	—	—		合计	192162.7	768665.5	0.250

10. 白芦煤矿

白芦煤矿为生产矿井，现采 4 号煤层，采用综合机械化放顶采煤方法，顶板管理采用全部垮落法。该矿井下建立独立完善的排水系统，本次收集到 2014～2016 年涌水量和对应煤炭产量资料，见表 5-27。

表 5-27　白芦煤矿 2014～2016 年矿井涌水量及煤炭产量

时间	月涌水量/m³	月采煤量/t	富水系数/(m³/t)	时间	月涌水量/m³	月采煤量/t	富水系数/(m³/t)	时间	月涌水量/m³	月采煤量/t	富水系数/(m³/t)
2014 年 1 月	15630	75508	0.207	2015 年 1 月	36543	174849	0.209	2016 年 1 月	7819	34446	0.227
2014 年 2 月	18648	75342	0.248	2015 年 2 月	646	3180	0.203	2016 年 2 月	3780	18711	0.202
2014 年 3 月	37761	136323	0.277	2015 年 3 月	15589	51448	0.303	2016 年 3 月	30311	108640	0.279
2014 年 4 月	30522	142626	0.214	2015 年 4 月	52287	222499	0.235	2016 年 4 月	39945	141149	0.283
2014 年 5 月	51168	205495	0.249	2015 年 5 月	25964	104270	0.249	2016 年 5 月	25333	120634	0.210
2014 年 6 月	65615	253342	0.259	2015 年 6 月	18292	64409	0.284	2016 年 6 月	40368	147328	0.274
2014 年 7 月	56801	239669	0.237	2015 年 7 月	19469	82469	0.236	2016 年 7 月	32084	156507	0.205
2014 年 8 月	53001	233484	0.227	2015 年 8 月	10057	43917	0.229	2016 年 8 月	36399	138400	0.263
2014 年 9 月	41261	151140	0.273	2015 年 9 月	4122	18908	0.218	2016 年 9 月	28003	128644	0.218
2014 年 10 月	42708	180969	0.236	2015 年 10 月	20646	80355	0.257	2016 年 10 月	34189	149951	0.228
2014 年 11 月	41558	138069	0.301	2015 年 11 月	18904	88338	0.214	2016 年 11 月	8691	37463	0.232
2014 年 12 月	41350	168774	0.245	2015 年 12 月	17116	77464	0.221	2016 年 12 月	25332	120059	0.211
合计	496023	2000741	0.248	合计	239635	1012106	0.237	合计	312254	1301932	0.240

2014～2016 年白芦煤矿矿井富水系数在 0.202～0.303m³/t。

11. 其他煤矿企业

崇升煤矿由山西朔州崇升煤业有限公司和山西朔州平鲁区冯家岭亿隆煤业有限公司资源重组而成，井田面积为 2.8808km²，前者为地方国营煤矿，批准开采 4、9、11 号煤层；后者为两村联办煤矿，1979 年建矿，批准开采 4、9、11 号煤层，现开采 4 号煤层，设计生产能力为 90 万 t/a。

大同煤矿集团圣厚源煤业有限公司井田面积为 4.5968km²，批准开采 2～11 号煤层，生产规模为 90 万 t/a。曾开采 4、9 号煤层，现为基建矿井。

5.3.3　主要煤炭企业矿井涌水量计算

根据朔州市煤炭开发总体规划，平鲁区除平朔露天煤矿外，未来规划的新井田还有西易杰旺和潘家窑煤矿，设计生产能力分别为 210 万 t/a 和 90 万 t/a，开采规模均较大，且以开采 5 号煤层和其下的 10 号煤层为主，开采煤层均具有较好的充水条件。

1. 涌水量计算方法

本书采用富水系数法测算区域矿井涌水量，而后与数值模拟计算结果进行比较。富水系数即采煤出水系数，是指在一定时期内从矿井抽出水量与同期矿井采煤量的比值，为单位采煤出水量。该方法不仅要求新矿井与参考煤矿具有相似的水文地质条件，而且开采开拓方法、开采范围、进程等方面也大体相同。

富水系数法计算公式如下：

$$Q = K_p \times P$$

式中，Q 为新矿井采区预计涌水量，m^3/a；K_p 为参照煤矿富（含）水系数，m^3/t；P 为新矿井设计产量，t/a。

2. 主要煤矿涌水量计算

1）中煤平朔集团所属煤矿

"十三五"后期（2018~2020 年），随着电力、化工等转型项目达产，市场回暖，中煤平朔集团自产原煤保持在 8000 万 t 左右（基本达产）。平朔露天矿涌水量少，水文地质条件简单，矿井水的主要来源是大气降水汇集；井工矿矿井涌水量则根据富水系数法确定。

井工一矿生产能力为 1000 万 t/a，月平均煤炭产量为 83.33 万 t，2013~2018 年（其中 2017 年没有达产，故表 5-28 中无该年数据）达产或接近达产月份的矿井涌水量、月产量及富水系数计算见表 5-28。

表 5-28　井工一矿实测矿井涌水量、月产量及富水系数

年份	月份	矿井涌水量/(m³/d)	月产量/t	富水系数/(m³/t)	年份	月份	矿井涌水量/(m³/d)	月产量/t	富水系数/(m³/t)
2013	2	4946.4	845262	0.1639	2014	11	7214.4	863235	0.2507
	4	6187.2	840263	0.2209		12	7459.2	823473	0.2808
	5	7728	871897	0.2748	2015	1	6254.4	827151	0.2344
	6	8400	852069	0.2958		3	7248	813839	0.2761
	7	6852	847004	0.2508		4	6912	809873	0.2560
	8	6556.8	838763	0.2423		5	7099.2	827180	0.2661
	9	8848.8	804152	0.3301		7	7276.8	809675	0.2786
	10	7056	868007	0.2520		8	7756.8	813197	0.2957
	11	8318.4	808045	0.3088		9	7087.2	805762	0.2639
2014	1	8462.4	868658	0.3020		10	8066.4	804494	0.3108
	3	8676	855123	0.3145		11	6991.2	910733	0.2303
	4	6710.4	862212	0.2335	2016	1	7802.4	822737	0.2940
	6	8937.6	836817	0.3204	2018	1	7946.4	823210	0.2992
	8	7934.4	846154	0.2907		2	7737.6	820450	0.2641
	9	7452	854635	0.2616		9	7826.4	800965	0.2931
	10	6979.2	861533	0.2511	平均值				0.2696

按月份分别计算，富水系数在 0.164 ~ 0.330m³/t，采用以上达产月份的平均富水系数（0.2696m³/t）预测井工一矿达产时的涌水量。

根据《中煤平朔集团有限公司井工三矿 1000 万 t/a 矿井及 1700 万 t/a 选煤厂项目水资源论证报告》，井工三矿的富水系数为 0.394m³/t；根据《中煤平朔集团有限公司安家岭矿区水资源论证报告》，安家岭露天煤矿的富水系数取为 0.11m³/t；根据《中煤平朔集团有限公司东露天煤矿及选煤厂项目水资源论证报告》，东露天煤矿的富水系数取为 0.07m³/t；根据《中煤平朔集团有限公司安太堡露天煤矿及选煤厂水资源论证报告》，安太堡露天煤矿的富水系数取为 0.146m³/t。

2）后安煤矿

2016 年后安煤矿年煤炭产量约 215 万 t，年均富水系数为 0.255m³/t；2017 年煤炭产量 297.7 万 t，接近达产，年均富水系数为 0.247m³/t。取年均富水系数为 0.247m³/t 预测煤矿达到 300 万 t/a 生产规模时的矿井涌水量，为 74.1 万 m³/a，若收集与处理损失按 5% 计算，可利用量为 70.4 万 m³/a（2133.2m³/d）。

3）大恒煤矿

兴陶、后安与大恒矿井水文地质条件比拟情况见表 5-29，其水文地质条件基本相似，因此计算出的煤矿富水系数相近。大恒煤矿开采 4 号煤层，富水系数为 0.200 ~ 0.205m³/t，后安煤矿主采 9 号煤层，富水系数为 0.247 ~ 0.261m³/t，兴陶煤矿富水系数为 0.264m³/t（开采下组煤层）。一般而言，煤矿富水系数与煤矿生产规模不成绝对的线性关系，富水系数会随着生产规模扩大而减小。当大恒煤矿达产后，4 号、9 号煤层生产能力分别为 100 万 t/a 和 200 万 t/a，以 0.200m³/t 和 0.247m³/t 加权平均值 0.231m³/t 作为本矿富水系数，当煤矿规模达到 300 万 t/a，矿井水排放量为 69.3 万 m³/a。

4）国兴煤矿

由表 5-30 可知，2014 年 6 月、9 月和 2015 年 2 ~ 9 月煤炭产量为达产状态，由以上月份涌水量情况预测达产后矿井涌水量较为合理，各月涌水量和煤炭产量见表 5-30，采用富水系数法推测本矿达产 120 万 t/a 时的矿井涌水量。

由接近达产状态下富水系数 0.178m³/t 预测达产 120 万 t/a 时的矿井涌水量为 21.36 万 m³/a（585.21m³/d，按 365 天计算）。

5）白芦煤矿

山西朔州平鲁区茂华白芦煤业有限公司生产规模为 180 万 t/a，批准开采 4 ~ 11 号煤层，重组后井田面积为 9.7457km²。白芦煤业自投产以来煤炭产量不稳定，由表 5-31 选出其中达产或接近达产（8 万 ~ 10 万 t）的月份，有 2015 年 5 月、7 月、10 月、11 月，2016 年 3 月、9 月、12 月，采用以上月份涌水量情况预测达产后矿井涌水量较为合理，具体见表 5-31。

表 5-29 兴陶、后安与大恒矿井水文地质条件比拟分析

煤矿名称	大恒煤矿	兴陶煤矿	后安煤矿
生产规模	300 万 t/a	150 万 t/a	300 万 t/a
井田面积	6.9096km²	4.2515km²	4.8336km²
批采煤层	4~11 号	4~11 号	4~11 号
批采标高	960~1300m	1030~1250m	980~1290m
煤层埋深	92.41~301.5m	126.58~292.9m	59.64~233.6m
采煤方法	一次采全高综采采煤法、走向倾斜长壁一次采全厚综采综合机械化放顶煤采煤法	综采放顶煤	综采放顶煤/分层综采放顶煤
水文地质	中等	中等	复杂
地质构造	断层落差 H≥5m 以上的有 8 条，落差 7~28m，延伸长度 220~2510m	发育断层 7 条，断距 0.3~20m	井田西部发育两条大断层，另有 5 条落差较小断层
含水层	奥陶系灰岩岩溶裂隙含水层：单位涌水量 0.19~0.25L/(s·m)，渗透系数 1.86m/d，富水性中等；太原组和山西组砂岩裂隙含水层：单位涌水量 $q=0.01701$L/(s·m)，渗透系数 0.037m/d，富水性弱；石盒子组砂岩裂隙含水层：二叠系；第四系全新统，洪积孔隙含水层：河床含水层富水性好	奥陶系石灰岩岩溶裂隙含水层：单位涌水量 0.01375L/(s·m)，渗透系数 1.049m/d，富水性较弱；石炭系上统太原组砂岩裂隙含水层：单位涌水量 0.01701L/(s·m)，渗透系数 0.037m/d，富水性弱；山西组砂岩裂隙含水层：单位涌水量 0.02361L/(s·m)，渗透系数 0.0897m/d，富水性弱；下石盒子组砂岩裂隙含水层；第四系松散含水层：分布于沟谷，富水性弱，富水性均一	奥陶系岩溶裂隙含水层：单位涌水量 1.25L/(s·m)，含水层中等；石炭系上统太原组砂岩裂隙含水层：单位涌水量 0.0024L/(s·m)，含水层弱；渗透系数 0.0018m/d，含水层弱；石炭系山西组砂岩裂隙含水层：渗透系数 0.005306m/d，属弱；钻孔单位涌水压 0.031L/(s·m)，属弱富水层；钻孔单位涌水量 0.031L/(s·m)，富水层：钻孔富水承压；二叠系下石盒子组砂岩裂隙含水层，渗透系数 0.00228m/d，属弱富水层；单位涌水量 0.0005L/(s·m)，上更新统、属弱富水承压含水层：分压含水层；第四系中，全新统松散孔隙类含水层：分布于河谷，富水性弱
隔水层	石炭系中统本溪组、太原组中与砂岩互层的砂质泥岩，泥岩	石炭系中统本溪组	石炭系中统本溪组泥岩隔水层；二叠系下石盒子组泥岩隔水层
充水因素	大气降水、地表水；各类含水层；采空区积水；导水裂隙带；煤层局部带压，11 号煤层底板最大突水系数为 0.027MPa/m	大气降水、地表水；煤层顶板和井筒渗水；采空区积水；煤层局部带压，11 号煤层底板最大突水系数为 0.027MPa/m，带压区主要分布在井田西部	大气降水、地表水；构造裂隙水；采空区积水；导水裂隙带；煤层 11 号煤层底板最大突水系数为 0.033MPa/m，局部带压

表 5-30 国兴煤矿达产月份涌水量及对应煤炭产量

时间	月总涌水量/m³	月煤炭产量/t	富水系数/(m³/t)
2014 年 6 月	18100	91250	0.198
2014 年 9 月	18220	109996	0.166
2015 年 2 月	16720	90263	0.185
2015 年 3 月	17580	106799	0.165
2015 年 4 月	17200	111000	0.155
2015 年 5 月	18890	109246	0.173
2015 年 6 月	18230	110730	0.165
2015 年 7 月	18650	107922	0.173
2015 年 8 月	18170	95575	0.190
2015 年 9 月	18090	87718	0.206
均值			0.178

表 5-31 白芦煤矿近达产月份富水系数计算

时间	月总涌水量/m³	月煤炭产量/t	富水系数/(m³/t)
2015 年 5 月	25964	104270	0.249
2015 年 7 月	19469	82469	0.236
2015 年 10 月	20646	80355	0.257
2015 年 11 月	18904	88338	0.214
2016 年 3 月	30311	108640	0.279
2016 年 9 月	28003	128644	0.218
2016 年 12 月	25332	120059	0.211
合计	168629	712775	0.237

白芦煤矿年均富水系数为 0.237m³/t，取该系数预测煤矿达到 180 万 t/a 生产规模时的矿井涌水量，为 42.585 万 m³/a，若收集与处理损失按 10% 计算，可利用量为 38.326 万 m³/a。

6）国强煤矿

由表 5-32 可知，2013 年 1 月、3 月、4 月、5 月、6 月，2014 年 5 月、6 月、7 月、8 月和 2015 年 1 月煤炭产量接近达产状态，采用以上月份涌水量情况预测达产后矿井涌水量较为合理，具体见表 5-32。

表 5-32 国强煤矿近达产月份富水系数计算

时间	月总涌水量/m³	月煤炭产量/t	富水系数/(m³/t)	日均涌水量/m³
2013 年 1 月	17541	83524	0.210	565.84
2013 年 3 月	22285	95361	0.234	718.87
2013 年 4 月	20907	91851	0.228	696.90

时间	月总涌水量/m³	月煤炭产量/t	富水系数/（m³/t）	日均涌水量/m³
2013 年 5 月	21066	98521	0.214	679.55
2013 年 6 月	18026	76521	0.236	600.87
2014 年 5 月	18965	88594	0.214	611.77
2014 年 6 月	16448	75189	0.219	548.27
2014 年 7 月	16658	76528	0.218	537.35
2014 年 8 月	19853	85645	0.232	640.42
2015 年 1 月	17336	71106	0.244	559.23
均值	189085	842840	0.224	615.91

为保证生产用水的可靠性，国强煤业采用接近达产状态下富水系数 0.224m³/t 预测矿井涌水量比较合理，即当矿井生产能力达到 120 万 t/a 时，矿井涌水量为 26.88 万 m³/a。

7）西易煤矿

西易煤矿矿井生产能力为 90 万 t/a，月平均煤炭产量为 75000t。故 2015～2017 年煤炭产量接近达产的月份有 2015 年 4～5 月、10～12 月；2016 年 5 月、7～9 月；2017 年 2 月、4 月、7 月，西易煤矿 2015～2017 年达产月份涌水量分析见表 5-33。

表 5-33　西易煤矿接近达产月份涌水量分析

时间	月总涌水量/m³	月煤炭产量/t	富水系数/（m³/t）	日均涌水量/m³
2015 年 4 月	21412.32	78485.00	0.273	713.74
2015 年 5 月	19284.48	72753.00	0.265	622.08
2015 年 10 月	19396.08	76034.00	0.255	625.68
2015 年 11 月	20802.24	74686.00	0.274	693.41
2015 年 12 月	21367.68	74686.00	0.286	689.28
2016 年 5 月	19284.48	67300.00	0.287	622.08
2016 年 7 月	18242.88	66000.00	0.276	588.48
2016 年 8 月	18570.24	67481.00	0.275	599.04
2016 年 9 月	18912.48	67350.00	0.281	630.42
2017 年 2 月	19339.20	71950.00	0.269	690.69
2017 年 4 月	20505.60	71286.00	0.288	683.52
2017 年 7 月	21308.16	74370.00	0.287	687.36
均值	19868.82	71865.08	0.276	653.82

采用以上达产月份的平均富水系数预测西易煤矿生产能力达 90 万 t/a 时的涌水量。根据计算可知，西易煤矿平均富水系数为 0.276m³/t，按月份分别计算，富水系数为 0.255～0.288m³/t。为保证生产用水的可靠性，采用月平均富水系数 0.276m³/t 计算矿井涌水量，即当矿井生产能力达到 90 万 t/a 时，矿井涌水量为 24.84 万 m³/a（680.55m³/d）。

8）冯西煤矿

根据表5-34可知，2015～2017年煤炭产量分别为39.16万t、42.12万t、65.35万t。其中2015年1月、9月，2016年6月，2017年2～8月、11月煤炭产量为接近达产状态，因此，采用以上月份涌水情况预测达产后矿井涌水量较为合理。

表5-34　冯西煤矿近达产月份涌水量

时间	月总涌水量/m³	月煤炭产量/t	富水系数/（m³/t）
2015年1月	12052	69260	0.174
2015年9月	13640	61730	0.221
2016年6月	13920	74000	0.188
2017年2月	15317	63423	0.242
2017年3月	14200	63641	0.223
2017年4月	15529	63002	0.246
2017年5月	14600	64297	0.227
2017年6月	13185	63168	0.209
2017年7月	14600	64287	0.227
2017年8月	14450	65917	0.219
2017年11月	13950	66699	0.209
均值	—	—	0.217

采用接近达产状态下富水系数为0.217m³/t预测矿井涌水量，即当矿井生产能力为90万t/a时，矿井涌水量为19.52万m³/a（534.73m³/d，按365天计）。

9）东易煤矿

根据表5-26，2018年原煤产量76.9万t，矿井涌水量19.21627万m³，可以基本认为是正常生产，富水系数为0.25m³/t。白芦煤矿位于东易煤矿东部，两个煤矿边界之间的距离为2.5km，在开采规模、开采煤层、主要充水因素、矿区地质条件、水文地质条件、水文气象等方面具有一定的相似性。白芦煤业达成后的平均吨煤富水系数为0.237m³/t，与东易煤矿采用的平均吨煤富水系数0.25m³/t接近，按此预测矿井达产后矿井涌水量为22.5万m³（616.44m³/d，按365天计算）。

5.3.4　平朔矿区涌水量预测相关成果分析

国家重点研发计划课题设专题对大型煤田多矿联采下煤层水系统互扰机制与矿井水量质耦合模拟进行了研究，以下简称模拟专题。模拟专题研究采用数值模拟方法模拟并预测了本书示范区中平朔矿区在多矿联采下的矿井涌水量。以此与本书研究的矿井涌水量的预测结果进行比较，并分析本书涌水量预测结果的误差和可靠性。

1. 平朔矿区现状开采条件下井工一矿涌水量及模拟精度

平朔矿区多矿联采的开采现状决定了其煤层水流系统的复杂性和不确定性，成为限制准确预测矿井涌水量的重要因素。本部分内容为示范区在多矿联采的扰动下与不考虑多矿联采时矿井涌水量的预测精度比较，并预测了示范区多个大型矿区在多矿联采条件下的矿井涌水量。

根据模拟专题的结果，模拟周期内（2014 年 1 月～2016 年 6 月），井工一矿太西区忽略互扰时预测精度仅为 81.30%，考虑多矿联采互扰时，模拟期（2014 年 8 月～2016 年 6 月）预测精度达 92.39%，远高于不考虑多矿联采时涌水量预测精度 84.29%。平朔区井工一矿太西区观测矿井涌水量和计算矿井涌水量结果见表 5-35。

表 5-35　平朔矿区井工一矿太西区观测矿井涌水量及计算矿井涌水量

时间	掘进长度 /m	观测涌水量 /(m³/d)	多矿联采下井工一矿 计算涌水量/(m³/d)	不考虑多矿联采下井工 一矿涌水量/(m³/d)
2014 年 1 月			2108.753	2297.718
2014 年 2 月	564	8462.4	3333.55	3488.37
2014 年 3 月	645	7586.4	4780.623	4913.96
2014 年 4 月	669	8676	5820.813	5816.24
2014 年 5 月	749	6710.4	6562.764	6302.889
2014 年 6 月	870	8798.4	6840.641	6436.968
2014 年 7 月	869	8937.6	7300.097	6716.979
2014 年 8 月	1063	8227.2	7442.964	7000.86
2014 年 9 月	921	7934.4	7288.775	7031.458
2014 年 10 月	845	7452	7117.516	7046.052
2014 年 11 月	707	6979.2	7242.495	7375.375
2014 年 12 月	638	7214.4	7074.986	7307.151
2015 年 1 月	692	7459.2	6700.022	7069.944
2015 年 2 月	231	6254.4	6577.915	7025.717
2015 年 3 月	495	6588	6406.101	6927.284
2015 年 4 月	358	7248	6342.744	6918.191
2015 年 5 月	346	6912	7468.517	8762.914
2015 年 6 月	648.2	7099.2	7460.561	8702.728
2015 年 7 月	543	6864	7164.695	8400.841
2015 年 8 月	422.5	7276.8	6996.229	8227.095
2015 年 9 月	504.3	7756.8	6904.204	8130.549
2015 年 10 月	409.7	7087.2	7139.731	8700.612
2015 年 11 月	419	8066.4	7157.588	8728.93
2015 年 12 月	561.9	6991.2	6988.856	8541.352
2016 年 1 月	533.9	8140.8	7073.826	8588.541
2016 年 2 月	699.9	7802.4	7261.662	9050.153
2016 年 3 月	759.5	7140	7320.052	9102.153

时间	掘进长度 /m	观测涌水量 /(m³/d)	多矿联采下井工一矿 计算涌水量/(m³/d)	不考虑多矿联采下井工 一矿涌水量/(m³/d)
2016 年 4 月	982.3	7764	7549.4	9251.855
2016 年 5 月	1024.1	7159.2	7618.614	9709.156
2016 年 6 月	1079.8	7274.4	7511.836	9549.929
2016 年 7 月	757.1	6969.6	7262.118	9219.252

井工一矿太西区考虑多矿联采条件下涌水量预测精度显著提高，模型前期（2014年1月~2014年8月）为模拟开采初期，含水层释放以静储量为主，与井工一矿已开采了数年的现状不符，故涌水量预测精度较低。当含水层中静储量释放完全进入稳定期后，井工一矿太西区考虑多矿联采时预测精度可以高达92.39%，且与掘进图对比可观察到（图5-3），单月涌水量的大小与本月采掘长度呈现明显的相关性。数值模拟模型考虑多矿联采扰动下涌水量计算精度较高，可用于平朔矿区涌水量预测工作。

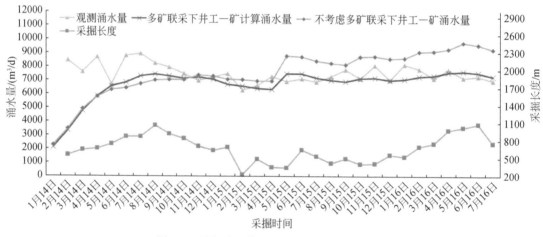

图 5-3 平朔矿区井工一矿涌水量及采掘长度

根据模拟专题的结果，2014 年，井工一矿太西区在多矿联采情况下模拟涌水量为222.31 万 m³，在不考虑多矿联采情况下，模拟涌水量为 218.66 万 m³，观测涌水量为263.85 万 m³（不含 1 月涌水量）；2015 年在多矿联采情况下模拟涌水量为 253.49 万 m³，在不考虑多矿联采情况下，模拟涌水量为 292.67 万 m³，观测涌水量为 260.48 万 m³；2016 年前 7 个月，在多矿联采情况下模拟涌水量为 156.27 万 m³，在不考虑多矿联采情况下，模拟涌水量为 195.26 万 m³，观测涌水量为 158.13 万 m³。

2. 与模拟专题结果的对比

本书针对平鲁区 25 座煤矿进行矿井涌水量预测和可利用量分析，而模拟专题由于资料所限，模拟预测结果仅为平朔矿区 8 座主要煤矿的矿井涌水量，模拟专题模型能给出各年的涌水量预测值，而本书采用的方法只能提供平均值，故将模拟专题的各年份预测平均值与本书结果进行对比,见表 5-36。

表 5-36　平朔矿区 8 座煤矿矿井涌水量预测结果对比

序号	煤炭企业	产能 /万 t	本书预测结果 /(万 m³/a)	模拟专题预测结果 /(万 m³/a)	差别[*] /%
1	井工一矿	1000	269.6	301.75	11.92
2	井工三矿	1000	394	186.13	-52.76
3	莲盛煤业	90	20	32.17	61.00
4	安太堡露天矿	2000	292	63.41	-78.28
5	安家岭露天矿	2000	220	44.08	-79.96
6	国强煤业	120	26.88	41.18	53.18
7	东易煤矿	90	24.03	55.72	131.87
8	西易煤矿	90	24.84	21.01	-15.40
	合计	6390	1271.33	745.44	-41.37

[*] 以本书预测结果为基准计算;本书采用富水系数法预测各煤矿涌水量。

由表 5-36 可知,模拟专题利用数值模拟方法的矿井涌水量预测结果总体偏小,8 座煤矿总涌水量预测值比利用富水系数法预测值偏小 41.37%,主要体现在露天矿的预测值上;安太堡和安家岭两座露天矿模拟专题采用的数值模拟结果比本书采用的富水系数法预测结果偏小 75% 以上。原因可能是:数值模拟结果结合了地质情况和开采进度,富水系数法仅考虑了实际产量,富水系数根据研究区域内煤矿调查结果综合平均得出,并不一定适用于每个煤矿。相对来说,露天矿预测涌水量的数值模拟结果相对可靠。但数值模拟结果中,东易煤矿和西易煤矿涌水量预测值差别较大,还需要进一步分析原因。

根据《朔州市水资源综合规划》报告,平朔露天煤矿吨煤富水系数在 0.12~0.14m³/t,本书 3 座露天矿平均富水系数为 0.109m³/t,其中安太堡露天矿富水系数为 0.146m³/t,超过了该值。总体来说,利用富水系数法整体上可行,能够在大区域范围内匡算出矿井涌水量,但在露天矿涌水量预测值上需要适当修正。

5.3.5　研究区矿井涌水量和可供水量预测

1. 研究区矿井涌水量预测

根据研究区煤矿分布,平鲁区未调查煤矿的富水系数根据已调查煤矿富水系数平均值 0.233m³/t 确定,其中已调查煤矿产能小计为 1590 万 t,未调查煤矿产能为 2670 万 t;中煤平朔集团所属 3 大井工矿(井工二矿已闭矿)根据已调查的年均涌水量合计,结合区域富水系数均值确定,取富水系数为 0.22m³/t,三大露天矿取富水系数为 0.13m³/t,总产能按照目前实际产能 8000 万 t/a 计算,其中井工一矿和井工三矿产能均为 1000 万 t/a。平鲁区及中煤平朔集团所属煤矿矿坑/井涌水量预测情况见表 5-37。

表 5-37 平鲁区及中煤平朔集团所属煤矿矿井涌水可利用量预测

序号	煤炭企业	产能 /(万 t/a)	富水系数 /(m³/t)	达产时矿井涌水 量/(万 m³/a)	矿井水可利用量 /(万 m³/a)
1	东露天矿	2000	0.070	140.00	126.00
2	安家岭露天矿	2000	0.110	220.00	198.00
3	安太堡露天矿	2000	0.146	292.00	262.80
4	井工一矿	1000	0.270	269.60	242.64
5	井工三矿	1000	0.394	394.00	354.60
6	后安煤矿	500	0.231	115.50	103.95
7	大恒煤矿	300	0.231	69.30	62.37
8	国兴煤矿	180	0.178	21.36	19.22
9	白芦煤矿	180	0.237	42.66	38.39
10	兴陶煤矿	150	0.264	39.60	35.64
11	芦家窑煤矿	150	0.256	38.37	34.53
12	国强煤矿	120	0.224	26.88	24.19
13	东易煤矿	90	0.267	24.03	21.63
14	西易煤矿	90	0.276	24.84	22.36
15	冯西煤矿	90	0.33	29.70	26.73
16	北岭煤矿	90	0.210	18.90	17.01
17	莲盛煤矿	90	0.222	19.98	17.98
18	崇升煤矿	90	0.225	20.25	18.23
	平鲁区其他煤矿	1080	0.2300	100.39	90.35
	合计	11200	0.2300	1907.36	1716.62

由表 5-37 可知，平鲁区所有煤矿达产时矿井涌水量约为 1907.36 万 m³/a。

2. 研究区煤矿矿井水可供水量

根据《城镇污水再生利用工程设计规范》（GB 50335—2016），矿井水收集与处理损失按 10% 计，预测各主要煤矿达产后的矿井水可利用量。以上各调查煤矿达产后的平均吨煤富水系数及主要煤矿可供水量预测见表 5-37。

由表 5-37 可知，在煤炭产能达到 11200 万 t/a 时，平鲁区煤矿矿坑/井水可利用量为 1716.62 万 m³/a，其中，国兴煤矿矿井水可利用量为 19.22 万 m³/a，由于矿井涌水的不稳定性，多余的涌水建立足够容量的蓄水调节池，保证矿井水供水的稳定性。冯西煤矿兼并重组达产后，正常情况下矿井涌水量为 29.70 万 m³/a，矿井水可利用量为 26.73 万 m³/a，多余的矿井涌水送往其配套选煤厂作为生产用水。西易煤矿兼并重组整合达产（90 万 t/a）后，矿井涌水量为 680.55m³/d，矿井水可利用量为 612.50m³/d（合 22.36 万 m³/a，365 天计）。

大恒煤矿兼并重组达产后，预测矿井水涌水量为 69.3 万 m³/a（2100m³/d），矿井水可利用量为 62.37 万 m³/a。鉴于矿井涌水的不稳定性，矿方已修建有一定容量的供水调节池，矿井涌水和生产、生活废污水全部处理后回用，不外排。国强煤矿达产后，正常情况下矿井涌水量为 26.88 万 m³/a，正常情况下矿井水可利用量为 24.19 万 m³/a，可满足生产用水 23.60 万 m³/a 的需求，剩余矿井涌水存放在 2000m³ 的调节水池中用于调节煤矿生产用水平衡。后安煤矿达产后，正常情况下矿井涌水量为 115.5 万 m³/a，矿井水可利用量为 103.95 万 m³/a。

5.4 煤矿供用水模式分析

5.4.1 各煤矿取用水情况

1. 中煤平朔集团煤矿

东露天矿及配套选煤厂（选矿设计生产能力 2000 万 t/a）取水总量为 319.4 万 m³/a，其中生产年取水量为 306.6 万 m³，生活年取水量为 12.8 万 m³。生产及生活用水取水口位于平鲁区井坪镇大梁水库，取水水源为引黄入晋北干线引黄水，取水方式为引水。正常工况下无有效坑排水，逢暴雨积水可分散作为采区降尘喷洒，无排外水量；非正常工况下，通过设置事故缓冲池，保证污废水不外排。生活污水经处理后全部用于厂区洒扫、生态用水及选煤厂洗煤补充用水，实现"近零排放"。

安家岭矿区生产取水水源为井工一矿处理后的矿井水与引黄工程地表水，职工生活取水水源为朔州市平鲁区引朔供水工程刘家口水源地岩溶地下水。总取水量为 583.52 万 m³/a。其中地下水取水量为 356.41 万 m³/a（包括井工一矿矿井涌水 270 万 m³/a），地表水取水量为 227.11 万 m³/a；煤矿生产用水量为 497.11 万 m³/a（含矿井水处理损失 27 万 m³/a），职工生活取水量为 86.41 万 m³/a（含刘家口水源地管道输水损失 1.69 万 m³/a）。矿井水经处理后全部回用，选煤厂煤泥水闭路循环，不外排；工业场地生产废水及生活污水经处理后全部回用，不外排。修建一定容量的事故废污水收集池，保证事故状态下废污水不外排，并制订突发水污染事件应急预案。

安太堡及选煤厂生产取水水源为引黄入晋北干线黄河地表水，职工生活取水水源为朔州市平鲁区引朔供水工程刘家口水源地岩溶地下水。总取水量为 438 万 m³/a，其中生产取水量为 333.4 万 m³/a，生活取水量为 104.6 万 m³/a；露天矿取水量为 189.1 万 m³/a，职工生活取水量为 103.1 万 m³/a，选煤厂（2500 万 t/a）取水量为 144.3 万 m³/a，生活取水量为 1.5 万 m³/a。

井工三矿（含选煤厂，1700 万 t/a）生产取水水源为该矿处理后的矿井水，职工生活和附近村庄居民生活取水水源为当地岩溶地下水。总取水量为 254.7 万 m³/a，其中，生产取水量为 222.4 万 m³/a（矿井生产取水量为 164.6 万 m³/a，选煤厂生产取水量为 57.8 万 m³/a），生活取水量为 32.3 万 m³/a（矿井职工生活取水量为 32.0 万 m³/a，选煤厂职工生活取水量为 0.3 万 m³/a），外供附近村庄（上麻黄头村和下麻黄头村）居民生活取水量 3 万 m^3/a。当地地下水取水方式为水井，现有 2 眼水井，单井出水量分别为 $32m^3/h$、$41m^3/h$，总供水能力为 $73m^3/h$（63.9 万 m^3/a）。矿井水经处理后回用，若有剩余处理达到《地表水环境质量标准》Ⅲ类水质标准后外排；煤泥水闭路循环不外排；工业场地生产废水和生活污水经收集处理后应全部回用，不外排。

北岭煤矿生产取水水源为该矿处理后的矿井水，职工生活取水水源为当地裂隙地下水。取水总量为 18.77 万 m^3/a，其中生产取水量为 15.33 万 m^3/a，职工生活取水量为 3.44 万 m^3/a。工业场地现有 1 眼水井，单井出水量为 $24.5m^3/h$（21.9 万 m^3/a）。矿井水处理站处理能力为 $50m^3/h$；生活污水处理站处理能力为 $15m^3/h$，矿井水经处理后回用，多余矿井水处理达到《地表水环境质量标准》Ⅲ类水质标准后外排；工业场地生产废水和生活污水经收集处理后应全部回用，不外排；已修建足够容量的事故废污水收集池，确保废污水不外排。

2. 后安煤矿

后安煤矿及配套选煤厂（500 万 t/a）生产取水水源为该矿处理后的矿井水，职工生活和王高登村居民生活取水水源为当地岩溶地下水。取水总量为 108.7 万 m^3/a，其中生产取水量为 96.0 万 m^3/a（矿井生产取水量为 75.8 万 m^3/a，选煤厂生产取水量为 20.2 万 m^3/a），职工生活取水量为 11.1 万 m^3/a（矿井职工生活取水量为 10.7 万 m^3/a、选煤厂职工生活取水量为 0.4 万 m^3/a），王高登村居民生活取水量 1.6 万 m^3/a。工业场地现有 1 眼水井，单井出水量为 $32m^3/h$（28 万 m^3/a）。

后安煤矿是一级标准化矿井，建成工业场地矿井水处理站一座，矿井水处理能力为 $200m^3/h$，矿井水处理采用调节、混凝、过滤、消毒等工艺。该矿工业场地现有生活污水处理站一座，处理能力为 $30m^3/h$，生活污水采用生物接触氧化加过滤处理工艺。此外，还有容量 $1000m^3$ 的生活用水水池一座、容量 $500m^3$ 的消防用水水池一座，确保废污水不外排。矿井水全部经过反渗透处理，其中 $900m^3/d$ 的水量用于循环用水，如预裂顶板、仪器用水等，$300m^3/d$ 的水量用于开采面上，多余矿井水达到《地表水环境质量标准》Ⅲ类水质标准后排入马关河；煤泥水闭路循环不外排；煤矿生产废水、生活污水也经处理后全部回用于煤炭开采及洗煤生产。

3. 大恒煤矿

根据《山西省水利厅关于山西朔州平鲁区龙矿大恒煤业有限公司 300 万 t/a 矿井及配套选煤厂项目取水许可申请的批复》（晋水资源函〔2018〕614 号），大恒煤矿生产用水水源为本矿处理后的矿井水，职工生活取水水源为当地岩溶地下水。煤矿总取水量为 75.7 万 m^3/a，其中生产取水量为 $1995.4m^3/d$（按 330 天计，65.8 万 m^3/a），生活取水量为 $270.8m^3/d$（按 365 天计，9.9 万 m^3/a）。煤矿处理后的矿井水供给矿井和配套选煤厂生产用水，多余部分处理达标后应存储于备用水池，不再排放。其取、用、耗、排水量及水量平衡分析见表 5-38 和图 5-4。

表 5-38　大恒煤矿核定后水量平衡表　　　　　（单位：m³/d）

序号	用水项目	用水量	取水量	复用水量	耗水量	排出后处理复用
一	生活用水合计	270.8	270.8		27.0	243.8
1	职工生活用水	32.5	32.5		3.2	29.3
2	食堂用水	43.3	43.3		4.3	39.0
3	淋浴用水	35.6	35.6		3.6	32.0
4	浴室用水	67.2	67.2		6.7	60.5
5	洗衣房用水	75.2	75.2		7.5	67.7
6	选煤厂生活用水	17.0	17.0		1.7	15.3
二	生产用水合计	2239.2	1995.4	243.8	2239.2	
1	井下降尘洒水	975.0	975.0		975.0	
2	黄泥灌浆用水	352.0	352.0		352.0	
3	锅炉补充用水	30.0	30.0		30.0	
4	选煤厂生产补充水	820.0	638.4	181.6	820.0	
5	场区道路洒水	30.0		30.0	30.0	
6	场区绿化洒水	20.0		20.0	20.0	
7	生活污水处理站	12.2		12.2	12.2	
三	总计	2510.0	2266.2	243.8	2266.2	243.8

工业场地矿井水处理站已建成，处理能力为 120m³/h（2880m³/d），矿井水处理采用调节、混凝、沉淀、过滤、消毒等工艺。处理后的井下排水水质达到井下消防洒水和《煤炭工业污染物排放标准》的水质标准，全部利用，无外排。生活污水处理站一座，处理能力为 20m³/h，生活污水处理采用充氧膜法。

4. 万通源煤矿

万通源煤矿生产取水水源为该矿处理后的矿井水，职工生活取水水源为当地岩溶地下水。取水总量为 51.3 万 m³/a，其中生产取水量为 45.39 万 m³/a，职工生活取水量为 5.91 万 m³/a。工业场地现有 1 眼水井，矿井水处理站和生活污水处理站处理能力均为 150m³/h，矿井水经处理后回用，多余矿井水应处理达到《地表水环境质量标准》Ⅲ类水后外排，外排水量为 0.65 万 m³/a，排入源子河；工业场地生产废水和生活污水经收集处理后应全部回用，不外排；修建有足够容量的事故废污水收集池及初期雨水收集池，确保废污水不外排。

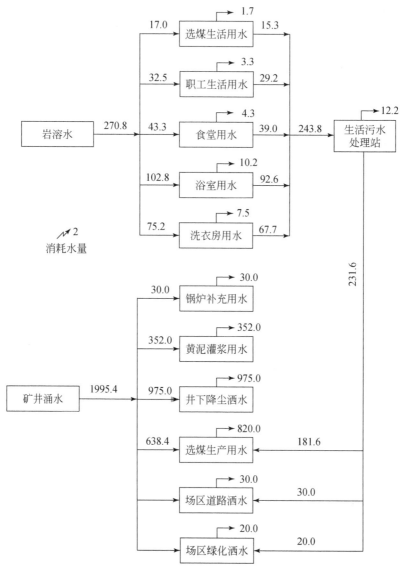

图 5-4 大恒煤矿核定后水量平衡图 (单位：m³/d)

5. 国兴煤矿

国兴煤矿生产取水水源为该矿处理后的矿井水，职工生活取水水源为当地岩溶地下水。取水总量为 26.7 万 m³/a，其中外供村庄用水 3.5 万 m³/a，煤矿生产取水量为 19.2 万 m³/a，煤矿生活取水量为 4.0 万 m³/a。工业场地建 1 座污水处理站，矿井水处理能力为 60m³/h（1440m³/d），采用调节→混凝→沉淀→过滤→消毒处理工艺。矿井排水全部送至矿井水处理站，经过处理后部分回用于井下降尘洒水、黄泥灌浆与锅炉补充用水，不外排。生活用水由国兴工业场地西北的岩溶深井供给，生活污水的处理采用一体化设备进行二级生化处理，总处理能力为 20m³/h（480m³/d），采用调节→二级接触氧化→沉淀→过滤→活性炭吸附除臭→消毒处理工艺。生活污水经管道收集送处理站处理后主要用于食堂用水、浴室用水、洗衣服用水、单身公寓用水等，产生的生活污水再经管道收集后排至生活污水处理站进行处理，回用于道路降尘用水、绿化用水和黄泥灌浆用水等，不外排。国兴煤矿采暖季和非采暖季用水平衡图见图 5-5 和图 5-6。

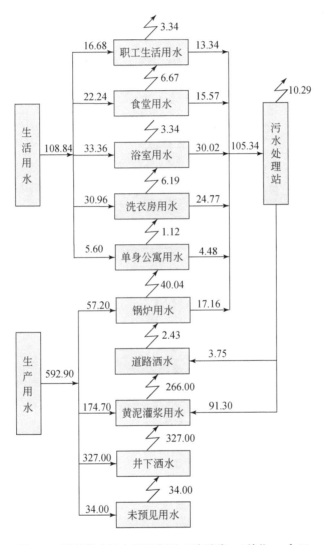

图 5-5 国兴煤矿用水量平衡图（采暖季）（单位：m³/d）

在工业场地建一座初期雨水收集池（350m³），收集后的雨水除经沉淀用于绿化及降尘洒水外，清净雨水回流后由排水渠就近排入附近冲沟，外排水到源子河朔州工业农业用水区。

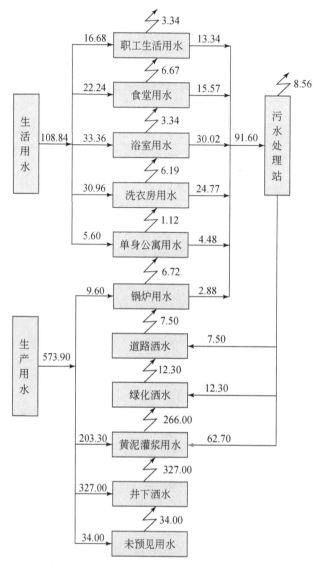

图 5-6 国兴煤矿用水量平衡图（非采暖季）（单位：m³/d）

6. 白芦煤矿

白芦煤矿生产取水水源为该矿处理后的矿井水。取水总量为 27.4 万 m³/a，其中生产取水量为 23.4 万 m³/a，煤矿生活取水量为 4.0 万 m³/a。职工生活取水利用白芦煤矿主井工业场地的供水井，单井出水量为 17.52 万 m³/a。

在正常工况下，各种废污水经处理回用，剩余 2.5 万 m³/a 矿井水利用矿方修建的蓄水池进行收集利用，经深度处理（处理损失 10%，2.25 万 m³/a）后，用来置换部分岩溶水，回用于淋浴、洗衣房用水；非正常情况下排放的废污水临时收集在事故水池，经处理后回用，不外排。本矿井建 1 座矿井水处理站，采用混凝—沉淀—过滤—消毒工艺，处理能力为 90m³/h。生活污水处理利用原有主井场地 6m³/h 的生活污水处理站一座；在副井场地新建处理能力为 10m³/h 的生活污水处理站一座，经处理后全部回用于生产用水。白芦煤矿用水量平衡图见图 5-7。

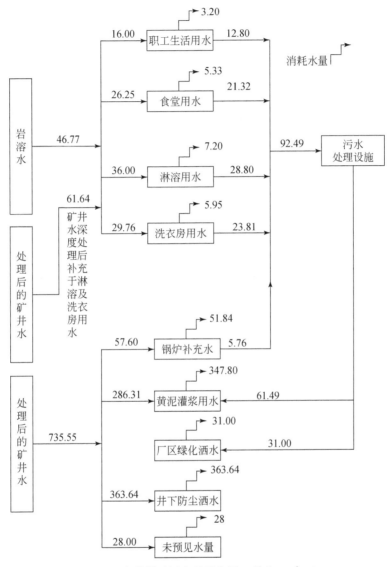

图 5-7 白芦煤矿用水量平衡图（单位：m³/d）

白芦煤矿完善了污水管网建设，实现了雨污分流，并设置了 200m³ 的雨水收集池。

7. 易顺煤矿

易顺煤矿生产取水水源为该矿处理后的矿井水，职工生活取水水源为当地岩溶地下水。取水总量为 29.92 万 m³/a，其中生产取水量为 26.06 万 m³/a，职工生活取水量为 3.86 万 m³/a。本矿现有井下处理站一座，处理规模为 100m³/h，采用混合、反应、混凝、沉淀、消毒等工艺处理达标后作为生产用水，不外排；本矿内设有调节池一座，工业场地生产废水经收集后，采用调节池+WSZ-7.5F 型污水处理设备处理，处理能力为 $10m^3/h$；生活污水沉淀后进入 WSZ-F 型玻璃钢污水处理设备，经一体化设备处理后再进入清水池待用，不外排。

8. 森泰煤矿

森泰煤矿生产用水水源为本矿处理后的矿井水，职工生活用水为当地岩溶水补充。取水总量为 23.14 万 m^3/a，其中生产取水量为 20.75 万 m^3/a（含锅炉用水取水量 3.45 万 m^3/a，其中取用处理后的矿井水 1.06 万 m^3/a），煤矿生活取水量为 2.39 万 m^3/a。本矿在工业场地建成矿井水处理站 1 座，处理能力为 $3000m^3/d$；在工业场地建成生活污水处理站 1 座，生活污水处理站处理能力为 $480m^3/d$。矿井水处理回用由矿井井下工作面至井下中央水仓再到矿井水处理站，一部分回用到井下用水，另一部分用于降尘、绿化洒水；生活污水由生活污水处理站处理后水质指标满足《城市污水再生利用城市杂用水水质》（GB/T18920—2020）道路清扫、消防、城市绿化标准，一部分注入矿井水处理站再处理后回用于场地绿化、降尘用水及黄泥灌浆用水，不外排。

9. 芦家窑煤矿

根据《关于山西朔州平鲁区芦家窑煤矿有限公司 150 万 t/a 矿井兼并重组整合项目取水许可审批准予行政许可的决定》（朔审批函〔2020〕120 号），芦家窑煤矿生产取水水源为该矿处理后的矿井水，职工生活取水水源为当地岩溶地下水，公共供水管网到达后，置换岩溶地下水。取水总量为 29.41 万 m^3/a，其中生产取水量为 25.92 万 m^3/a，职工生活取水量为 3.49 万 m^3/a。工业场地现有 1 眼水井，单井出水量为 $60m^3/h$（52.56 万 m^3/a）。矿井水经处理后回用，多余矿井水处理达到《地表水环境质量标准》Ⅲ类水质标准后外排；工业场地生产废水和生活污水经收集处理后应全部回用，不外排；已修建足够容量的事故废污水收集池，确保废污水不外排。

10. 西易党新煤矿

西易党新煤矿生产取水水源为该矿处理后的矿井水，职工生活取水水源为当地岩溶地下水。取水总量为 30.2 万 m^3/a，其中生产取水量为 24.28 万 m^3/a，职工生活取水量为 5.92 万 m^3/a。本矿现有矿井水处理站一座，处理规模为 $50m^3/h$，矿井水经处理达标后作为矿井井下消防、防尘、黄泥灌浆用水，不外排；工业场地生产废水和生活污水经收集后采用调节、二级接触氧化、沉淀、消毒处理工艺，生活污水经管道集中排入地埋式污水处理站，再经活性炭过滤器进一步深度处理后，水质符合生活杂用水水质标准，全部用于除尘、绿化，不外排。

11. 国强煤矿

国强煤矿生产取水水源为该矿处理后的矿井水，职工生活取水水源为工业场地当地岩溶地下水。国强煤矿总取水量为 33.4 万 m^3/a，其中煤矿生产取水量为 23.6 万 m^3/a，职工生活取水量为 4.12 万 m³/a，外供村庄居民用水为 5.68 万 m³/a。矿井水全部送至矿井水处理站，经过处理后回用于井下降尘洒水、黄泥灌浆、锅炉补水等，不外排；生产生活废污水全部回收送至生活污水处理站进行处理，处理后回用于降尘洒水、绿化洒水、黄泥灌浆等，不外排；在主井工业场地建一座初期雨水收集池（180m³），副井场地建一座初期雨水收集池（360m³），收集后的雨水经沉淀用于绿化及降尘洒水外，清净雨水回流后由排水渠就近排入附近冲沟。考虑到矿井水存在不稳定性和下组煤涌水量偏大问题，若有剩余，处理达到《地表水环境质量标准》Ⅲ类水质标准后外排，外排水到源子河朔州工业农业用水区。

12. 莲盛煤矿

莲盛煤矿生产取水水源为该矿处理后的矿井水，职工生活和陶卜洼村居民生活取水水源为当地岩溶地下水。取水总量为 21.3 万 m³/a，其中生产取水量为 17.24 万 m³/a，职工生活取水量为 4.06 万 m³/a，陶卜洼村居民生活取水量为 0.1 万 m³/a。工业场地现有 1 眼水井，单井出水量 32m³/h（28 万 m³/a）。矿井水经处理后回用，多余矿井水处理达到《地表水环境质量标准》Ⅲ类水质标准后外排；工业场地生产废水和生活污水经收集处理后全部回用，不外排；已修建足够容量的事故废污水收集池及初期雨水收集池，确保废污水不外排。

13. 冯西煤矿

华美奥冯西煤业设计产能 90 万 t/a，配套选煤厂设计生产能力 90 万 t/a，实际产能 70 万～80 万 t，矿井涌水量和处理规模约 20m³/h，排水系数约为 0.02m³/t，有工业污水和生活污水 2 个处理站。根据《朔审批函〔2020〕130 号关于山西朔州平鲁区华美奥冯西煤业有限公司 90 万 t/a 矿井兼并重组整合项目及配套选煤厂取水许可审批准予行政许可的决定》，冯西煤矿生产取水水源为该矿处理后的矿井水；职工生活取水水源为当地岩溶地下水，公共供水管网到达后，置换岩溶地下水。取水总量为 22.87 万 m³/a，其中生产取水量为 19.24 万 m³/a（矿井生产取水量为 16.27 万 m³/a，选煤厂生产取水量为 2.97 万 m³/a），职工生活取水量为 3.63 万 m³/a（矿井生活取水量为 3.47 万 m³/a，选煤厂生活取水量为 0.16 万 m³/a）。工业场地现有 1 眼水井，单井出水量为 40m³/h（35 万 m³/a）。矿井水经处理后回用于洗煤厂、井下降尘和黄泥灌浆，多余矿井水处理达到《地表水环境质量标准》Ⅲ类水质标准后外排；工业场地生产废水和生活污水经收集处理后全部回用，不外排；煤泥水闭路循环不外排；修建有足够容量的事故废污水收集池及初期雨水收集池，确保废污水不外排。

冯西煤矿矿井污水根据性质、所含污染物种类的不同、水量大小，实行雨污分流排水系统，即雨水和生活污废水分流。正常情况下，工业广场生活污水采用调节→SBR 池→沉淀→过滤→消毒工艺，生活污水处理站设计规模为 15×2m³/h（720m³/d），生活污水经处理后要求：COD≤20mg/L、BOD₅≤10mg/L、NH₃-N≤15mg/L、SS≤30mg/L。生活污水经处理后回用于黄泥灌浆、道路绿化洒水等，正常情况下，废污水全部回收利用，不外排。

矿井水首先进入调节水池，再用泵提升进入一体化净水器，同时加药助凝，矿井水处理站设计规模为30m³/h（720m³/d），处理后的矿井水满足《煤矿井下消防、洒水设计规范》（GB 50383—2006）井下消防、洒水水质要求，主要用于井下洒水、锅炉用水、黄泥灌浆，处理后的多余矿井水2.85万m³/a通过管线送至位于冯西煤矿工业场地西南的山西朔州平鲁区华美奥冯西煤业有限公司90万t/a选煤厂，作为其生产用水，根据煤炭洗选用水定额0.06m³/t计算，冯西选煤厂能够全部接受此部分矿井水，不外排。非正常情况下排放的废污水临时收集在事故水池，经处理后回用。考虑到矿井水的不稳定性，矿方已修建足够容量的供水调节池，保证矿井供水的稳定性。

14. 西易煤矿

西易煤矿生产用水水源为本矿处理后的矿井水，职工生活用水由安家岭煤矿提供。煤矿总取水量18.71万m³，其中生产取水量13.93万m³，生活取水量4.78万m³。西易煤矿矿井生产过程中退水主要有矿井水、工业场地生产废水及职工生活污水等。矿区排水采用分流系统，即分为矿井水、生产废水和生活污水系统。正常情况下，处理后的矿井水作为生产用水（矿井水可利用量为612.50m³/d），回用于井下降尘洒水、黄泥灌浆，能够满足其生产用水422.22m³/d（合13.93万m³/a，按330天计）的需求，多余的矿井涌水8.43

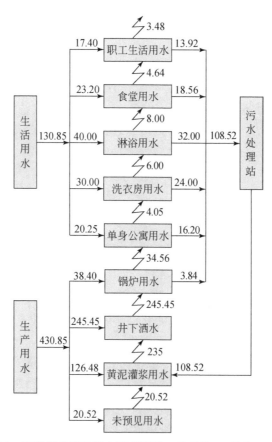

图5-8　西易煤矿核定后水量平衡图（采暖季）（单位：m³/d）

万 m³/a 输送至西易能源集团有限公司洗煤厂，不外排。西易洗煤厂（350 万 t/a）位于西易煤矿西南 1km 处，根据《山西西易能源股份有限公司入选原煤 350 万 t/a 选煤厂项目水资源论证报告书》，生产取水量为 255.49m³/d（合 8.43 万 m³/d，其中非采暖期取水量为 277.49m³/d，合 4.99 万 m³/a，按 180 天计算，采暖期取水量 229.09m³/d，合 3.44 万 m³/a，按 150 天计算），可以保证西易煤矿外送的矿井水量全部综合利用，不外排。工业广场生产生活废污水经处理后用于绿化用水、道路洒水、黄泥灌浆等，不外排。西易煤矿核定后水量平衡图（采暖季和非采暖季）见图 5-8 和图 5-9。

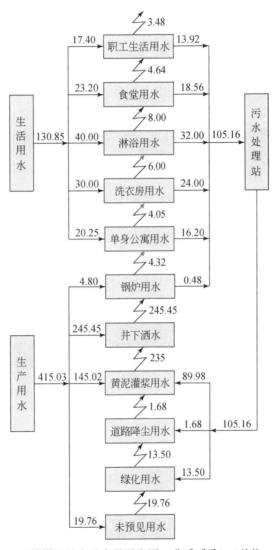

图 5-9　西易煤矿核定后水量平衡图（非采暖季）（单位：m³/d）

中煤平朔集团在刘家口水源地的取水许可批准水量为 876 万 m³/a，根据《2016 年山西省朔州市神头泉域岩溶大泉开发利用统计年报》，2016 年中煤平朔集团实际取水量为 227.96 万 m³，尚有 648.04 万 m³ 余量，安家岭煤矿供水管线从西易煤矿井田穿过，为西易煤矿提供生活用水 4.78 万 m³；同时根据《中煤平朔煤业有限责任公司总经理办公会议纪要》，安家岭煤矿在生产过程中对西易村附近的环境造成影响，为此中煤平朔集团每月为西易煤矿提供 5040m³（168m³/d）清水作为居民生活用水。

15. 东易煤矿

根据《关于山西朔州平鲁区茂华东易煤业有限公司 90 万 t/a 矿井兼并重组整合项目取水许可审批准予行政许可决定书》（朔审批函〔2020〕3 号），东易煤矿生产取水水源为该矿处理后的矿井水，职工生活取水水源为当地岩溶地下水。东易煤矿设计矿井总取水量为 1545.64m³/d（折合 50.91 万 m³/a，其中生产用水按 30 天计算、生活用水按 365 天计算、锅炉补水按 180 天计算）。其中井下生产取水量为 1106.37m³/d（折合 36.51 万 m³/a，按 330 天计算），生活取水量为 439.27m³/d（折合 14.49 万 m³/a，按 365 天计算，锅炉补充水按 180 天计算）。矿井水经处理后回用，多余矿井水达到《地表水环境质量标准》Ⅲ类水质标准后外排，选煤厂退水量为 3.46 万 m³/a；工业场地生产废水和生活污水经收集处理后全部回用，不外排；已修建足够容量的事故废污水收集池及初期雨水收集池，确保废污水不外排。

16. 华美奥崇升煤矿

根据《关于山西朔州平鲁区华美奥崇升煤业有限公司 90 万 t/a 矿井兼并重组整合项目取水许可审批准予行政许可决定书》（朔审批函〔2020〕5 号），崇升煤矿生产取水水源为该矿处理后的矿井水，职工生活及冯家岭村居民生活取水水源为当地岩溶地下水。取水总量为 19.95 万 m³/a，其中生产取水量为 16.64 万 m³/a，职工生活取水量为 3.49 万 m³/a，冯家岭村居民生活取水量为 0.31 万 m³/a。工业场地现有 1 眼水井，单井出水量为 35m³/h（30.66 万 m³/a）。矿井水经处理后回用，多余矿井水处理达到《地表水环境质量标准》Ⅲ类水质标准后外排；工业场地生产废水和生活污水经收集处理后全部回用，不外排；已修建足够容量的事故废污水收集池及初期雨水收集池，确保废污水不外排。

5.4.2 煤矿供水水源

研究区煤矿企业生产、生活用水可选择的供水水源有四种来源：一是引黄水，即山西省万家寨黄河引水工程北干线朔州供水工程（简称引黄水）；二是地下水，利用自备井抽取地下水（神头泉岩溶水居多），刘家口水源地主要为平朔矿区供水水源地；三是再生水，包含废污水（经处理后的煤矿企业的生活污水、机修废水、洗煤厂煤泥废水，一般企业的生产生活污水，居民生活污水等）、雨水和经处理后的矿井水。其中引黄水、神头泉岩溶水和刘家口水源地供水水源简介如下。

1. 引黄水

山西万家寨引黄入晋工程是解决太原、大同、平朔三地区水资源紧缺矛盾的大型跨流域调水工程，包括总干线、南干线、北干线工程，设计年引水总量为 12 亿 m³，其中南干线向太原供水 6.4 亿 m^3，北干线向大同、平朔供水 5.6 亿 m^3。目前，总干线、南干线已建成向太原供水。2013 年 12 月底，按水利部要求，山西省重新编写了北干线可行性研究报告。

山西省引黄入晋北干线是向大同、平朔煤炭基地，以及怀仁、山阴两县城供水的引水工程，供水区面积为 5273 km^2。据山西省政府统一规划，万家寨引黄北干渠已于 2008 年春开工建设，2011 年引水到朔州地区，于 2011 年 9 月 16 日正式通水，工程自偏关县下土寨分水闸起，途径偏关、平鲁、朔城区、山阴、怀仁到位于大同市南郊区的墙框堡水库，线路全长 156.54km，北干线近期工程按年输水量 2.96 亿 m^3 规模建设，最终年引水量为 5.6 亿 m^3。

根据《山西省万家寨引黄入晋工程北干线初步设计》，引黄工程北线工程（原计划 2011 年实现）由万家寨水库引水，引黄至大同、朔州，近期（2020 年）2.96 亿 m^3/a，远期 5.6 亿 m^3/a。水量分配：朔州近期 1.25 亿 m^3/a，大同 1.71 亿 m^3/a；到虹口时流量 9.9m^3/s，朔州分水流量 1.6m^3/s，山阴县分水 0.6m^3/s。

根据《山西省万家寨引黄入晋工程北干线可行性研究补充报告》（近期工程实施方案），为满足中煤平朔集团安太堡区域、安家岭区域、东露天区域以及木瓜界区域的煤矿生产用水，引黄北干线工程在平鲁区井坪镇兴建大梁水库及平鲁地下泵站，大梁水库总库容为 3761 万 m^3，日调水量为 6 万 m^3，折合 1795 万 m^3/a。引黄北干线工程由平鲁地下泵站从北干 1 号隧洞抽水，作为平鲁区分水口，通过大梁水库放空洞向平鲁区供水（平鲁水厂）。平鲁水厂分两条线路供水，一条沿大沙沟及源子河流向输送至东露天矿和神头电厂，另一条沿平朔公路途经堡子沟、康家窑、元墩、曹庄子、潘家窑输送至安太堡和安家岭煤矿。目前，引黄水供水工程线路铺设已基本完成，输水管线全长约 55.5km，采用焊接钢管直埋铺设。大梁水库的任务是在每年 10 月至次年 7 月，由平鲁地下泵站从北干 1 号隧洞抽水入库蓄存，除全年供平鲁用水外，在 8 月、9 月引黄工程停止供水期间，经大梁水库向下游平朔、怀仁、山阴及大同地区供水。万家寨引黄北干工程实施后，平鲁供水区城市供水水源主要是当地地下水和引黄水、少量的地表水和废污水处理回用水。由于万家寨水库运行的排沙特性，须在引水工程线路上兴建蓄水工程对引黄水量进行年调节，在引水期内用引黄水充蓄，8 月、9 月停引期间由水库泄放供水。

北干线平朔段途经朔城区、下窑村、刘家口村及魏家窑村西南，经沙涧村、店坪村、秋寺院村、耿村，向东北大平易村、张家口村一带延伸。根据《山西省水资源全域化配置方案》，2020 年引黄北干线供水工程可向朔州市供水 2.21 亿万 m^3/a，其中引黄入晋北干线一期工程分配给平鲁区的引黄水指标为 2654 万 m^3/a。

2. 神头泉岩溶水

神头泉位于朔州市朔城区神头镇，大同盆地北部的神头、司马泊、新磨一带，沿桑干河支流源子河河道及两岸出露分布面积为 5km^2，大小泉水 100 余处，呈散流排泄，水位标高 1059～1065m，地面标高 1044～1053m，为一构造上升泉。神头泉主要有三个泉组成，分别为河道泉组、五花泉组和小泊泉组。

神头泉水多年平均流量为 6.22m^3/s（1956～2016 年），最大流量为 9.39m^3/s（1965

年 3 月），水温 12 ~ 16℃，水化学类型为 HCO_3-Ca·Mg 型水，矿化度小于 0.5g/L。

神头泉范围包括朔州市朔城区、平鲁区、山阴县和大同市的左云县，以及忻州市的宁武县、神池县部分地区，泉域总面积为 4756km²，其中大同市 210km²、忻州市 1337km²、朔州市 3209.5km²。在朔州市域内主要为岩溶山区、碎屑岩区、第四纪盆地平原区，在平鲁区分布面积为 1231km²，全部为岩溶山区。用水户主要为生活用水。

经计算，神头泉岩溶水 1956 ~ 2016 年多年平均天然资源量为 17563.8 万 m³，可利用量为 12294.7 万 m³，其中，朔州市岩溶水可利用量为 12171.7 万 m³。2011 年 10 月，在万家寨引黄北干线实施供水后，将对神头电厂、平朔煤炭工业公司等生产取用的岩溶水进行置换，进而保证泉域范围内城镇居民、农村和工业职工生活用水，真正实现岩溶水资源的优水优用。目前，各煤矿有工业场地的自备井多取用神头泉的岩溶地下水。

3. 刘家口水源地

刘家口水源地位于朔州城区北部刘家口村西七里河西岸的一级阶地上，含水层主要为奥陶系碳酸盐岩。原煤炭工业部第一水文地质队于 1980 年对该水源地进行了勘察，并于 1984 年提出《中国平朔露天煤矿供水水源勘探报告》，确定刘家口水源地为平朔矿区供水水源地，主要用于供应平朔矿区生产用水和生活用水。1982 年开凿探采结合井 12 眼，其中观察孔 3 眼，水源井 9 眼，1984 年投入使用，设计能力为 2.7 万 t/d，由于企业生产用水大部分实现了闭路循环，目前实际供水量为 1.5 万 t/d（其中生活用水 1500t/d）。

水源地共建有两个区，距离约 500m，一区内共有水井 6 眼，在边长为 43m×20m 的矩形区域内集中分布，布孔面积 860m²，孔间距为 16 ~ 24m，孔深 277 ~ 285m；二区内共有水井 3 眼，呈三角形分布，边长约 25m，孔深 360 ~ 484m。

平鲁区引朔供水工程刘家口水源地岩溶地下水可开采流量为 0.4m³/s（合 34560m³/d，1261.44 万 m³/a）。根据《朔州市平鲁区引朔供水工程取水许可审批准予行政许可决定书》（晋水审批决〔2020〕42 号），原批复中煤平朔集团有限公司的刘家口水源地岩溶地下水 876 万 m³/a 全部用引黄水置换，置换出的地下水供平鲁区引朔供水工程 600 万 m³/a（含中煤平朔集团有限公司职工生活用水 200 万 m³/a），以解决引水管线经由段企业及平鲁区生活用水，其余水量作为朔州市市区城市生活备用水源。利用中煤平朔集团有限公司已建设的从刘家口水源地至安太堡村的管线，西易煤矿、山西西易能源集团股份有限公司洗煤厂和中煤平朔集团有限公司的安太堡露天矿、安家岭露天矿、井工一矿生活用水可直接从现有输水管路上接取；平鲁区城区（包括北坪新村）、平鲁区乡镇供水从现有朔州市平鲁区供排水公司（平鲁自来水厂）现有供水管网上接取。需新建安太堡村至平鲁区供排水公司的输水管线和泵站、蓄水池。

到 2025 年，平鲁区引朔供水工程供水区总需水量为 1019 万 m³/a，其中刘家口水源地岩溶地下水 600 万 m³/a，平鲁区供排水公司自备井岩溶地下水 160 万 m³/a，引黄水 259 万 m³/a。取用水户生活取水量分别为：平鲁区城镇（包含北坪新村）、平鲁区 6 乡镇生活取水量 395.6 万 m³/a，安太堡露天矿、安家岭露天矿、井工一矿生活取水量 200 万 m³/a，西易煤矿职工生活取水量 4.2 万 m³/a，山西西易能源集团股份有限公司洗煤厂职工生活取水量0.2万 m³/a。安太堡露天矿、安家岭露天矿、井工一矿职工生活污水经矿区生活污水处理站处理后排至终端污水处理站进行再处理，用作煤矿生产用水，不外排；西易煤矿职工生活污水经处理后全部回用，不外排；山西西易能源集团股份有限公司洗煤厂职工生活污水经处理后全部回用，不外排；平鲁区城镇（包含北坪新村）生活污水收集后送至平鲁区污水处理厂，经处理后部分用于山西平朔煤矸石发电有限责任公司，作为辅机循环冷清水，剩余部分综合利用；平鲁区6乡镇居民产生的生活污水进入规划新建的农村污水处理站。

5.4.3 煤矿矿井水利用模式

为解决煤矿企业矿区发展对用水量的需求，减少对新鲜外源水的依赖，同时实现矿区污废水的闭路循环，各投产煤矿企业现基本建成各自的矿井水处理站来处理矿井水并充分利用。

1. 中煤平朔集团所属煤矿

中煤平朔集团安太堡、安家岭区域已建成矿井水处理站4座，处理能力及处理对象见表5-39，其中井工一矿矿井水处理站2017～2019年处理水量见表5-40。

表5-39 中煤平朔集团已建矿井水处理站基本情况

序号	名称	设计处理规模 /(m³/d)	实际处理量 /(m³/d)	设计处理对象	出水去向
1	井工一矿上窑区井下水处理厂	7200	3500	井工一矿上窑采区疏干水	进入调蓄水库复用
2	井工一矿太西区井下水处理厂	24000	6500	井工一矿太西区疏干水	2300m³/d 用于太西区生产，其余废水全部进入调蓄水库
3	井工三矿井下水处理站	12000	6000	井工三矿井下疏干水	井下生产、选煤厂、锅炉房等生产用水
4	大沙沟污废水处理站	6400	2000	井工三矿井下疏干水	木瓜界新建选煤厂的生产用水
	合计	49600	18000		

表5-40 安太堡、安家岭区域矿井水处理站年出水量统计 （单位：万 m³）

污水处理站名称		2017 年	2018 年	2019 年	设计规模
矿井涌水	井工一矿太西区处理站	246.11	208.53	235.36	876.0
	井工一矿上窑区处理站	212.07	224.41	202.81	172.5
	合计处理量	458.18	432.94	438.17	1048.5

注：井工一矿处理站出水量为井工一矿井涌水扣除井下生产后的水量。

2017～2019年井工一矿矿井水可利用量约为444.09万 m³/a，加上经井工三矿和大沙沟处理站的矿井水可利用量，中煤平朔集团矿井水可供水量在 800 万 ~ 1000 万 m^3/a。

中煤平朔集团矿区矿井水利用模式为在自用的基础上实现了园区综合利用。为解决矿区发展对用水量的需求，同时实现矿区污废水的闭路循环，2005 年中煤平朔集团配套建设了平朔矿区水资源综合利用工程项目，其核心部分为安家岭调蓄水库枢纽，初步建立了收集—处理—回用的矿区污废水综合治理利用体系，通过收集矿区各类污废水加以处理后用作露天矿道路洒水、选煤厂生产用水、绿化用水等。水库库容 67 万 m^3，水库泵站的供水能力为 46000m^3/d（按供水机组额定供水能力计算）。2015 年安太堡、安家岭区域可供水规模为 1978.97 万 m^3/a，其中地下水供水量为 427.78 万 m^3/a、引黄水配额为 500 万 m^3/a、复用水量为 1051.19 万 m^3/a。2015 年安太堡、安家岭区域清水使用量为 753.25 万 m^3/a，其中地下水使用量为 279.16 万 m^3/a，引黄水使用量为 474.09 万 m^3/a，潘家窑矿清水使用量为 1.31 万 m^3/a，经处理后的复用水实际使用量为 454.7 万 m^3/a。该区域 2015 年总用水量为 1209.26 万 m^3/a。安太堡、安家岭区域富余供水能力为 769.71 万 m^3/a。

井工三矿和木瓜界选煤厂的生产用水一直由井工三矿矿井涌水、大沙沟污废水、木瓜界区域内生活水经处理后供给。2015 年木瓜界区域可供水规模为 859.33 万 m^3/a，其中地下水供水量为 175.2 万 m^3/a、引黄水配额为 400 万 m^3/a、复用水量为 284.13 万 m^3/a。2015 年该区域清水使用量为 50.56 万 m^3/a，全部为地下水，未使用引黄水，经处理后的复用水实际使用量为 119.87 万 m^3/a。该区域 2015 年总用水量为 170.43 万 m^3/a。木瓜界区域富余供水能力为 688.9 万 m^3/a。

东露天区域的复用水全部就近用作选煤生产补充水、洗车间洗车补充用水和绿化用水，2015 年东露天区域可供水规模为 740.35 万 m^3/a，其中地下水供水量为 280.28 万 m^3/a、引黄水配额为 450 万 m^3/a、复用水量为 10.07 万 m^3/a。2015 年该区域清水使用量为 208.43 万 m^3/a，其中地下水使用量为 59.1 万 m^3/a，引黄水使用量为 149.33 万 m^3/a。经处理后的复用水实际使用量为 10.07 万 m^3/a。该区域 2015 年总用水量为 218.5 万 m^3/a。东露天区域富余供水能力为 521.85 万 m^3/a。

北坪工业园区生活用水统一由平鲁市政供水管网供给，不在平朔公司的供水体系内，该区域已获得的引黄水配额 445 万 m^3/a 作为生产用水。目前平朔公司的新建项目及在建项目的投运主要集中在北坪工业园区。2017 年的最大用水量为 1477.7 万 m^3/a，园区用水缺口为 1032.7 万 m^3/a。

2. 其他煤矿企业利用模式

由各煤矿的取用水情况分析可知，地方煤矿矿井水利用模式基本为自身消耗。典型的煤矿自用情况如下。

西易煤矿矿井水全部送至矿井水处理站，井下排水处理站设计规模为 80m^3/h（1920m^3/d），经过处理后矿井水满足《煤矿井下消防、洒水设计规范》（GB 50383—2006）井下消防、洒水水质要求，回用于井下降尘洒水，多余矿井水输送至西易洗煤厂作为生产用水，不外排。生活用水由安家岭煤矿提供，取水地点为安家岭煤矿，供水管路为西易煤矿设置的出水口。生产生活废污水全部回收送至生活污水处理站进行处理，处理站设计规模为 10m^3/h（240m^3/d），处理后的水质满足污水综合排放标准一级标准要求，回用于井下降尘洒水、绿化降尘洒水等，不外排。在工业场地的南侧地势最低处，建有 $200m^3$ 的初期雨水收集池，收集后的雨水经沉淀后，用于绿化及降尘洒水，不外排。非正常情况下排放的废污水临时收集在事故水池，经处理后回用，不外排。

国兴煤矿正常矿井涌水量为 $585.21m^3/d$；生产用水为处理后的矿井水，取水量为 $578.61m^3/d$；职工生活取水水源为本矿自备水井，取水量为 $137.17m^3/d$；矿井水全部综合利用，无外排水量。矿井水全部送往井下处理站，由处理站进行处理，处理能力为 $60m^3/h$，经过处理后部分回用于井下降尘洒水、黄泥灌浆，工业场地生产和生活废污水经排水管网汇集至生活污水处理站进行处理，处理能力 $20m^3/h$，处理后回用于道路降尘洒水、绿化洒水等，不外排。

大恒煤矿矿井生产过程中排水主要有矿井水、生产废水及生活污水等。4 号和 9 号煤层实行配采时，矿井涌水经处理后全部作为矿井和配套选煤厂生产用水，不外排。后期单独开采下组煤时，若有多余矿井水，须达到地表水环境质量Ⅲ类水标准后方可外排入王货郎沟。选煤厂生产用水实现闭路循环，不外排；工业广场生产与生活废污水全部回收送至生活污水处理站进行处理，工业场地矿井水处理站已建成，处理能力为 $120m^3/h$（$2880m^3/d$）。副井工业场地现有生活污水处理站一座，处理能力为 $20m^3/h$，工业场地处理后的生活污水中污染物浓度所监测的各项指标均满足《污水综合排放标准》（GB 8978—1996）的一级标准限值要求，处理后生活污水全部用作选煤补充用水和绿化、道路浇洒用水等。除初期雨水进行收集回用，清净雨水汇流后由排洪渠就近排入王货郎沟。

煤矿达产后矿井涌水量为 $616.4m^3/d$。矿井污水根据性质及其所含污染物种类的不同，实行雨污分流排水系统，即工业场地的雨水和生活污水采用分流制。矿井建有 1 座矿井水处理站，采用混凝—沉淀—过滤—消毒工艺进行预处理（处理能力为 $150m^3/h$）后进入超滤系统，主要去除水中溶解的绝大部分无机盐、小分子的胶体硅、有机物等，处理后用于生产用水。生活污水处理在主副井场地分别设一个污水处理站，污水通过厂区排水管网收集到两个污水处理站分别进行处理，生活污水处理能力为 $25m^3/h$，经处理后全部回用于生产用水。在正常工况下，各种废污水经过处理回用，剩余的少量矿井水可储存在矿井排水调节池内，留作矿井水不足时补充；非正常工况下排放的废污水临时收集在事故水池，经处理后回用，不外排。考虑到矿井涌水的不稳定性，矿区修建一定容量的矿井排水调节池。

国强煤矿生产用水为本矿井经过处理后的矿井水，生活取水为煤矿工业场地东侧的岩溶深井。煤矿废污水收集后经污水处理设施处理达标后回用，矿井涌水全部送至矿井水处理站（处理设计规模为 $60m^3/h$，即 $1440m^3/d$），经处理后用作锅炉补水、黄泥灌浆、井下洒水等，不外排；地面各建筑物的污水主要来自办公楼、食堂、浴室、洗衣房、单身公寓等，这部分污水经排水系统收集后全部送至生活污水处理站（设计规模为 $20m^3/h$，即 $480m^3/d$），处理后用作降尘洒水、绿化洒水、黄泥灌浆用水等，不外排。在主井工作场地建一座初期雨水收集池（$180m^3$），副井场地建一座初期雨水收集池（$360m^3$），收集后的雨水经沉淀后除用于绿化及降尘洒水外，清净雨水汇流后由排水渠就近排入附近冲沟。

3. 供用水模式分析

根据各煤矿实际供用水情况来看：①除中煤平朔集团所属煤矿外，其他地方煤矿或配套选煤厂生产用水均取自各煤矿经处理后的矿井涌水，中煤平朔集团的露天矿生产用水部分由引黄水供给，部分由经处理后的矿井水供给；②职工生活用水大部分来自当地工业场地的岩溶水，中煤平朔集团生活用水来自引朔供水工程刘家口水源地岩溶地下水和引黄水，白芦煤矿职工生活用水还取用了深度处理后的矿井涌水，西易煤矿职工生活用水由引朔供水工程安家岭煤矿供水管线提供，间接使用了刘家口水源地岩溶地下水；③除中煤平朔集团所属的几座大型煤矿外，其余各煤矿经处理后的矿井水基本仅够满足自身生产用水和消耗，生活用水还需要取用当地岩溶地下水，万通源、白芦和国兴等煤矿还利用一些雨水资源；④中煤集团井工矿和露天矿矿坑/井水经处理后在各矿区和洗煤厂之间综合利用，不足的生产用水还需要从引朔供水工程刘家口水源地取水，并利用引黄水。

因此，本研究区煤矿能够提供给平鲁区统一配置的矿坑/井水可利用量十分有限；区域矿坑/井水综合利用和配置模式需要充分考虑各煤矿自身的用水需求，建立地方煤矿小循环和中煤平朔集团公司所属煤矿及配套工业园区内大循环的矿坑/井水利用方式。

5.5 矿井水综合利用配置方案

随着水权意识的增强和水资源税、环境税等税费的缴纳，平鲁区各煤矿基本配置了调节水池/水库、事故水池等，矿坑/井水经过处理后基本做到矿区内或和配套工业联合综合利用，外排量很小。因此，本示范区域内矿坑/井水纳入区域水资源统一配置的核心与重点是中煤平朔集团公司所属煤矿及配套企业矿坑/井水的内部配置和富余水工业园区集中配置，以及地方煤矿企业单矿内的矿井水高效利用。

5.5.1 总体思路

为使矿井水处理后能充分高效利用，在充分考虑煤矿企业分布、煤矿矿井涌水量，以及处理后的水质情况、供水管线布置情况、各煤矿及配套工业企业需水情况的基础上，因地制宜地采取集中与分散相结合的布局，合理配置矿井水。

1. 配置原则

矿井水配置应以所在流域或区域水资源综合规划及区域供水规划为基础，在常规水源合理配置的基础上，确定矿井水源在各类非常规水源中供水的优先次序，纳入水资源统一配置，并优先利用矿井水。根据示范区大型露井联采矿区（工业园区）供水水源类型多元、生产单位多、工业类型多、用水水质各异、用排水结构复杂、供需水量时空分布不协调、污水处理站工艺水平各异等特点，遵循山西省、朔州市及平鲁区水资源开发利用的基本政策，结合水资源综合、集约、节约利用理念，提出示范区矿坑/井水资源高效利用原则：

（1）遵循"节水优先、空间均衡"治水方针，首先考虑矿坑/井水自用、提高矿坑/井水复用率；其次应充分利用调蓄水库，破解水资源供需时间不协调的矛盾；在满足自用的基础上考虑区域分质供水。

（2）遵循"先污水、后地表水、再地下水"的取水水源选择原则，优先使用矿井水、废污水、雨水等，再利用引黄水和当地地表水，最后取用地下水。

（3）遵循"区域协调、就近供水"的供水原则，针对不同用水户，遵循"优水优用、分质供水"的原则。

（4）遵循"高水高用、本地水本地用"的用水原则。

2. 区域水资源配置利用思路

优先利用矿坑/井水。对大型煤矿企业（如平朔露天煤矿）在分析其用水和供水结构及配置的基础上，明确矿坑/井水的供水对象及规模、用水户分布、管网建设等，在企业内部和配套企业、园区内优先配置和使用矿坑/井水，并与常规供水水源和其他非常规供水水源工程规划相协调。

充分利用引黄水。万家寨引黄北干线引水工程供给平朔矿区工业用水水量为 1795 万 m³/a，工业用水水质达到《城市污水再生利用工业用水水质》标准（GB/T 19923—2005）中敞开式循环冷却水系统补充水的水质要求，可以满足矿区生产用水要求。矿区已到位的引黄水配额水量分配详见表 5-41。引黄水经厂区的引黄净化水厂进一步处理后，代替地下水用于安太堡区域的生产生活。据统计，该区域 2015～2019 年引黄水使用量约为 474.09 万 m³/a，未达到区域引黄水配额水量，区域内煤矿企业应充分利用配置的引黄水指标，做到优水优用。

表 5-41 平朔矿区引黄水分配量

序号	规划供水区域	规划水量/(万 m³/a)
1	安太堡、安家岭区域	500
2	木瓜界选煤厂	400
3	东露天区域	450
4	北坪工业园区	445
合计		1795

综合利用其他非常规水源。此外，还应综合利用雨水、经处理后的工业、生活废污水等非常规水源。

3. 矿井水综合利用模式

依据矿井水不同利用方式下供需双方水量、水质需求，实现矿井水资源与其他水源搭配利用，合理地调入、调出优化配置，实现矿井水的综合利用。矿井水利用模式应包括单个煤矿矿区内用水和矿区外用水。矿井水不同利用方式的适用条件不同，需要明确矿井水利用对象、矿井水利用量、水质情况,还需根据矿区水文地质条件、矿井涌水量,采取合理可行的地表或地下水库等调蓄方式。

1)自用方式

自用方式是各煤矿将矿井水收集、处理后,达到水质回用要求,回用于厂内生产、生活用水的利用方式。自用方式应明确厂内各用水环节的用水量,如井下用水量(井下防尘、消防洒水、黄泥灌浆等)、厂内地面生产用水量(绿化、道路喷洒等)、其他生产用水(选煤、洗煤用水等)。作为生产用水水源,处理后的矿井涌水水质满足《煤矿井下消防、洒水设计规范》(GB50383—2016)中井下消防洒水水质标准。

2)综合利用方式

综合利用方式为矿井水收集、处理后,达到用水户水质需求,经调节池调蓄,通过管网收集输送至周边工业、非工业用水户的利用方式。这种方式下,应明确矿区内各用水环节用水量、不同用水对象的需求量(周边工业园区、企业工业用水,农牧业灌溉、矿山复垦修复、渔业养殖、景观绿化、生活等非工业用水)、是否存在富余的可供矿井水量、是否能够满足不同用水对象的水质要求;多余外排的矿井水是否满足周边水体水功能区环境容量,如果满足,则可以考虑增加河道生态基流,补充河流、湖泊流量、回补地下水等利用方式。

5.5.2 配置方案

根据平鲁区煤矿矿坑/矿井水的具体情况,中煤平朔集团所属煤矿矿坑/矿井水除煤矿自用外,应主要考虑回用于近距离范围内的工业生产用水,如露天矿生产用水、配套洗煤厂、化工生产用水等。其他煤矿企业矿井水配置以企业自用为主;矿井水可利用量不足的煤矿企业还需利用区域内的其他水源,矿井水可利用量足够的煤矿企业可修建备用池,用于存储多余的水量,在保证煤矿自身用水的基础上,进一步扩宽矿坑/矿井水涌水的综合利用途径,形成研究区域集中与分散相结合的矿坑/矿井水综合利用和调配体系。

1. 煤矿小循环矿井水利用方案

单个煤矿企业矿井水可利用量配置以自身利用为主,经处理达标后的矿井水主要用于井下消防、防尘洒水、黄泥灌浆,配套洗煤厂生产用水、道路除尘、场区绿化洒水等;修建调节水池存储经处理后的多余矿井水用于调蓄;修建足够容量的事故废污水收集池及初期雨水收集池,在非正常情况下,矿井水进入事故水池;经处理后的生活污水进入调节水池加以综合利用。结合生活用水,煤矿小循环矿井水综合利用方案示例如图 5-10 所示。

2. 园区大循环矿井水配置方案

"十三五"期间,在引黄水配额已经到位的情况下,安太堡、安家岭区域,以及木瓜界、东露天区域水资源富余、北坪工业园区缺水,使用引黄水承担较高用水成本的同时仍

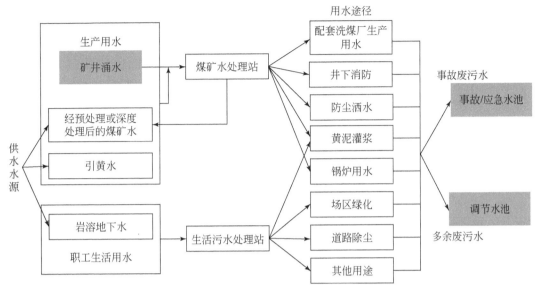

图 5-10 煤矿小循环矿井水综合利用方案示意

有部分复用水资源未被使用,这些富余的复用水资源的外排,不但造成大量的水资源浪费,还使中煤平朔集团面临着较大的环保压力。若规划中的项目都能落地甚至有更多的项目建设,水资源缺口将更加巨大。因此,平朔矿区水资源利用工作的重点是要解决水源性缺水的问题。为此,需落实近期"区域调配、减清增复"、远期"申请配额"的解决思路,重点在安太堡、安家岭区域持续推进和完善水资源的综合治理,优先有效使用复用水,不足部分再使用引黄水和地下水,区域间水资源供需不平衡需要在各区域间进行合理的水资源优化配置和置换。

1)从安太堡、安家岭区域调配至北坪工业园区

根据安太堡、安家岭区域水资源情况及未来用水量分析,随着井东煤业及井工二矿的闭井,安太堡区域每年的引黄水使用量可减少约 228.96 万 m^3,这样每年可有约 200 万 m^3 的引黄水配额调配至北坪工业园区(现有的引黄输水管道的管径可能无法满足供水量需求)。同时,该区域未来可供复用水资源约 850 万 m^3/a,而该区域复用水使用量约为 380 万 m^3/a,仍剩余复用水资源约为 470 万 m^3/a。考虑到平朔煤矸石电厂在使用平鲁区污水处理厂的复用水(处理规模 10000m^3/d,实际用量约 4000m^3/d),将该部分用水改为由经安家岭终端污水站处理达标的复用水供给,这样平鲁区污水处理厂的复用水量可置换给北坪工业园区,同时输水管道在设计时也考虑了安太堡 2×350MW 低热值煤电厂 181.8 万 m^3 的生产用水需求,这样既可以解决水库复用水过剩外排的问题,也可同步减少引黄水使用量,降低用水成本。

2)从木瓜界、东露天区域调配至北坪工业园区

根据木瓜界、东露天区域水资源情况及未来用水量分析,两个区域的水资源完全满足自身的生产需求,木瓜界区域未来可供复用水资源约有 562 万 m^3/a,而该区域复用水最大使用量约为 362 万 m^3/a,仍富余约 200 万 m^3/a(需配套实施相应的输水管路),

同时木瓜界引黄水配额 400 万 m³/a 的指标也可就近调配使用；东露天区域引黄配额为 450 万 m³/a，短期内其最大生产用量仅为 250m³/a，仍富余约 200 万 m³/a，合计可以调配使用的水资源约为 800 万 m³/a（现有的引黄输水管道的管径可能无法满足供水量需求），加上安太堡区域富余引黄水配额 200 万 m³/a、平鲁区污水厂（现在由平朔矸石电厂代管运营）复用水 365 万 m³/a（需配套实施相应的输水管路），以及北坪工业园区自有的引黄配额为 445 万 m³/a，那么园区在短期内可以使用的水资源约为 1810m³/a，完全可满足园区 2017 年 1221.03 万 m³/a 的用水量需求。

供水水源在保证用水单位水质的前提下，供水以安家岭终端污水处理站、井工一矿上窑区处理站和井工一矿太西区处理站矿井水为主，其次为引黄水，两者约占配置方案供水总量的 87.19%。平朔矿区水资源配置平衡图见图 5-11。

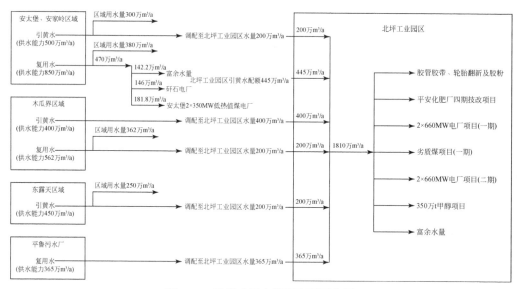

图 5-11　平朔矿区水资源配置平衡图

通过新建劣质煤发电项目、木瓜界和安家岭区域污水处理系统提标及减排工程，与平朔第一矸石发电有限公司合作，双方都能实现煤矿和生活污水的充分合理就近综合利用，平朔公司无外排矿井水。

从远期来看，平朔矿区转型项目的用水量为 5307.7 万 m³，用水缺口较大（4862.7 万 m³），通过各区域引黄水配额及复用水资源的调配已不能满足各项用水需求，必须申请增加新的引黄配额约 4000 万 m³/a。

5.6　小　　结

本案例涉及平鲁区 25 座在生产煤矿，设计生产能力 11200 万 t/a，占朔州市煤矿总设计生产能力的 61.95%。本章分析了平鲁区非常规水源的利用情况，调查了主要煤矿的矿井水利用现状；利用富水系数法估算了平鲁区煤矿矿坑/井水涌水量及可利用量，与相关研究成果进行了对比分析；根据各煤矿矿坑/井水实际利用情况，总结了矿坑/井水可能利用途径和模式，进而确定区域矿坑/井水综合利用方案，主要结论如下：

（1）根据主要研究对象调查的矿坑/井水涌水量，计算得到各煤矿的富水系数，并根据该系数确定了在达产情况下各煤矿的矿坑/井水涌水量；确定了平鲁区其他煤矿的平均矿井水富水系数为 0.230m³/t；在由各煤矿富水系数及区域其他煤矿平均富水系数计算得到达产情况下，平鲁区各煤矿的总涌水量为 1918.63m³/a，可利用量为 1726.77m³/a。

（2）利用富水系数法计算得到的各煤矿涌水量预测结果与相关研究成果对比结果显示，利用富水系数法预测露天矿涌水量结果偏大，但适合大区域内矿井涌水量匡算，经调整露天矿富水系数，可使预测结果基本合理。

（3）通过各煤矿的供用水模式分析可知，除中煤平朔集团有限公司所属煤矿外，其他地方煤矿矿井水仅能满足自身利用和消耗，几乎不外排，矿井水在区域上进行配置的可能性较小。

（4）根据各主要煤矿的矿井水实际利用情况及可利用量预测可知，除中煤平朔集团的大型煤矿外，大部分矿井水和生活用水经处理后基本用于生产用水，利用途径包含井下降尘、消防洒水、黄泥灌浆等，井上场区洒水、矿区绿化、道路洒水及洗煤选煤等，基于此，提出了基于矿区小循环和园区大循环的矿井水综合利用模式。

（5）中煤平朔集团所属煤矿矿坑/井可利用水量在污水处理系统提标及减排工程的支撑下，可做到各区域分质分级供水、合理调配和统筹优化，将安太堡、安家岭、木瓜界、东露天区域的多余复用水（含经处理后的矿井水）和富余引黄水配额调配至北坪工业园区。

（6）在基于矿区小循环和园区大循环的矿井水综合利用模式中，煤矿矿坑/井涌水处理达标后应优先回用作煤矿生产等工业用水，剩余部分再回用于配套工业、道路绿化、洒水及生态环境等；调节池/水库作为蓄水池可以提供稳定的水量供应，对于供水保证率需求高的企业来说非常重要，并且也是大型煤矿、发电厂需要配备的基础设施，修建容量足够的蓄水调节池或事故调节池，可以保证矿坑/井涌水供水的稳定性。

（7）受资料所限，本研究还存在区域涌水量预测结果待验证、研究区实际用水量和需水量待复核等问题，需在以下方面进一步研究或论证：①加大对区域内各煤矿矿井水的利用和排放监测力度，进一步收集整理矿井涌水量、利用量、水质状况等，为精确制订区域矿井水综合利用方案提供基础数据；②结合调查数据，进一步核实区域矿井水综合利用情况，计算区域矿井水预测数据的偏差，并绘制各煤矿的水量平衡图，精准计算各煤矿外排水量，以修正本书提出的区域矿井水配置模式。

第 6 章 基于场内循环与场外减排的流域选矿废水循环利用模式

本模式是矿区企业自用与区域内优化配置的典型案例，在江西省赣州市赣县区黄婆地钨锌多金属矿区进行示范，适用于经济较发达、水资源丰富的半湿润与湿润地区。

6.1 研究区概况

6.1.1 赣县区基本情况

1. 自然地理

1）地理位置

赣县区隶属于江西省赣州市，位于江西省南部、赣州市中部、赣江上游，东邻于都县、安远县，南接信丰县，西连章贡区、南康区，北与兴国县、吉安市万安县接壤，与章贡区、南康区、赣州经济技术开发区、蓉江新区共同组成赣州市中心城区。县域最南为韩坊镇水口村黄田背组，距区中心 78km；最北为白鹭乡枧坑村刘屋组，距区中心 69km；最东为三溪乡古茂村田径组，距区中心 56km；最西为沙地镇湖溪村三田境组，距区中心 63km。地理坐标在 25°26′~26°17′N，114°42′~115°22′E 之间，南北长约 91km，东西宽约 34km，总面积为 2989.46km²，占赣州市总面积的 7.6%，占江西省总面积的 1.8%。京九铁路、赣龙铁路、赣粤高速、厦昆高速、105 国道、323 国道等重要交通干线穿越本区。

2）地形地质

A. 赣县区

赣县区属丘陵山地。地势东南高，中、北部低，东部和南部重峦叠嶂、迂回起伏，其间夹有山间条带状谷地，海拔在 500~1000m。中部和北部多为丘陵，大小河流纵横其间，切割成大大小小的丘陵盆地。不同岩性的抗风化及抗侵蚀能力的差异形成不同地形、地貌形态。变质岩区一般抗风化能力强，多为高山峻岭，植被条件好，无明显水土流失，全区约有 1565.3km²，占全区总面积的 52.4%。花岗岩区易风化，风化层厚，多为山顶浑圆的低山丘陵，植被条件差，水土流失严重，全区约有 1057.5km²，占全区总面积的 35.4%。砂砾岩（页岩）区，不少页岩易于风化，一般地形较平缓，多为缓丘岗地。岩性和构造奠定了赣县区地形地貌发生发展的基础。东南、东北边缘地势高峻，并逐渐向西北方向倾斜，群山重叠，迂回绕绻。区内有平江、桃江、贡水、赣江四大主流，错综其间，彼此切割成赣州盆地和桃江、韩坊、田村等大大小小的盆地和山间条带状谷地。区内主要地貌类型有中山、低山、高丘、低丘、岗地和平原6种。其中，中山地形分布在赣县区东南面的长洛、大埠、韩坊及北缘田村瑞峰山周围，以及西缘与章贡区交界处，海拔在800m以上，相对高度500m，面积为119.50km²，占全区总面积的4%。800m以上的山峰有25座，最高峰为水鸡崇，达1185.2m，为全区最高点。低山地形海拔在500~800m，相对高度300~500m，主要分布在赣县区大埠、韩坊、长洛、大田、吉埠，以及茅店、湖江、石芫、白石、田村等乡镇边缘地区，五云、沙地、阳埠、王母渡等乡镇也有小面积低山，面积为878.24km²，占全区总面积的29.4%。高丘地形海拔在300~500m，相对高度在50~100m，遍布全区各地，面积为1389.06km²，占赣县区总面积的46.5%。低丘地形海拔在200~300m，相对高度在20~50m，主要分布在平江、桃江、贡江、赣江沿河两岸，面积为400.29km²，占总面积的13.4%。岗地和平原地形海拔在200m以下，相对高度在10~20m，主要分布在四大主流及其主要支流的丘间盆地，一般呈馒头状散布或垅状相间平列，坡度和缓，面积为200.14km²，占总面积的6.7%。湖江镇古田张屋村海拔在82m，为全区最低点，也是赣南最低点。

赣县区内山脉属南岭山系。东南与东北面，九连山、武夷山脉经南康、信丰、于都和兴国等县逶迤入区，两两成对地向桃江、平江和赣江倾斜；西北面，罗霄山经万安、南康等地蜿蜒入区，匐卧在赣江的西岸。区内的山脉主要有5条。

赣县区东南部2条山脉是龙南九连山的余脉，分别沿桃江的两岸向北延伸。东岸的一条经由韩坊、王母渡、小坪、大埠、长洛、大田，到江口的贡水南岸结束。这条山脉为区内的主要山脉，全长55km，宽约15km。整条山脉中，有海拔1000m以上的山峰11座，其主峰就是小坪乡的水鸡崇（海拔1185.2m）。沿桃江西岸的一条经由阳埠、王母渡、大埠，到大田乡的贡水南岸结束，全长约35km，宽约3km。这条山脉上有海拔800m以上的山峰4座。

赣县区东北部2条属武夷山于山的余脉，分别沿平江两岸向西南延伸。东岸的一条经由三溪、南塘、吉埠，到江口贡水北岸结束，全长约20km，宽约5km。这条山脉中有海拔800m以上的山峰3座。西岸的一条经白鹭、田村、南塘、吉埠、白石、石芫、湖江、储潭、江口，到茅店贡水北岸结束，全长约35km，宽约6km。这条脉上较高的山很少，只有田村与万安县交界处的瑞峰山海拔是823.3m。

赣县区西北部属罗霄山系诸广山的余脉，自章贡区、南康区入区，沿赣江向北延伸，经五云、沙地等乡镇，匐卧于赣江两岸，长约15km，宽约5km，有海拔600m以上山峰8座。

B. 桃江流域

地形：支流上游多为中低山、丘陵地貌，山间谷地狭窄，河谷一般呈"V"形，河面窄，两岸山势陡峻；中下游多低山丘陵，窄长形山间盆地与低山丘陵交替出现，河谷渐宽，一般呈"U"形，发育有河漫滩及三级阶地。流域区内未见大的不良物理地质现象发育。

地层岩性：流域地表一般覆盖有第四系全新统冲积层，下伏基岩为白垩系下统沉积岩及泥盆系锡矿山组变质岩。现将其沉积特征、地层岩性由新至老分述如下。

a. 第四系全新统（Q）

第四系全新统冲积层分布于各支流两岸漫滩及Ⅰ级阶地上，现按其所处地形地貌分述如下：①人工填土（Qr）。素填土不连续分布在工程区，主要为路基和房基填土，成分主要为卵砾石、细砂及少量砂壤土，分布厚度一般为0~6.0m，松散–稍密状。②第四系冲积层（Q_4al）。淤泥质土局部分布于工程区Ⅰ级阶地上部，呈灰褐、灰黑色，以软塑为主，成分为砂壤土、轻壤土，湿–饱和，属高压缩性土，物理力学性质差，厚度一般0~2.6m。轻壤土局部分布于工程区Ⅰ级阶地上部，呈灰黄、土黄色，以可塑状为主，部分为软塑状，稍湿，刀切面稍光滑，韧性中等，性状总体一般，底部黏粒含量逐渐降低过渡为砂壤土，厚度一般为0~5.1m。砂壤土为流域区主要地层，主要分布于Ⅰ级阶地上部，呈浅黄、灰黄色，松散–稍密状，稍湿，下部含粉粒较少接近细砂状，分布厚度一般为0~2.7m。细砂主要分布于砂壤土下部，呈浅黄色，砂质较纯，部分地段含有一定的砾石，上部含少量粉黏粒相变为砂壤土，松散状，稍湿，分布厚度为0~2.0m。圆砾为流域区的主要土层，呈灰黄色、黄色，以稍密状为主，部分呈松散或中密状，砾卵石含量为40%~50%，粒径一般以2~4cm居多，砾卵石之间主要为中粗砂充填，以级配不良砾为主，砾卵石的磨圆度较好，厚度一般为1.2~7.0m，部分地段未揭穿。

b. 白垩系周田群下组沉积岩（K_2）

白垩系周田群下组沉积岩为流域区下伏基岩，主要分布于工程区上游段，岩性为浅紫红色砂岩、砂砾岩，泥质胶结，中厚层状，基岩出露，多为强风化，部分地段未揭露，总体呈上游往下游方向倾斜。

c. 泥盆系锡矿山组变质岩（D_3x）

泥盆系锡矿山组变质岩为流域区下伏基岩，主要分布于工程区下游段，岩性为灰黄、灰白夹灰红色砂岩、钙质砂岩，块状构造，基岩出露，多为强风化，部分地段未揭露，总体呈上游往下游方向倾斜。

d. 石炭系灰岩（C_1Z）

石炭系灰岩为流域区下伏基岩，主要分布于工程区烧斗段上游，岩性为灰黄、灰白灰岩、砂岩，块状构造，基岩出露，多为强风化，本次勘察未揭露，岩面高程总体呈上游往下游方向倾斜。

水文地质条件：地下水主要有基岩裂隙潜水和第四系堆积层中的孔隙潜水两种类型，其中基岩裂隙潜水埋藏于基岩裂隙中，含透水性微弱，水量贫乏，受大气降水和上部孔隙潜水补给，排泄于河床。孔隙潜水主要分布于第四系冲积的砂及圆砾层中，洪水期具微承压性质，地下水埋深一般为1~3m，地下水动态与水文气象、地形条件极为密切，枯水期地下水补给河水，丰水期河水侧向补给地下水。

3）河流水系

赣县区属长江流域赣江水系赣江上游区。区内有赣江、贡江、桃江和平江四大河系，把全区分成4个水域。平江、桃江注入贡江，贡江汇章江入赣江。区内河网密布，有大小河流708条，总长度为2383km。其中集雨面积10km²以上的支流有102条，主流在县域内的长度共182.7km。平均河网密度为0.8km/km²。

居龙滩、翰林桥、峡山、棉津水文站分别监测记录桃江、平江、贡水、赣江的水位、流量等各种水文资料数据，其中居龙滩、翰林桥水文站位于赣县区内。各站的年最高与最低水位变幅为5~10m，各站年最高水位大多出现在4~6月，最低水位多出现于11月至次年1月。各站全年最大、最小流量出现的月份与水流变幅月份相同。河川径流量和降水量的变化规律相似，有明显的季节性和区域性。以暴雨、洪水为主要自然灾害，每年4~9月为汛期，防汛任务艰巨。

赣江是赣县区第一大河，属长江流域鄱阳湖水系。主流贡水，发源于赣闽交界的武夷山石寮岽（石城县南）。流经瑞金、会昌、于都、赣县，在章贡区北与章水汇合始称赣江。章贡区以上为赣江上游。章贡区以下到吴城河段为赣江干流。赣江在赣县区自储潭镇陈屋入区，北流经五云、湖江、古田、沙地、攸镇，在小良岽入万安县境。赣县区内河长45km，有集雨面积10km²以上支流35条。

贡水又称贡江，是赣江河源。流经瑞金、会昌、于都，沿途纳湘水、濂水、梅江等支流。自江口徐屋入赣县区，流经江口塘纳平江、茅店信丰江口纳桃江，于梅林镇章贡村入章贡区。赣县区内河长36km，有集雨面积10km²以上支流4条。

桃江也称信丰江，属赣江上游贡水干流一级支流，发源于赣粤交界九连山脉冬桃山东麓，自西向东北流经全南、龙南、信丰，流经王母渡观音山下入境，经王母渡、大埠、大田、茅店信丰江口注入贡江。区内河长67.7km，区内流域面积为1229km²。有集雨面积10km²以上支流38条。赣县区内桃江流域主要支流基本情况如表6-1所示。

平江又名潋江，是贡水一级支流。发源于兴国县和宁都县交界桂花山东麓。流经兴国，至南塘石院村入境，经南塘、三溪、吉埠、江口，于江口塘注入贡水。区内河长34km，有集雨面积10km²以上支流24条。

4）水文气象

A. 气象

赣县区桃江流域属中亚热带丘陵山区季风湿润气候区。气候温和，四季分明，光照充足，降水充沛，无霜期长，太阳辐射较弱，冷暖变化显著，降水主要受季风和台风影响，降水变率大。桃江流域多年平均降水量为1684.8mm，多年平均蒸发量为1433.3mm，多年平均气温为18.8℃，极端最高气温为39.2℃，极端最低气温为-7.9℃，多年平均无霜期达300天。多年平均相对湿度为82.29%，最小相对湿度为8%，多年平均风速为1.3m/s。

桃江流域东、南、西三面环山，地势自南向北倾斜，雨量也自南向北递减，南部多年平均降水量为1700mm左右，北部大约为1520mm，降水受季风的影响最大，各年降水随季风的强弱而变化。流域最大年降水量为2374mm，为多年平均降水量的1.48倍，最小年降水量为1016mm，为多年平均降水量的0.64倍，最大年降水量为最小年降水量的2.34倍。降水量的年内分配也不均匀，降水主要集中于4~6月，约占年降水量的51.1%，其中6月最大，约占全年降水量的20%。暴雨的形成有独特的天气系统存在，同时与天气系统的增强、移动、转变有密切联系，影响本流域产生暴雨的天气系统大致有高空切变线、西南低涡、冷锋、台风等。

表 6-1 赣县区桃江流域主要河流及年经流参数

序号	河流名称	流域面积 /km²	多年平均流量 /(m³/s)	多年平均径流量/亿 m³	主河道长度 /km	主河道纵比降 /‰	流域长度 /km	形状系数	河源	河口
1	尚汶河	107.0	3.22	1.02	24.8	15.8	16.6	0.39	赣县横沙坑	赣县大埠乡
2	水西河	67.6	2.04	0.643	22.6	17.1	14	0.34	赣县寨背	赣县河头
3	长洛河	64.9	1.95	0.615	21.6	9.37	16.2	0.25	赣县仰湖	赣县三江口
4	留田河	54.7	1.65	0.52	19.1	19	14.1	0.28	赣县坑尾	赣县夏汶滩
5	大田河	45.1	1.36	0.429	12.0	23.1	8.7	0.6	赣县廖坑	赣县老屋场
6	大茅河	26.1	0.786	0.248	14.0	21.5	10.3	0.250	赣县木梓岔	赣县寨高
7	左拨河	22.9	0.69	0.218	12.4	29.1	10.8	0.2	赣县长峰坳	赣县下屋
8	野鸡桥河	20.9	0.629	0.198	10.2	10.5	9.1	0.25	赣县山钗云	赣县下溪
9	大水河	20.7	0.623	0.196	10.8	27.5	9.3	0.24	赣县龙脑	赣县金田高
10	中排河	18.4	0.554	0.175	7.7	16.6	7.6	0.32	赣县枞背	赣县排口
11	苗竹河	18.3	0.551	0.174	12.1	29.5	9.4	0.21	韩坊乡黄婆地	赣县下马石
12	里南坑河	14.6	0.44	0.139	9.3	30.9	8.5	0.2	赣县下坳	赣县大埠乡
13	杜屋坑河	10.4	0.313	0.0987	7.4	19.4	5.9	0.3	赣县坪	赣县河头
14	安坑河	10.0	0.301	0.0949	7.6	3.84	5.8	0.3	赣县利凤脑	赣县窑下

B. 水文

杜头水文站位于龙南县程龙镇盘石村，控制流域面积为 435km²，为桃江上游支流太平江的控制站，该站于 1958 年设立，历年资料均经省水文部门整编、审查或刊印，资料可靠。

从杜头站历年资料看，历年水量变化以 1963 年为最枯，1995 年最丰，径流年内分配 4~6 月约占全年的 43.3%，尤以 5~6 月最多，占全年的 31.2%。

桃江及其支流的洪水由暴雨形成，洪水季节与暴雨季节一致，年最大洪水多出现在 4~6 月，往往峰高量大且历时长；7~9 月受台风影响，有时也会出现短历时洪水。从历年的资料统计，年最大洪水过程发生在 5~6 月的约占 80%。支流洪水汇流时间短，易涨易落，自降雨到洪峰抵达一般 2~3h，洪峰持续时间为 1~3h，洪水历时 0.5~1 天，一次洪水的洪量以 1 天为主。年最枯流量一般出现在 10 月至次年 2 月。根据杜头水文站实测径流资料统计，该站历年最小流量出现在 1972 年 3 月，其流量为 1.82m³/s。年最小流量出现在 10 月至次年 2 月中的年份占系列总年数的 63%。

桃江流域地貌主要由低山和丘陵组成，流域内多为震旦系变质砂岩、板岩等多种岩性组成，地表浅部风化作用强烈，其残坡积层不厚，极易被雨水侵蚀，风化造成水土流失严重。20 世纪 80 年代后，当地政府采取切实有效措施，加强水土保持，进行封山育林、植树造林、退耕还林，使水土流失状况基本有所好转，目前河床呈下切趋势。流域内居龙滩站具有 1958~2012 年实测悬移质泥沙资料。据统计分析，多年平均输沙量为 40.4 万 t，实测最大输沙量为 267 万 t，多年平均侵蚀模数为 170.1t/km²。

5）土地利用类型

根据 2014 年 Landsat 系列遥感卫星影像资料，赣县区土地利用类型共 16 类。区域内土地利用类型面积最大的为有林地，占全区总面积的 45.87%，其次为疏林地，占 23.88%；面积最小的土地利用类型为湖泊，仅占全区总面积的 0.01%，其次为低覆盖度草地，面积占 0.07%。赣县区包括有林地、灌木林、疏林地和其他林地在内的所有林地面积共 2282.77km²，占区域总面积的 75.44%；水田和旱地等耕地面积共 435.54km²，占区域总面积的 14.39%。

赣县区的土地利用类型分布和解译结果详见表 6-2。

表 6-2　赣县区土地利用类型分布和解译结果统计

土地利用类型	面积/km²	占比/%	土地利用类型	面积/km²	占比/%
水田	249.43	8.24	低覆盖度草地	2.18	0.07
旱地	186.11	6.15	河渠	50.38	1.66
有林地	1388.04	45.87	湖泊	0.45	0.01
灌木林	155.71	5.15	水库坑塘	10.02	0.33
疏林地	722.56	23.88	滩地	9.24	0.31
其他林地	16.47	0.54	城镇用地	3.87	0.13
高覆盖度草地	130.59	4.32	农村居民点	10.23	0.34
中覆盖度草地	79.90	2.64	其他建设用地	10.72	0.35

6) 土壤类型

利用全国土壤分类系统数据对赣县区进行分类统计，赣县区土壤共分 7 个土类、15 个亚类、51 个土属、96 个土种。主要土类有山地草甸土、山地黄壤、红壤、紫色土、石灰土、草甸土及水稻土。

山地草甸土面积为 90.74hm²，占全区土地总面积的 0.03%。零星分布在 1000m 左右中山顶部或山坳开阔地带，草被密茂，土质肥沃。山地黄壤面积为 1939.4hm²，占全区土地总面积的 0.65%，主要分布在 800m 以上的中山区，其母质为花岗岩、片麻岩和变质岩残积物，树木草类覆盖较好，有机质 2%~3%，pH 为 5 上下，宜生长阔叶林及杉树等用材林。红壤面积为 22.21 万 hm²，占全区土地总面积的 74.34%，是全区主要土类。广布于 800m 以下的丘陵地区，成土母质多样，表层土壤 pH 为 4.5~5.5，有机质一般在 1%~1.5%，速效磷、钾缺少，肥力较低，可以发展经济林、用材林、薪炭林。紫色土面积为 1.33 万 hm²，占全区土地总面积的 4.46%。一般土层浅薄，尚疏松，pH 为 6~7.5，速效磷、钾含量较好，物理性状不良，易流失，不耐干旱，适宜发展经济林。草甸土面积为 1202.74hm²，占全区土地总面积的 0.40%。分布于沿河两岸河滩和一级阶地，母质为河流冲积物，耕层深厚，土质松软，耕作容易，通透性良好，适种甘蔗、花生、瓜类、水果、蔬菜等。石灰土面积为 228.34hm²，占全区土地总面积的 0.08%。水稻土面积为 2.48 万 hm²，占全区土地总面积的 8.3%，耕地总面积的 92%，是全区主要耕作土壤，大部呈酸性反应。

2. 社会经济

1) 行政区划

赣县区设 19 个乡镇，其中 12 个镇（梅林、茅店、江口、吉埠、南塘、田村、王母渡、沙地、五云、湖江、储潭、韩坊），7 个乡（大埠、阳埠、大田、长洛、石芫、三溪、白鹭），276 个行政村，3237 个村民小组，27 个居民社区。

2) 人口

根据《2019 年赣州市统计年鉴》，按户籍人口划分，2018 年年末赣县区全区总人口约为 65.88 万人，比上年末增加 0.43 万人，人口密度约为 217 人/km²。2018 年年末全区户籍人口数及其构成见表 6-3。

表 6-3　2018 年年末赣县区户籍人口数及其构成

指标	年末数/人	比例/%
全区年末总人口	658847	100.00
其中：城镇	138255	20.98
乡村	520592	79.02
其中：男性	344638	52.31
女性	314209	47.69
其中：0~17 岁	182562	27.71

续表

指标	年末数/人	比例/%
18～34 岁	152741	23.18
35～39 岁	228223	34.64
60 岁及以上	95321	14.47
全区年末总户数	170295	—
平均每户人口数	3.86	—

3）地区经济

根据《江西省主体功能区规划》，赣县区属于江西省"一群两带三区"城市化战略格局中的省级重点开发区域——赣南片区，该区域的功能定位是：以赣州中心城区为主体，全面对接鄱阳湖生态经济区、珠三角和海西经济区，加快推进原中央苏区振兴发展，打造全国革命老区扶贫攻坚示范区，全国稀有金属产业基地、先进制造业基地和特色农产品深加工基地，重要的区域性综合交通枢纽，我国南方地区重要的生态屏障，红色文化传承创新区，建设国家历史文化名城、省域副中心城市、赣粤闽湘四省通衢的特大型、区域性、现代化中心城市和区域性综合交通枢纽。以赣州中心城区为中心，加快赣县、南康一体化进程，以赣粤、赣闽走廊为两翼优化空间结构，合理引导产业布局、人口分布和城镇空间布局，形成赣粤、赣闽城镇密集区，推进赣南等区域山地城镇组团式发展。

《赣州市国民经济和社会发展第十三个五年规划纲要》提出，赣州市在"十三五"期间全力主攻工业，实施工业"强脊"工程，做强稀土钨新材料及应用产业。以赣州高新区、赣州经开区和相关工业园区为主平台，建设中国赣州"稀金谷"。以赣州高新区为主承载体，以产业集聚和转型升级为目标，注重科技创新平台和产业集群建设相结合，导入高新技术推动稀土、钨及其他稀有金属产业转型升级，打造稀土稀有金属产业高新技术集聚基地、创新工场和信息金融中心。对钨新材料及应用产业，依托赣州经开区、崇义产业园、大余工业园等平台，鼓励钨资源整合，做大做强钨业龙头企业，开发和生产多种晶型、超高纯、细晶仲钨酸铵、纳米级、超细粒和超粗级钨粉和碳化钨粉，异型钨材，高性能、高精度硬质合金及刀钻具等具有市场竞争力的高附加值产品，巩固全国钨矿及钨冶炼产品最大生产基地和集散地地位，建设国际知名的硬质合金及刀钻具产业基地。

近年来随着推动结构优化、动力转换和质量提升，全区经济运行呈现总体平稳、稳中提质的发展态势。据《赣县区 2018 年国民经济和社会发展统计公报》与《2019 年赣州市统计年鉴》核算，2018 年赣县区实现地区生产总值（GDP）187.59 亿元，同比上年增长 9.6%，增幅分别高出赣州市、江西省平均水平 0.3、0.9 个百分点，在赣州市居第 6 位。其中，第一产业增加值为 21.21 亿元，增长 3.9%；第二产业增加值为 108.17 亿元，增长 8.8%；第三产业增加值为 58.21 亿元，增长 13.8%。三次产业结构比由上年的 12.6∶57.4∶30.0 调整为 11.3∶57.7∶31.0。人均 GDP 为 33301 元，增长 11.3%。非公有制经济实现增加值 120.85 亿元，增长 9.4%，占 GDP 比例为 64.4%。

2012～2018 年赣县区社会经济指标见表 6-4。

3. 矿产资源

赣县区内建有国家级钨和稀土新材料高新技术产业化基地。矿业对本区经济发展贡献较大,是本区工业主导产业,是实现"十三五"规划"主攻工业、三年翻番"工业强脊发展战略的重要引擎之一。

1) 矿业产值

2015 年,赣县区矿业及其延伸产业总产值约为 202.16 亿元,占全区规模以上工业企业总产值的 67.45%。其中,矿山企业产值约为 0.37 亿元(其中:采掘企业产值为 0.16 亿元,采选(冶)企业产值为 0.21 亿元),矿业延伸企业产值约为 201.79 亿元(其中:钨冶炼硬质合金加工业产值为 82.47 亿元,稀土稀有分离冶炼生产加工业产值为 67.83 亿元,其他有色金属冶炼加工业产值为 29.39 亿元,水泥建材类产业产值为 11.86 亿元,陶瓷玻璃类产业产值为 4.52 亿元,氟盐化工锂电新材料等产值为 5.72 亿元)。

矿业及其延伸产业的利税约为 16.16 亿元,占全区规模工业企业利税的 70.14%。矿业及其延伸产业企业从业人数 8379 人(其中矿业从业人数 2090 人)。

2) 矿产资源现状

赣县区位于南岭(东段)成矿带的雩山成矿亚带与武夷成矿带交接复合区,成矿地质条件优越,是国家级钨、稀土矿资源基地之一。矿产资源较丰富的有离子型稀土(占全省保有量 12.85%),矿产资源分布一般的矿种(全省占比)有铋(7.13%)、锂(5.19%)、砂金(3.51%)、锡(伴生占 4.12%)、钼(1.01%),以及钨、铜等矿种,潜力大的有钽铌(锂)、高岭土(陶瓷黏土)、硅石(脉石英)、长石、饰面用石材(花岗岩、大理岩)等矿种。

截至 2015 年年底,本区已发现各类有用矿产 69 种,查明有资源储量的有 51 种,主要有煤、铜、铅、锌、钨、锡、铋、钼、铌、钽、锂、铍、金、稀土、萤石、长石、石英、高岭土、灰岩等矿种。矿(床)点 73 个,列入资源储量表的矿区 43 个(已开采矿区 31 个)、矿种 30 种(已开采矿种 25 种),大中型矿产地 5 个(钨、稀土矿各 2 个、高岭土矿 1 处,均为中型)、小型 38 个。2015 年年底主要矿产资源储量见表 6-5。

从矿产资源可供性及保障程度分析,稀土、钨、高岭土矿资源较丰富,属主要和优势矿种;铜、钼、铅锌等矿产资源较紧缺,萤石、长石等几近枯竭。水泥用灰岩、饰面用石材等非金属矿产和矿泉水等液体矿产勘查开发潜力较大。从加工延伸产业对矿产品的需求分析,铜、铅、锌、锡、锂等有色金属,萤石等非金属产量低,需要依靠外购解决,钨和稀土矿受开采配额限制,未能满足本地加工业需求,需要外购解决。

赣县区矿产资源的基本特点表现为:一是稀土(高钇重稀土、中钇富铕稀土)、钨分布较集中,资源量较大,已成为国家级稀土及钨资源基地;二是高岭土、陶瓷土(瓷石)、硅石(脉石英)、钾长石、萤石、水泥用灰岩、饰面用石材等,开采技术条件好,便于精准扶贫开发利用,形成新的矿业经济增长点;三是矿泉水、地热等资源勘查开发潜力大、远景好;四是钨、铜等大部分有色金属矿产为易采易选矿床。不足之处:一是多数有色金属矿共/伴生组分多,综合利用程度偏低;二是具有开发利用潜力的高岭土、硅石、长石等非金属矿产勘查程度低，查明资源储量少。

3）勘查现状

截至 2015 年年底，本区有效勘查许可证共 47 个，其中详查 4 个，其余均为普查。勘查区总面积 224.61km²，占全区总面积 7.5%。部级发证 5 个，包括铀和稀土、铜各 1 个、钼多金属 2 个，其余均为省级发证。探矿证数量、矿种、面积等见表 6-6。

勘查矿种以钨、铜、钼等有色金属和金矿为主，共 41 个，占 87.23%。其中，钨矿主要分布在长洛，金矿分布在阳埠，钼（铋）、铜、铅、锌等主要分布长洛—阳埠、白石—石芜等地区，钽铌分布在牛岭坳-九窝一带，均隶属雩山成矿带范围。

4）开发利用现状

矿产资源开发利用现状：截至 2015 年年底，全区已开发利用的矿种有 24 种，以稀土、钨、钼、铋、铜、普通萤石、煤为主，矿种利用率为 34.78%。尚未利用的矿种有金（砂金）、钽、铌、锂、陶瓷土及饰面用石材等。

矿山数量及开采现状：截至 2015 年年底，全区采矿许可证总数共 104 个，采矿证总面积 27.90km²，占全区面积的 0.93%。大型矿山 1 个（高岭土矿）、中型矿山 6 个（钨矿山 1 个、稀土矿山 2 个、砖瓦页岩 3 个），其余均为小型。国土资源部发证矿山数 1 个（长坑钨矿）；江西省国土资源厅发证矿山数 19 个，包括钨矿 3 个、铜矿 2 个、钼矿 2 个、铋 1 个、稀土矿 7 个、煤矿 4 个。市级发证矿山数 10 个，包括普通萤石矿 3 个、制灰用灰岩 1 个、水泥用灰岩 1 个、水泥用脉石英 1 个、高岭土 1 个、长石 2 个、矿泉水 1 个。县发证矿山数 74 个，包括建筑用石料 26 个、砖瓦用黏土（页岩）48 个。

2015 年，全区 104 个矿山企业中，有 76 个停产，10 个筹建，18 个在生产。全年开采矿石总量 33.40 万 t，其中，采选冶矿山（稀土）年产矿石量 1.24 万 t，采选矿山年产矿石量 13.03 万 t，采掘坑采年产矿石量 1.57 万 t，采掘露采矿山年产矿石量 13.60 万 t，矿泉水等液体矿产的年开采量 3.96 万 t。

矿产延伸产业冶炼、加工业现状：根据全区 40 余家规模以上矿产品冶炼、加工企业相关资料统计，2015 年矿产品加业总产值 201.79 亿元，占全区规模以上工业总产值 64.56%。全区已形成了以钨、稀土等有色金属冶炼、精深加工制造为特色的矿业工业体系。

5）矿山地质环境现状

赣县区矿产开采历史悠久，积累了一定的矿山地质环境问题，主要是矿山在基建和采矿过程中，造成地形、地貌景观、植被、耕地的破坏和损毁，厂矿设施、固体废弃物的堆放、地面塌陷及次生地质灾害等导致的土地占用和损毁等。截至 2015 年年底，矿山累计占用和损毁的土地总面积达 3017hm²，其中历史遗留矿山面积为 1142hm²。

截至 2015 年年底，剩余还需治理的矿山占用和损毁的土地面积为 1458hm²，其中历史遗留矿山面积为 232hm²。剩余还需复垦的土地面积为 361hm²，其中历史遗留矿山 186hm²。剩余还需治理的废石堆放量为 208.60 万 t，尾砂存放量为 322.77 万 t。

表6-4 赣县区各年份社会经济指标

年份	综合		农业	工业		国内贸易	对外经济		财政		金融	
	生产总值/亿元	增长速度/%	粮食产量/万t	规模以上工业增加值/亿元	比上年增长/%	社会消费品零售总额/亿元	出口总额/万美元	进出口总额/万美元	财政总收入/亿元	一般公共预算收入/亿元	金融机构期末存款余额/亿元	金融机构期末贷款余额/亿元
2012	104.92	13.4	20.06	47.45	18.0	19.76	20030	27012	12.80	7.01	118.31	71.11
2013	115.88	11.4	19.76	52.50	13.9	22.56	23132	31652	15.74	9.93	134.45	76.25
2014	125.55	10.0	19.65	64.68	11.0	26.32	25561	35081	18.62	14.12	144.29	88.87
2015	132.57	9.2	19.23	71.22	7.5	28.84	27189	35964	20.57	17.38	163.90	107.62
2016	146.37	9.3	19.33	77.30	9.4	32.73	27568	36672	21.19	16.94	207.71	144.17
2017	165.22	9.2	19.22	—	9.5	36.91	—	—	22.04	15.34	248.65	183.94
2018	187.59	9.6	17.89	—	9.1	37.01	—	—	24.79	15.78	276.47	204.36

表6-5 赣县区主要矿产资源储量一览表

序号	矿产名称	大中型矿产地数/个	矿产地数/个	保有资源储量	查明资源储量	保有资源储量占全省比例/%
1	煤炭	4	4	350.20万t	582.50万t	0.26
2	铜			0.89万t	1.93万t	0.09
	铜（伴生）	—	—	0.49万t	0.59万t	0.54
3	锌（伴生）	—	—	1.44万t	2.48万t	0.28

续表

序号	矿产名称	矿产地数/个	大中型矿产地数/个	保有资源储量	查明资源储量	保有资源储量占全省比例/%
4	钨	3	2	1.13 万 t	1.96 万 t	0.58
	白钨	1		1.30 万 t	3.05 万 t	2.13
5	钨（伴生）	—		0.11 万 t	0.11 万 t	4.12
	锡（伴生）	—		0.12 万 t	0.12 万 t	7.13
6	铋	1		0.22 万 t	0.22 万 t	1.01
	铋（伴生）	—		0.005 万 t	0.15 万 t	
7	钼	4		0.37 万 t	0.39 万 t	0.05
	钼（伴生）	—		0.19 万 t	0.24 万 t	
8	氧化铌（伴生）	—		45 t	45 t	0.47
9	氧化钽（伴生）	—		222 t	222 t	5.19
10	氧化锂（伴生）	—		2 t	2 t	0.36
11	氧化铍（伴生）	—		135 t	135 t	3.51
12	银（伴生）	1		1 t	1 t	0.15
13	银（伴生）	—		13 t	13 t	
14	重稀土矿（原生）	1	1	0.86 万 t	0.86 万 t	2.58
15	离子型重稀土	3		0.55 万 t	0.83 万 t	10.27
16	离子型轻稀土	7	1	4.55 万 t	4.80 万 t	0.34
17	普通萤石	3		5.54 万 t	5.74 万 t	

续表

序号	矿产名称	矿产地数/个	大中型矿产地数/个	保有资源储量	查明资源储量	保有资源储量占全省比例/%
18	长石	2		2.96 万 t	3 万 t	0.16
	长石（伴生）	—		1 万 t	1 万 t	0.10
19	水泥用灰岩	2		377.75 万 t	384.22 万 t	1.71
20	饰面用大理岩	—		2.92 万 m³	2.92 万 m³	1.84
21	玻璃用脉石英	5		41.68 万 t	41.68 万 t	1.16
22	高岭土	1	1	197.72 万 t	239.33 万 t	1.01
23	矿泉水	1		120m³/d	120m³/d	

表 6-6　赣县区探矿权基本情况一览表

属性数据		钨	铜	钼（铍）	铅	锌	稀土	钽铌（钽）	金	铀	普通萤石	长石	合计
部发证	数量/个		1	2			1			1			5
	面积/km²		18.29	24.49			21.59			6.97			71.34
省发证	数量/个	2	17	7（1）	5	2		1（1）	4		1	1	42
	面积/km²	9.63	61.95	29.1	26.16	4.33		6.83	13.1		1.6	0.57	153.27
合计	数量/个	2	18	10	5	2	1	2	4	1	1	1	47
	面积/km²	9.63	80.24	53.59	26.16	4.33	21.59	6.83	13.1	6.97	1.6	0.57	224.61

4. 水资源概况

1) 水资源量

A. 降水量

根据 2018 年《赣县区水资源公报》，2018 年赣县区年平均降水量 1354.7mm，折合降水总量 405462 万 m³，比上年增加 9.6%，与多年平均值相比减少 7.8%，属于水量枯水年份。

按行政区统计，2018 年降水量最大为长洛乡 1532.6mm；最小为王母渡镇 1163.2mm。与多年平均比较，仅沙地镇、南塘镇增加，其中沙地镇增幅为 0.3%，南塘镇增幅为 0.7%。其余各乡镇均减少，减幅最大为王母渡镇，达 21.3%，减幅最小的为三溪乡镇，为 0.8%。两个河流代表站：平江翰林桥站降水量 1421.5mm、桃江居龙滩站降水量 1457.5mm，降水量年内分配不均，代表站降水主要集中在 5~8 月，连续 4 个月降水量为当年降水量的 50%。2018 年赣县区雨量代表站降水量如表 6-7 所示。

表 6-7 2018 年赣县区雨量代表站降水量 （单位：mm）

河流名	站名		降水量						
			1 月	2 月	3 月	4 月	5 月	6 月	7 月
平江	翰林桥	2018 年	117.0	19.5	129.0	29.5	84.0	235.5	117.5
		多年平均	69.1	113.4	189.2	202.3	242.2	234.4	124.0
桃江	居龙滩	2018 年	165.0	31.0	118.5	28.5	197.0	241.0	128.0
		多年平均	66.4	114.2	188.0	188.1	240.0	226.1	114.6

河流名	站名		降水量					
			8 月	9 月	10 月	11 月	12 月	年降水量
平江	翰林桥	2018 年	263.0	61.5	144.0	154.0	67.0	1421.5
		多年平均	129.6	103.7	75.4	55.0	44.9	1583.2
桃江	居龙滩	2018 年	194.5	80.0	80.0	133.0	61.0	1457.5
		多年平均	151.7	104.4	68.0	52.1	46.9	1560.5

B. 地表水资源量

地表水资源量指河流、湖泊等地表水体逐年更新的动态水量，用天然河川径流量表示。2018 年，赣县区地表水资源量为 148300 万 m³，折合年径流深 495.5mm，比多年平均减少 36.4%。出入境流量为实测净流量，2018 年赣县区出境水量为 3241064 万 m³，其中从贡江出境水量为 1372606 万 m³，从赣江出境水量为 1868458 万 m³；赣县区入境水量为 3108164 万 m³，其中从平江入境水量为 110700 万 m³，从贡江入境水量为 847406 万 m³，从桃江入境水量为 325800 万 m³，从赣江入境水量为 1824258 万 m³。

C. 地下水资源量

地下水资源量指降水、地表水体（含河道、湖泊、渠系和渠灌田间）入渗补给地下含水层的动态水量，山丘区地下水主要以河川基流形式排泄，总排泄量作为地下水资源量。

2018 年，赣县区地下水资源量为 47300 万 m³，地下水全部为降水入渗产生。

D. 水资源总量

水资源总量指当地降水形成的可供利用的地表水、地下水水量，不包括过境水量，采用河川径流量加不重复量的办法计算。2018 年，赣县区水资源总量为 148300 万 m³，比多年平均减少 36.4%。

E. "河长制"水资源情况

赣县区主要河流有平江、桃江、赣江（赣县区河段）。其中，赣江（赣县区河段）为市级河长制负责河流。2018 年，平江水资源量为 15040 万 m³，桃江水资源量为 19067 万 m³，赣江（赣县区河段）水资源量为 28722 万 m³。

2) 水资源利用

A. 水利工程概况

2018 年赣县区有中型水库 2 座，年末大型水库蓄水总量为 6700 万 m³，比年初增加 1800 万 m³；小（一）型水库 7 座，年末小（一）型水库蓄水总量为 389 万 m³，比年初增加 80 万 m³。

B. 供水量

供水量指各种水源工程为用户提供的包括输水损失在内的水量，按地表水源、地下水源和其他水源（污水处理回用和集雨工程供水量）统计。

2018 年赣县区总供水量为 24500 万 m³。其中地表水源供水量为 22497 万 m³，占 91.82%；地下水源供水量为 1503 万 m³，占 6.14%；其他水源供水量为 500 万 m³，占 2.04%。在地表水源供水中，蓄水工程供水 15597 万 m³，引水工程供水 6900 万 m³。供水水源类型占比见图 6-1。

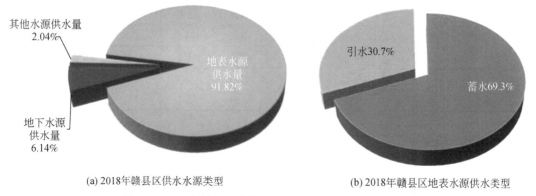

(a) 2018年赣县区供水水源类型   (b) 2018年赣县区地表水源供水类型

图 6-1 2018 年赣县区水资源公报统计供水水源类型比例

C. 用水量

用水量指分配给用户的包括输水损失在内的水量，按用户特性分成生产用水、生活用水和生态环境用水三类。

2018 年，赣县区用水总量为 24500 万 m³，其中地下水用水量为 1503 万 m³，占用水总量的 6.1%。农田灌溉用水量为 15029 万 m³，工业用水量为 4359 万 m³，城镇公共用水量为 799 万 m^3，城镇居民生活用水量为 1694 万 m^3，农村居民生活用水量为 991 万 m^3，林牧渔畜用水量为 1328 万 m^3，生态环境用水量为 300 万 m^3。

赣县区用水量所占比例：农田灌溉用水占 61.3%，工业用水占 17.8%，城镇公共用水占 3.3%，居民生活用水占 11.0%，林牧渔畜用水占 5.4%，生态环境用水占 1.2%。

D. 耗水量

耗水量指在输、用水过程中，通过蒸腾、蒸发、土壤吸收、产品吸附、居民和牲畜饮用等多种途径与形式消耗，不能回归到地表水体或地下含水层的水量。

2018 年，赣县区用水消耗量为 13378 万 m^3，综合耗水率 54.6%。其中农田灌溉耗水量为 8582 万 m^3，耗水率为 57.1%；林牧渔畜耗水量为 1197 万 m^3，耗水率为 90.1%；工业耗水量为 1946 万 m^3，耗水率为 44.6%；建筑业耗水量为 161 万 m^3，耗水率为 80%；服务业耗水量为 153 万 m^3，耗水率为 65%；生态环境耗水量为 244 万 m^3，耗水率为 80%。

E. 废污水排放量

2018 年，赣县区废污水排放量为 4148 万 t。其中，城镇居民生活废水排放量为 1252 万 t，占总排放量的 30.2%；第二产业废水排放量为 2449 万 t，占总排放 59.0%；第三产业废水排放量为 447 万 t，占总排放 10.8%。

3）水资源质量评价

A. 河流水质

总体水质：区内主要江河设有 6 个水质监测站，其中 4 个为保留区、1 个为城市饮用水源地、1 个为工业用水区，按月对其水质水量进行同步监测，评价河长 182.4km。

水质监测分析评价项目主要有理化指标、无机阴离子、营养盐及有机污染综合指标、金属及其化合物等 29 个。

依据《地表水资源质量评价技术规程》（SL 395—2007）、《地表水环境质量标准》（GB 3838—2002），采用单因子指数法评价，按全年各水质站所代表河长水质类别计算，Ⅱ类水质占 69.8%，Ⅲ类水质占 28.2%，Ⅳ类水质占 2.0%。

主要特点：汛期Ⅱ类水质占 100%，非汛期Ⅱ类水质占 87.8%，Ⅲ类水质占 12.2%，汛期水质优于非汛期。

2018 年水质评价结果与上年相比较，Ⅱ类、Ⅲ类水质比例增加 2.0%；Ⅳ类水质比例减少 2.0%，总体水质优于上年。

监测评价主要河流为贡江、平江、桃江，评价总河长 182.4km。其中，贡江评价河段长 90.5km，桃江评价河段长 64.9km。各河流汛期和非汛期水质状况见表 6-8。

表 6-8　赣县区内各河流汛期、非汛期水质状况表　　　　　　（单位:%）

流域	水期	Ⅱ类	Ⅲ类	Ⅳ类	Ⅴ类	劣Ⅴ类
贡江	全年	100	0.0	0.0	0.0	0.0
	汛期	100	0.0	0.0	0.0	0.0
	非汛期	100	0.0	0.0	0.0	0.0

流域	水期	Ⅱ类	Ⅲ类	Ⅳ类	Ⅴ类	劣Ⅴ类
	全年	100	0.0	0.0	0.0	0.0
平江	汛期	100	0.0	0.0	0.0	0.0
	非汛期	100	0.0	0.0	0.0	0.0
	全年	100	0.0	0.0	0.0	0.0
桃江	汛期	100	0.0	0.0	0.0	0.0
	非汛期	100	0.0	0.0	0.0	0.0

B. 集中式饮用水源地水质

每月对贡江赣县区饮用水源区进行监测评价，全年水质合格率为100%。

C. 水功能区水质

全年监测评价区内6个水功能区，达标水功能区6个，达标率为100%；水功能区评价总河长为182.4km，达标河长为182.4km，达标河长占评价河长的100%。

4）水资源开发利用现状

A. 现状用水效率

2018年，全区用水总量为24500万 m^3，万元工业增加值用水量为46m^3，万元GDP用水量为131m^3，农田灌溉亩均用水量为593m^3，农田灌溉水有效利用系数为0.511。

赣县区人均用水量为434m^3，万元国内生产总值用水量为131m^3。2018年赣县区与赣州市用水水平对比结果详见表6-9。

表6-9 2018年赣县区与赣州市用水水平对比情况表

行政区名称	人均用水量/m^3	万元国内生产总值用水量/m^3	生活人均日用水量/L			万元工业增加值用水量/m^3	农田灌溉亩均用水量/m^3	林果灌溉亩均用水量/m^3	鱼塘补水亩均用水量/m^3
			城镇居民	城镇公共	农村居民				
赣县区	434	131	158	75	100	46.0	593	195	235
赣州市	392	121.3	158	65	100	45.2	568	195	235

B. 水资源承载能力状况

2018年，对赣县区地表水水功能区水质和达标状况进行评价（表6-10、表6-11），用水总量控制指标为26100万 m^3，用水总量占用水总量控制指标的比例为94%，说明赣县区水资源承载状况处于临界状态。

6.1.2 黄婆地矿区概况

1. 矿区位置及概况

黄婆地钨锌多金属矿矿区位于江西省赣县区内，赣县区南东123°方位，地处赣县区、于都县交界处，行政区划属赣县区韩坊镇。地理坐标：115°12′00″～115°13′37″E，25°38′

表 6-10　2018 年赣县区地表水水功能区水质评价成果表

水功能区名称	河长/km	水质目标	1月	2月	3月	4月	5月	6月	7月	8月	9月	10月	11月	12月
									水质评价					
贡江于都—赣县保留区	19.8	Ⅲ	Ⅱ	Ⅱ	Ⅱ	Ⅱ	Ⅱ	Ⅱ	Ⅱ	Ⅱ	Ⅱ	Ⅱ	Ⅱ	Ⅱ
贡江赣县饮用水源区	4.2	Ⅱ-Ⅲ	Ⅱ	Ⅱ	Ⅱ	Ⅱ	Ⅱ	Ⅱ	Ⅱ	Ⅱ	Ⅱ	Ⅱ	Ⅱ	Ⅱ
贡江赣县工业用水区	22.0	Ⅳ	Ⅱ	Ⅱ	Ⅱ	Ⅱ	Ⅱ	Ⅱ	Ⅱ	Ⅱ	Ⅱ	Ⅱ	Ⅱ	Ⅱ
赣江万安水库赣县保留区	44.5	Ⅲ	Ⅲ	Ⅲ	Ⅱ	Ⅱ	Ⅱ	Ⅱ	Ⅱ	Ⅱ	Ⅱ	Ⅱ	Ⅲ	Ⅱ
平江兴国—赣县保留区	27.0	Ⅲ	Ⅱ	Ⅱ	Ⅱ	Ⅱ	Ⅱ	Ⅱ	Ⅱ	Ⅱ	Ⅱ	Ⅱ	Ⅱ	Ⅱ
桃江信丰—赣县保留区	64.9	Ⅲ	Ⅱ	Ⅱ	Ⅱ	Ⅱ	Ⅱ	Ⅱ	Ⅱ	Ⅱ	Ⅱ	Ⅱ	Ⅱ	Ⅱ

表 6-11　2018 年赣县区地表水水功能区水质达标状况

水资源分区			水功能区		水期	个数达标评价				河流长度达标评价		
一级区	二级区	三级区	一级区	二级区		规划个数	评价个数	达标个数	个数达标率/%	评价河长/km	达标河长/km	河长达标率/%
长江	鄱阳湖		保留区		全年	4	4	4	100	156.2	156.2	100
					汛期	4	4	4	100	156.2	156.2	100
					非汛期	4	4	4	100	156.2	156.2	100
			一级区小计		全年	4	4	4	100	156.2	156.2	100
					汛期	4	4	4	100	156.2	156.2	100
					非汛期	4	4	4	100	156.2	156.2	100

水资源分区		水功能区		水期	个数达标评价					河流长度达标评价		
一级区	二级区	一级区	二级区		规划个数	评价个数	达标个数	个数达标率/%		评价河长/km	达标河长/km	河长达标率/%
长江	鄱阳湖	开发利用区	饮用水源区	全年	1	1	1	100		4.2	4.2	100
				汛期	1	1	1	100		4.2	4.2	100
				非汛期	1	1	1	100		4.2	4.2	100
			工业用水区	全年	1	1	1	100		22	22	100
				汛期	1	1	1	100		22	22	100
				非汛期	1	1	1	100		22	22	100
		二级区小计		全年	2	2	2	100		26.2	26.2	100
				汛期	2	2	2	100		26.2	26.2	100
				非汛期	2	2	2	100		26.2	26.2	100

06″～25°39′00″N。现采矿权范围面积为 0.3977km²，申请采矿权扩界后范围面积为 2.445km²。自矿区沿县乡水泥公路约 60km 至赣州市，与 105、323 国道，昆（明）厦（门）高速赣州至瑞金段，以及京九铁路等通往全国各地，交通较方便。

黄婆地钨锌多金属矿矿区有石英脉型黑钨矿、夕卡岩型白钨矿及冲积黑钨砂矿等几种钨矿类型。黄婆地钨锌多金属矿于 1956 年由赣县小坪乡黄婆地矿业社进行统一开拓采矿，1964 年划归赣州精选厂管辖，1969 年 4 月归入赣县钨矿，1993 年黄婆地矿厂、小坪锌铋厂、小坪矿点合并成立赣县黄婆地矿业开发有限公司。由于矿山规模小，采选工艺落后，回收单一的钨精矿和少量铜粗矿，且回收率极低，2006 年 12 月经赣州市矿业权交易中心实施公开挂牌转让，赣县世瑞新材料有限公司取得该矿区的开采权和经营权。矿山于 2007 年开始建设，2009 年试生产，2010 年投产；公司投入 3000 万元对采矿系统和选矿工艺流程进行全面改造，现建有一座日处理 1600t（两条 800t／日生产线）生产能力浮选厂，并展开伴生金属的综合回收。井下采用平窿–盲斜井–溜井联合开拓方式，650m 中段为主平窿。井下各系统均已形成。现开有七个中段，分别为 765m、740m、720m、700m、675m、650m、625m 中段。

该区属中低山区，被丛山包围，地势高耸，沟谷发育，海拔在 650～1200m。气候属亚热带海洋性山地气候，温暖潮湿，植被茂盛，年平均降水量在 1500～1700mm，且多集中于 4～6 月。该区经济以农业为主，兼顾商贸，盛产竹木。矿产种类有钨、锌、铋、钼、石灰岩等，除夕卡岩型钨矿外，其他大多得以开发利用，曾成为该区的重要经济来源，对当地人民生活水平的提高起了很大作用。

2. 矿区地质

矿区在区域上地处新华系于山构造带与崇义—瑞金东西向构造带交汇部位。矿区出露地层主要为石炭系和二叠系，以及沿低洼区分布的第四系。构造有褶皱和断裂，大埠岩体出露于矿区西侧。其中石炭系下统梓山组分布于矿区东部与黄婆地矿交界处，走向北东、北北东，倾向南东，局部倾向西，倾角一般 30°～45°。主要由一套砂岩、细砂岩、含钙砂岩及钙质粉砂岩、砂质板岩等组成。由于受燕山期花岗岩侵入的影响，地层发生了不同程度的热力变质和交代蚀变作用，多形成致密块状的热蚀变角岩及斑点状角岩；钙质及含钙岩石则发育强度不等的夕卡岩化，进而交代形成白钨（铅锌）夕卡岩矿体，如 SK7、SK9 等矿体即赋存在此地层（或与花岗岩接触带）中。

区内褶皱属小垒—黄婆地背斜之一部分，轴向 SN，褶皱两翼狭窄，岩层倾角为 50°，东翼稍宽，岩层倾角较缓，为 25°～35°。区内断裂较为发育，成矿前和成矿后两种断裂表现较为明显。前者是矿液移运和交代沉淀的良好通道及场所，后者则对矿床起到一定的破坏作用。

3. 矿石质量

该矿区于 1918 年由民工采石英脉钨矿发现，矿区石英脉型黑钨矿及砂钨矿已采完，主要产品为黑钨矿、伴生回收辉铋矿、辉钼矿。1955 年发现的夕卡岩型白钨矿化为矿区目前主要的保有资源。

区内夕卡岩为主要钙铁辉石夕卡岩，主要非金属矿物为钙铁辉石与少量石榴石共生，次要非金属矿物有石英、符山石、硅灰石、透闪石、透辉石、方解石、绿帘石、阳起石、长石、绢云母、绿泥石等；主要金属矿物为白钨矿，伴生有黄铜矿、黄铁矿、辉钼矿、磁黄铁矿、闪锌矿、黑钨矿等。区内夕卡岩型钨矿床产于外接触带具有含钙层位的石炭系中，距花岗岩体较近（约500m），顺层热液交代强烈，广泛发育钙铁辉石、石榴石、硅灰石和透辉石等夕卡岩矿物及钨与硫化物金属矿物，因而该矿床应属接触交代–热液夕卡岩型矿床，有益组分源于花岗岩浆期后热液带入充填交代而成。

6.2　选矿废水利用现状及存在的主要问题

6.2.1　矿区水资源利用现状

矿山资源开发过程中，主要污染源有井下涌水、废石场废水、尾矿库溢流水、采矿废石和选矿尾矿；废水主要污染物是悬浮物、铜、铅、锌、铬（六价）、镉、砷；对环境的影响主要表现为废水和固体废物对水体、植被和土壤的影响等生态问题。

井下采用平窿–盲斜井–溜井联合开拓方式，650m中段为主平窿。井下各系统均已形成。现开有七个中段，分别为765m、740m、720m、700m、675m、650m、625m中段。井下涌出水各中段有沉淀池，澄清后满足井下各中段生产用水，剩余排出。高中段的水自流到650m中段，低中段的水用水泵抽至650m中段，流至650m窿口沉淀池，抽至选厂高位水池，用于选厂用水。水量不足时取黄婆地小溪水补充满足生产用水。剩余水量经废水处理系统，处理达标后外排至黄婆地小溪。生活用水取用山泉水，经微动力水处理系统，外排至黄婆地小溪。

6.2.2　选矿废水水量指标分析

矿山用水水量平衡图见图6-2，按年产1.5万t钨锌多金属矿计，废水平均排放量为818.78m^3/d。按全年生产300天，每天生产20h计，确定废水处理系统按照现有生产规模的处理流量为40.93m^3/h，年产生废水量约24.56万t。

其中，废石堆废水是指废石堆场产生的废水，只有下雨时才有。井下涌水是指井下采矿岩石裂缝渗水，涌水量约为1500m^3/d。从黄婆地小溪引水水量为400m^3/d，年引水量约为12万t。经由选厂沉淀池沉淀和净化后又重新投入选矿流程中回用的水量有6122.42m^3/d，为污水处理回用量，年回用量约183.67万t。选厂沉淀池中没有进行回用的剩余废水则经过处理，达到排放标准后重新排放至黄婆地小溪，这部分选矿废水排放量约为818.78m^3/d，年排放量约为24.56万t。选矿废水回用率为88.20%。

6.2.3　选矿废水水质指标分析

根据江西省南环检测技术有限公司对赣县世瑞新材料有限公司黄婆地钨锌多金属矿废

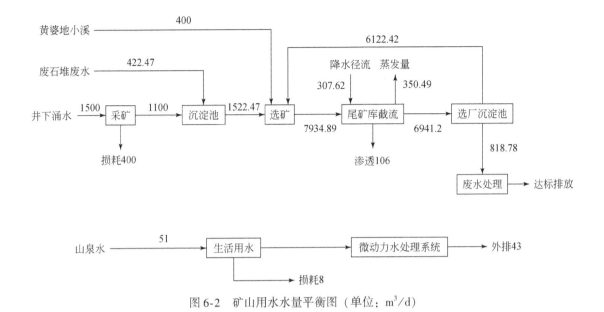

图 6-2 矿山用水水量平衡图（单位：m³/d）

水排放口水质检测，有 2018 年 8 月～2020 年 7 月共 17 次的月度水质检测资料，涉及地表水 12 项指标。具体检测结果见表 6-12 所示。

17 次检测中总排水口废水的 pH、化学需氧量、氨氮、悬浮物、氟化物、硫化物、铜、锌、铅、镉、镍、砷等监测指标均低于《污水综合排放标准》（GB 8978—1996）中所规定的污染物最高允许排放浓度，即按照现有规定，废水排放全部符合污水排放标准。根据"十四五"规划建设与桃江支流流域综合规划的有关要求，要将位于桃江支流尚汶河上的凯悦水库作为饮用水源地，为保证饮用水源地水质不受选矿废水的影响，在满足污水排放标准的基础上，则需要对选矿废水进行更深度的水质处理，以达到《地表水环境质量标准》（GB 3838—2002）Ⅲ类以上。

按照《地表水环境质量标准》（GB 3838—2002），在 17 次月度水质检测结果中，现状废水排放水质的 pH 有 1 次检测未达到地表水Ⅲ类标准，其余 16 次检测均达标。化学需氧量和氟化物分别有 9 次和 15 次检测未达到地表水Ⅲ类标准，氨氮有 1 次检测未达标。其余铜、镉、硫化物、锌、砷、铅等污染物在 17 次检测中全部可以满足地表水Ⅲ类及以上标准要求。

6.2.4 现状选矿废水水质评价及利用建议

根据黄婆地钨锌多金属矿废水排放口水质第三方检测资料，其中《地表水环境质量标准》（GB 3838—2002）中地表水 24 项指标仅有 10 项检测数据（表 6-12），整体看水质检测资料不全面，非常欠缺，需加强持续性监测。

根据指标检测结果，钨矿排放废水中氟化物超标最为严重，17 次检测中有 15 次未达标。金属冶炼中产生的含氟废水及处理含氟废气的洗涤水，排入周边河流环境后，均会对

表6-12 赣县世瑞新材料有限公司黄婆地钨锌多金属矿废水总排放口水质检测结果

指标类型	监测指标	2018年8月	2018年9月	2018年11月	2018年12月	2019年2月	2019年3月	2019年4月	2019年5月	2019年9月	2019年10月	2019年11月
地表水24项	水温/℃											
	pH	7.25	7.73	7.37	7.33	7.32	8.23	7.72	7.28	7.74	7.81	7.35
	溶解氧/(mg/L)											
	高锰酸盐指数/(mg/L)											
	化学需氧量/(mg/L)	8	13	9	7	5	12	27	25	6	10	43
	五日生化需氧量/(mg/L)											
	氨氮/(mg/L)	0.079	0.249	0.119	0.169	0.158	0.205	0.888	0.395	0.131	0.266	0.291
	总磷/(mg/L)											
	总氮/(mg/L)											
	铜/(mg/L)	ND	ND	ND	ND	ND	ND	ND	ND	ND	ND	ND
	锌/(mg/L)	ND	ND	ND	ND	ND	ND	ND	ND	ND	ND	ND
	氟化物/(mg/L)	0.81	2.32	3.51	2.96	2.36	0.14	1.87	2.73	2.59	2.92	4.65
	硒/(mg/L)											
	砷/(mg/L)	ND	ND	ND	ND	ND	ND	ND	ND	ND	ND	ND
	汞/(mg/L)	ND	ND	ND	ND	ND	ND	ND	ND	ND	ND	ND
	镉/(mg/L)	0.0001	ND	0.0002	0.0006	ND	0.0003	ND	0.006	ND	ND	ND
	铬（六价）/(mg/L)	ND	ND	ND	ND	ND	ND	ND	ND	ND	ND	ND
	铝/(mg/L)	ND	ND	0.002	0.004	ND	ND	ND	ND	ND	ND	ND
	氰化物/(mg/L)											
	挥发酚/(mg/L)											
	石油类/(mg/L)											
	阴离子表面活性剂/(mg/L)											
	硫化物/(mg/L)	0.006	0.006	ND	ND	ND	ND	0.014	ND	ND	ND	ND
	粪大肠菌群/(个/L)	ND	ND	ND	ND	ND	ND	ND	ND	ND	ND	ND

续表

指标类型	监测指标	2019年12月	2020年1月	2020年3月	2020年5月	2020年6月	2020年7月	污水综合排放标准		地表水环境标准限值		
								一级	二级	I类	II类	III类
地表水24项	水温/℃									周平均最大温升≤1，温降≤2		
	pH	7.8	10.05	6.48	7.34	7.6	7.83	6~9		6~9		
	溶解氧/(mg/L)									≥7.5	≥6	≥5
	高锰酸盐指数/(mg/L)									2	4	6
	化学需氧量/(mg/L)	70	77	29	44	46	33	100	150	15	15	20
	五日生化需氧量/(mg/L)							20	30	3	3	4
	氨氮/(mg/L)	0.072	0.372	0.118	2.201	0.641	0.474	15	25	0.15	0.5	1.0
	总磷/(mg/L)								0.1	0.02	0.1	0.2
	总氮/(mg/L)									0.2	0.5	1.0
	铜/(mg/L)	ND	ND	0.05	0.05	0.05	0.05	0.5	1.0	0.01	1.0	1.0
	锌/(mg/L)	ND	ND	0.05	0.05	0.05	0.05	2.0	5.0	0.05	1.0	1.0
	氟化物/(mg/L)	9.18	4.52	2.33	3.64	3.45	3.57	10		1.0	1.0	1.0
	硒/(mg/L)	ND	ND	0.007	0.007	0.007	0.007			0.01	0.01	0.01
	砷/(mg/L)	ND	0.0002	0.0005	0.0023	0.002	0.0012	0.5		0.05	0.05	0.05
	汞/(mg/L)								0.05	0.00005	0.00005	0.0001
	镉/(mg/L)	ND	ND	0.004	0.004	0.001	0.001	0.1		0.001	0.001	0.005
	铬（六价）/(mg/L)							1.5		0.01	0.05	0.05
	铅/(mg/L)							1.0		0.01	0.01	0.05
	氰化物/(mg/L)							0.5		0.005	0.05	0.2
	挥发酚/(mg/L)								0.5	0.002	0.002	0.005
	石油类/(mg/L)							5	10	0.05	0.05	0.05
	阴离子表面活性剂/(mg/L)	0.104	0.017	0.005	0.042	0.005	0.005			0.2	0.2	0.2
	硫化物/(mg/L)	0.017						1.0		0.05	0.1	0.2
	粪大肠菌群/(个/L)							500	1000	200	2000	10000

注：ND为未检出。

水体和土壤造成不同程度的污染,严重威胁动物和人类的身体健康和生命安全。建议安装并完善除氟设备,利用沉淀法、电化学法和吸附法等环保处理方法对废水进行处理,降低废水中氟及其化合物的含量。

氨氮超标会导致水体中溶解氧浓度降低,水质下降,对水生动植物的生存造成影响。水中氮素含量太多会导致水体富营养化,进而堵塞滤池,缩短滤池运转周期,从而增加水处理的费用。建议利用传统生物脱氮法、氨吹脱法、离子交换法、氧化法等方法降解氨氮。

化学需氧量高,意味着水中含有大量还原性物质,其中主要是有机污染物。这些有机污染物可在江底被底泥吸附而沉积下来,在今后若干年内对水生生物造成持久的毒害作用。建议把污水处理厂、污水管网、污泥处理、再生水利用作为污水处理工程不可或缺的组成部分,实施系统建设;并将发挥污水处理厂运营实效作为优先领域,实现从建设为主向运行维护为主的转变。

6.3 选矿废水的控制与处理

6.3.1 选矿废水的来源与危害

选矿是矿物资源工业的第二道工艺,选矿生产通常包括碎磨、选别和脱水等三道工序。常用的选矿方法为重选法、磁选法、浮选法和联合选矿法。选矿废水主要为洗矿废水、破碎系统废水、选矿废水和冲洗废水。这些废水具有以下几个特点:①水量大,占整个矿山采选废水量的34%～79%,浮选法1t原矿石废水排放为原矿石的3.5～4.5倍,浮选-磁选法1t原矿石废水排放量为原矿石的15～20倍;②废水的悬浮物主要是泥沙和尾矿粉,由于粒度极细,呈细分散的近胶态,不易自然沉降,另外尾砂粉中含有重金属元素,在酸、碱和其他生化作用下,重金属元素易溶出,造成重金属元素污染;③选矿废水中含有各种选矿药剂(如黑药、黄药、硫化钠、煤油、氰化物和有机药剂),一定量的金属离子及氟、砷等污染物,若不进行处理,危害极大。

选矿环节废水中含有大量重金属离子,如铬、铅、汞及其他重金属元素,若直接排放或处理不当,不仅会造成金属资源的流失,而且会对流域内的土壤环境和水环境造成严重污染,直接或间接影响当地正常的生物链体系。此外,废水中的硫醇类、氰化物等有害有机物对人体的神经系统和肝脏系统有很大的毒性,民众长期饮用该类水源会严重影响肝肾功能。黄药类有毒物质对鱼的毒性非常大,在短时间内会杀死大部分幼鱼。

6.3.2 选矿废水处理方法

目前国内选矿废水处理和综合利用方法废水的处理方法很多,一般将废水处理方法归纳为物理法、化学法、生物法、人工湿地法等。

物理法是利用物理作用处理废水的方法。例如，采用重力沉降法和混凝沉淀法可除去选矿废水中的悬浮颗粒。

化学法是利用化学反应的作用处理废水。例如，采用中和法处理矿山和选矿厂的酸碱废水，在废水中投入适量的中和剂，就能中和废水中的重金属离子，重金属离子与中和剂发生反应生成氢氧化物，通过沉淀处理，使废水达到排放标准。

生物法是利用微生物自身的净化功能，为微生物创造适宜的生存条件，与废水中的重金属离子发生氧化反应。由于微生物能够在适宜的环境下自我繁殖，用这种方法处理废水能够达到满意的效果。

人工湿地法是较为安全的处理技术之一，通过人造技术栽培水土和植物，为废水处理打造自然化废水处理环境，该方法也是利用土壤中的微生物及自然环境处理废水。人工湿地法建造及运维成本低，其废水处理能耗几乎为零，操作极其简单。该种方法并没有被大量推广使用，一是受到矿区面积的影响，建造人工湿地需要大量的土地面积；二是矿区周边的自然环境较差，建造人工湿地成本较高。

随着我国科技进步与高分子材料行业飞速发展及环境管理意识的提高，也出现了一些新的选矿尾矿废水处理方法，如膜分离法、电化学技术、微生物燃料电池技术和源头治理技术等。

6.3.3 黄婆地矿区废水处理工艺流程

以石灰与聚丙烯酰胺（PAM）作为混凝剂，与选矿废水充分混合后进入尾矿库进行混凝沉淀处理，选矿废水经过尾矿库初次沉淀去除绝大部分悬浮物后，其溢流为碱性水，再添加少量聚合氯化铝（PAC）作为絮凝剂除去残余悬浮物，最后用酸将废水 pH 回调至 6~9 后外排。选矿废水处理工艺流程见图 6-3。

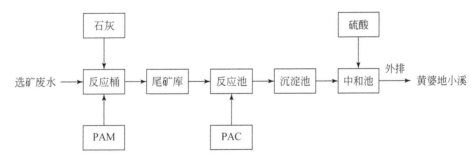

图 6-3 选矿废水处理工艺流程图

6.4 选矿废水综合利用方案

6.4.1 基本思路

根据桃江流域水资源特点，在对选矿废水进行优化配置时，需要对区域内的水资源状况进行充分的调查分析，从公平的角度出发，坚持全局性、整体性和综合性的原则，采取以供定需、水质和水量并重的思路，充分考虑社会、经济、生态三大效益，在水资源系统和社会经济系统之间寻求合理的平衡，力求在保护生态环境的基础之上实现资源的合理配置、高效利用和有效保护，推动水资源的可持续利用和社会经济的持续发展。形成集"原水少取—场内循环—场外减排—区域利用"的流域多金属矿选矿废水循环回用与减污增效技术示范方案。

6.4.2 利用原则

矿区选矿废水资源利用在依据《全国水资源综合规划技术大纲（细则）》《中华人民共和国水法》《中华人民共和国水污染防治法》《中华人民共和国水土保持法》等有关水资源保护的法律法规基础上，还应遵循如下原则：

（1）贯彻落实国家新时期的治水方针，在现有水源调研、评价基础上，尊重现实、因地制宜、分清阶段、明确目标；遵循合理开发、科学治水、优化利用、提高用水效率最大化。

（2）根据规划矿区自然条件和所在地域的特点，必须考虑周边地区工农业、水环境、居民用水等非水利措施的原则，并提供多方效能，取得综合效果，积极创建和谐社区，搞好煤矿和地方之间的关系。

（3）根据矿区总体发展战略目标与生产现状，以科技为依托，统筹兼顾，整体布局，有序规划，技术论证、分步实施，矿区内避免各类治水及水利工程重复建设。

（4）矿区水资源规划方案应纳入如循环经济等新理念，在常规给水工程基础上，按照水资源循环经济利用的减量化、再利用、再循环的原则，提高水资源循环利用率，减少新鲜水用量，杜绝外排污水。

（5）从多方面选择有效的规划措施，既要为矿区经济发展服务，又要为矿区改善生态环境服务；既要兼顾矿区范围内的水资源保护措施，又要考虑可用水量最大化；既要组合设计各类水处理工程实施措施，也要制定取水、配水、用水运行管理等非工程措施。

（6）矿区布局设置一般分生产区和生活区两大区域，供水系统大多数两个区域相对独立，有的为同一个系统，但做规划设计时必须坚持一并整体考虑。

6.4.3 利用方案

根据"十四五"规划的有关要求，形成区域选矿废水再生利用与调控技术和示范，将选矿废水纳入区域水资源统一配置，要将位于桃江支流尚汶河上的小型水库（水电站）——凯悦水库扩建为中型水库，作为饮用水源地。

矿区选矿废水循环回用工程建设的主要途径有选矿废水替代常规水源工程、雨水集蓄工程、尾矿库废水利用工程和生活污水再利用工程。

1）选矿废水替代常规水源工程

矿区常规地面水源工程主要取自黄婆地小溪引水。根据矿山选矿水平衡图，目前矿山选厂尾矿沉淀池排水绝大部分可以直接回用于生产，选矿废水回用率达到 88.20%，但每年仍有 24.56 万 t 的选矿废水需外排。而黄婆地小溪年引清水量约 12 万 t，因此从矿区污水零排放的规划目标出发，采用外排水替代小溪引水的方案，每年尾矿沉淀库排放的废水量可以完全替代选矿补充的黄婆地小溪清水引用量。

2）雨水集蓄工程

考虑利用雨水集蓄等地表水利用措施，因地制宜对降水进行收集、汇流和存储，作为补充矿区生产用水的新水源。

3）尾矿库废水利用工程

矿山在露天开采过程中会排弃大量的废石堆存于废石场，受空气及细菌的影响，在下雨时会产生含有多种金属离子的废石堆废水，呈酸性。酸性废水可经过中和法、反渗透法、硫化法、金属置换法、萃取法、吸附法、浮选法等方式处理后进行再回收利用。

4）生活污水再利用工程

矿区生活区产生的生活污水水质特征是化学需氧量和生物需氧量等值较小，经一般处理后可作为生产用水等进行回用，因此生活污水对矿区也是一种不可忽视的再生水资源，应加以规划后重新利用。

矿区采用终端污水处理技术及污水零排放技术，利用外排水替代小溪引水，可使矿区水资源利用形成闭路循环系统，不仅可以进行废水的进一步回收利用，提高选矿废水回用率；还可以节约当地水利局收取的河道引水水资源费和引水管道及工程费用投资；更可以在一定程度上实现选矿废水资源化综合利用，对黄婆地小溪及桃江流域的生态和社会环境都将起到一定的积极作用。

若用选矿废水替代清水源后仍有剩余部分必须外排，则为保证凯悦水库与杨雅水库的饮用水源地水质要求，应达到《地表水环境质量标准》（GB 3838—2002）中地表水环境标准限值Ⅲ类以上才可允许排放。根据国家节水行动实施方案和"十四五"规划的有关要求，在符合水质要求、保障河湖生态系统健康稳定的前提下，应当把深度处理后的达标选矿废水纳入全区水资源统一配置，用好用足。

6.4.4 主要措施

1. 水质污染防治措施

为了解决矿山废水造成的危害，必须采取各种措施和方法，严格控制废水排放，减少废水对周围环境的污染。

1）改革生产工艺，尽量减少废水排放量

污染物质是从一定的工艺过程产生出来的，因此改革工艺以杜绝或减少污染物的排放量是最根本、最有效的途径。例如，选矿厂可采用无毒药剂代替有毒药剂，选择污染程度小的选矿工艺，大大减少选矿废水中的污染物质。国外已采用无氰浮选工艺，我国也有不少单位正在开展氰化物及重铬酸盐等剧毒药剂代用品的研究，并取得一定的成效，如广东某铅锌矿用无毒浮选工艺，采用硫酸锌代替氰化钠，不仅减少了污染和危害，而且也提高了选矿厂的经济效益。

2）循环用水，一水多用

采用循环供水系统，使废水在一定的生产过程中多次重复使用，既能减少废水的排放量、减轻环境污染，又能减少新水补充，节省水资源，解决日益紧张的供水问题。

3）矿区地下水资源保护

加强采矿过程中对地下水资源的保护措施，留设足够有效的防水煤岩柱；井巷掘进工作在接近含水层、导水断层时，必须打超前钻孔探水，在井下有突水危险的地区附近设置水闸门或闸墙；在掘进工作面或其他地点发生明显突水征兆或大量涌水时，应立即停止工作，采取相应的保护措施，确保含水层不受破坏。采用矸石或水砂充填采空区或改变采矿工艺，降低导水裂隙带高度，减轻对地下含水层的影响。

2. 选矿废水循环利用

尾矿水作为选矿厂最大的废水源，回收利用程度直接制约着整个选矿生产过程，尾矿水经过净化处理后回水再用，既可以解决水源短缺，减少动力消耗，又可以解决对环境的污染。

现有选矿废水处理方法是尾矿沉淀池回水，将选矿废水排入尾矿沉淀池后，尾矿水中所含水一部分留在沉积尾矿的空隙中，一部分经坝体池底流等渗透到池外，另一部分在池面蒸发。尾矿池沉淀池回水就是把预留的那部分澄清水回收，供选矿厂使用。尾矿沉淀池回水的优点是回水的水质好，有一部分雨水径流在尾矿沉淀池内调节，因此有时回水量会增多。缺点是回水路管较长，动力消耗大；且沉淀在沉淀池底部的尾矿砂，需要经常清除，花费大量人力，因此选厂规模大或者生产年限长时，不宜采用沉淀池回水。

为了尽可能提高尾矿循环水的利用率，以达到闭路循环，可采用以下两种尾矿回水方法。

1）浓缩池回水

由于选矿厂排出的选矿废水浓度一般较低，为节省新水耗，可在选厂内或选厂附近修建尾矿浓缩池或倾斜板浓缩池等回水设施进行尾矿脱水。尾矿砂沉淀在浓缩池底部，澄清池由池中溢出，并送回选矿厂再用。浓缩池的回水率一般可达40%～70%以上。大型选矿厂或重力选矿厂，采用浓缩池回水，一方面，可在浓缩池中取得大量回水，减少水源的负担；另一方面，降低了尾矿的流量，减少了尾矿输送的能源消耗。

2）尾矿干排

尾矿干排指经选矿流程输出的尾矿浆经多级浓缩后，再经脱水振动筛等高效脱水设备处理，把矿石中的有价物质提取之后的废渣（即尾矿）制备成含水率（质量百分比）10%±2%的物料形成含水小、易沉淀固化和利用场地堆存的矿渣，矿渣可以转运至固定地点进行干式堆存。尾矿干排未来将是回水再用的主要方法之一。

6.5 小 结

矿山在矿产资源开采加工过程中会排出大量的选矿废水，形成矿山环境的重要污染源。随着经济社会的快速发展，未来对矿产资源需求仍然较大。在进一步加大矿产资源勘查开发力度的前提下，如何用好选矿废水成为目前面临的重要问题。将选矿废水治理后进行资源化利用，是改善矿区生态环境、确保流域水系河畅水清的重要手段，也是将矿产资源绿色开发与水资源保护、经济社会高质量发展相协调的必然要求。本案例根据赣县区水资源统一配置有关要求，对桃江流域的水资源特点状况进行评价，评估赣州黄婆地钨锌多金属矿区水资源开发利用的现状，分析矿区选矿废水的水质与水量指标，提出选矿废水综合利用的建议。主要成果如下：

（1）形成集"原水少取—场内循环—场外减排—区域利用"的流域多金属矿选矿废水循环利用与减污增效技术示范方案。

（2）从矿区开发利用建设规划层面提出了选矿废水再生利用的方案。从矿区污水零排放的规划目标出发，采用非传统水源工程替代地面水源工程，利用外排水全部替代黄婆地小溪引水。若用选矿废水替代清水源后仍有剩余部分必须外排，则必须保证凯悦水库与杨雅水库的饮用水源地水质要求。

（3）提出控制废水排放、提高循环水利用率的工程措施，如改革生产工艺、采用循环供水系统、采用浓缩池回水、尾矿干排等回水方法，提高尾矿水回收利用程度。

（4）根据国家节水行动实施方案和"十四五"规划的有关要求，未来我国选矿废水资源的净化和综合利用必将进一步加强。为此，需要做好以下几方面的工作：①加强水质持续性监测与处理；②研究选矿废水利用的备选方案，如果下游建备用水源地，选矿废水处理后仍达不到水源地水质要求而不能排放，则要研究选矿废水的其他出路作为备选方案，以确保饮用水源地水质不受影响；③选矿废水属于非常规水源，水资源量小且主要由矿产部门管理，基本没有纳入区域水资源系统进行统一配置，影响选矿废水资源的利用效率，需要加强矿产与水利等部门之间的协调。

| 第 7 章 | 结论与建议

本书对矿井水合理调配理论与模式进行了系统性探讨，形成以下主要结论与建议：

（1）我国每年产生大量矿井水，但纳入区域水资源统一配置的水量较少，今后要下大力气推进矿井水区域调配。

（2）矿井水区域合理调配要统筹考虑区域水资源条件、社会经济及工程条件、矿井水量质特征及处理技术和政策要求。

（3）矿井水纳入区域水资源统一调配包括四个基本环节，分别为矿井水预测及可利用量分析、需水调查分析、原水资源配置方案复核和新水资源配置方案制订。

（4）矿井水纳入区域水资源统一调配有四类基本模式，分别为矿山企业自用、园区循环利用、区域内优化配置和跨区域综合调配。各地应当立足实际，利用基本模式组合形成具有本地特色的矿井水优化配置模式。

（5）补充矿区及所在地区生态环境用水是矿井水利用的重要方向，基于区域降水丰枯变化预测，科学计算配置生态需水量，可以显著增加水资源配置的科学性与可操作性。

（6）针对榆横矿区北区新建井田多、矿井水丰富但生态脆弱的特点，构建了基于长期降水预报的生态需水量计算模型，构建将矿井水与常规水、再生水联合用于工业、农业及生态的多水源、多用户、多目标的矿井水生态配置模型，形成基于生态修复的区域矿井水优化配置示范方案，可在干旱半干旱矿区复制推广。

（7）针对纳林河矿区与呼吉尔特矿区矿井水富余与湖泊生态退化并存的特点，科学测算湖泊生态需水量及补水量，系统复核乌审旗水资源配置方案，提出湖泊生态补水的水资源保障方案，可在干旱地区矿区复制推广。

（8）针对平朔矿区矿井水排放少、煤矿用水量大的特点，科学测算煤矿涌水量和矿井水可利用量，分析不同水平年供需水形势，提出矿井水综合利用措施方向，形成了"煤矿小循环和园区大循环"的矿井水综合利用集成示范方案，可在煤炭资源已大规模开发的半干旱半湿润矿区复制推广。

（9）针对黄婆地矿区水资源丰富、区域供水保障程度高的特点，分析选矿废水处理流程中存在的水质与水量问题，提出水质污染防治和选矿废水再生利用的措施方向，形成了集"原水少取—场内循环—场外减排—区域利用"的流域多金属矿选矿废水循环利用与减污增效技术示范方案，还水于河，还水于清，可在半湿润与湿润地区有色金属矿区复制推广。

（10）加快建立矿井水合理调配与综合利用制度体系，包括实行配额制、引导社会资本参与、实行合同管理模式、加强计量监控、建立风险管理机制等。建议修订《中华人民共和国水法》，制定《资源综合利用法》《节约用水条例》等，体现上述要求。

参 考 文 献

《中国河湖大典》编纂委员会.2014.中国河湖大典·黄河卷.北京：中国水利水电出版社.

安鑫.2009.西安市节水型社会建设的水资源优化配置及评价研究.西安：长安大学.

陈酩知，刘树才，杨国勇.2009.矿井涌水量预测方法的发展.工程地球物理学报，6（1）：68-72.

成波，李怀恩，徐梅梅.2017.西安市农业灌溉水效益分摊系数及效益的时间变化研究.水资源与水工程
  学报，28（1）：244-248.

丁贤法，李巧媛，胡国贤.2010.云南省近500年旱涝灾害时间序列的分形研究.灾害学，25（2）：
  76-80.

董文君，曹学章，胡丽丽.2011.白洋淀湿地生态需水量计算.中国科技信息，（11）：23-25.

杜敏铭，邓英尔，许模.2009.矿井涌水量预测方法综述.四川地质学报，29（1）：70-73.

段俭君，徐会军，王子河.2013.相关分析法在矿井涌水量预测中的应用.煤炭科学技术，41（6）：114-
  116，176.

冯平，王仁超.1997.水文干旱的时间分形特征探讨.水利水电技术，（11）：48-51.

甘圣丰，乔伟，雷利剑，等.2018.招贤矿井水文地质特征及涌水量预测研究.煤炭科学技术，46（7）：
  210-217.

郭小砾.2007.基于社会经济发展的西安市水资源优化配置研究.西安：长安大学.

国家发展和改革委员会，水利部.2019-04-15.发展改革委 水利部关于印发《国家节水行动方案》的通
  知.http://www.gov.cn/gongbao/content/2019/content_5419221.htm.

何芬奇，刘宝良，杨之兵，等.2018.初论内蒙古泊江海子矿持续补水对桃-阿海子生境恢复之效益.湿
  地科学与管理，14（1）：29-32.

何绪文，李福勤.2010.煤矿矿井水处理新技术及发展趋势.煤炭科学与技术，38（11）：17，22，52.

何绪文，张晓航，李福勤，等.2018.煤矿矿井水资源化综合利用体系与技术创新.煤炭科学技术，
  46（9）：4-11.

何云雅.2005.天津市水资源合理配置研究.天津：天津大学.

贺晓浪，蒲治国，丁湘，等.2020.矿井涌水量预测方法的改进及结果准确性判定.煤炭科学技术，
  48（8）：229-236.

侯光才，张茂省.2008.鄂尔多斯盆地地下水勘查研究.北京：地质出版社.

侯威，杨杰，赵俊虎.2013.不同时间尺度下气象旱涝强度评估指数.应用气象学报，24（6）：695-703.

虎维岳，闫丽.2016.对矿井涌水量预测问题的分析与思考.煤炭科学技术，44（1）：13-18，38.

华解明.2009."大井法"预测矿井涌水量问题探讨.中国煤炭地质，21（6）：45-47.

黄炽元.1993.关于玛纳斯河5～6月径流超长期预报的探讨.石河子农学院学报，（2）：17-20.

黄欢.2016.矿井涌水量预测方法及发展趋势.煤炭科学技术，44（S1）：127-130.

黄会平，张昕，张岑.2007.1949～1998年中国大洪涝灾害若干特征分析.灾害学，（1）：73-76.

黄茹，解建仓，王伟.2009.西安市涝河流域水资源供需平衡分析.水资源与水工程学报，（3）：75-78.

金朝辉，李文龙，李秀斌，等.2016.月球赤纬角与丰满水库来水规律研究.东北水利水电，34（4）：
  41-42.

赖民基,方成荣.1959.改良盐碱地的排水设施.水利学报,(3):53-66.

李亮,黄强,肖燕,等.2005.DPSA和大系统分解协调在梯级水电站短期优化调度中的应用研究.西北农林科技大学学报(自然科学版),33(10):125-128.

李文龙,郭希海,窦建云.2014.丰满流域2010年特大洪水、特丰水年的天文背景研究.中国大坝协会学术年会2014年学术年会论文集.

李文龙,金朝辉.2016.厄尔尼诺事件与丰满水库来水规律研究.东北水利水电,34(12):30-32.

李文龙,彭卓越,张丽丽,等.2016.基于厄尔尼诺现象研究的丰满水库径流预测.人民黄河,38(11):13-15,22.

李文鹏,郝爱兵.1999.中国西北内陆干旱盆地地下水形成演化模式及其意义.水文地质工程地质,(4):30-34.

李彦彬,黄强,徐建新,等.2008.河川径流中长期预测的支持向量机模型.水力发电学报,27(5):28-32.

李永康,陈方维,马开玉,等.2000.长江中下游夏季特大旱涝预测研究.水科学进展,11(3):266-271.

刘翠梅.2007.临界动力学的理论分析.北京:中国矿业大学出版社.

刘启蒙,胡友彪,张宇通,等.2017.矿井涌水量预测方法探讨.安徽理工大学学报(自然科学版),37(6):1-7.

刘清仁.1994.松花江流域水旱灾害发生规律及长期预报研究.水科学进展,5(3):319-326.

刘有昌.1962.鲁北平原地下水安全深度的探讨.土壤通报,(4):13-22.

刘壮壮,夏庆霖,汪新庆,等.2014.中国钨矿资源分布及成矿区带划分.矿床地质,33(S1):947-948.

娄溥礼,高志远.1960河南省七里营人民公社防止棉田土壤次生盐碱化综合措施的研究.水利学报,(4):1-15.

栾巨庆.1988.星体运动与长期天气地震预报.北京:北京师范大学出版社.

米财兴,张鑫.2015.青海省干旱灾害时间序列分形特征研究.灌溉排水学报,34(3):94-97.

牟兆刚,唐朝苗,梁叶萍,等.2018.基于涌水量探采对比的"大井法"公式修正.中国煤炭地质,30(10):61-63.

彭高辉,马建琴.2013.黄河流域干旱时序分形特征及空间关系研究.人民黄河,35(5):38-40.

彭苏萍,张博,王佟.2015.我国煤炭资源"井"字形分布特征与可持续发展战略.中国工程科学,17(9):29-32.

彭卓越,张丽丽,殷峻暹,等.2016.基于天文指标法的大渡河流域长期径流预测研究.中国农村水利水电,(11):97-100.

齐立德.2020.Q-S曲线法、"大井法"在平朔矿区井工三矿涌水量预测中的应用.世界有色金属,7:232-233.

邵东国.2012.水资源复杂系统理论.北京:科学出版社.

邵骏,袁鹏,张文江,等.2010.基于贝叶斯框架的LS-SVM中长期径流预报模型研究.水力发电学报,29(5):178-182,189.

宋炳煜.1997.草原群落蒸发蒸腾的研究.气候与环境研究,2(3):222-235.

宋明伟,张仁陟,李宗礼,等.2007.石羊河流域河流系统生态环境需水量概算.水土保持学报,(5):137-141.

孙旭.2010.浐灞河流域面向生态的水资源优化配置研究.西安:西安理工大学.

孙亚军,陈歌,徐智敏,等.2020.我国煤矿区水环境现状及矿井水处理利用研究进展.煤炭学报,

45（1）：304-316.

田山岗，尚冠雄，唐辛.2006.中国煤炭资源的"井"字型分布格局.中国煤田地质，18（3）：1-5.

王海宁.2018.中国煤炭资源分布特征及其基础性作用新思考.中国煤炭地质，30（7）：5-9.

王洪恩.1964.鲁西北地区地下水临界深度的探讨.土壤通报，（6）：29-32.

王建华，江东.2006.黄河流域二元水循环要素反演研究.北京：科学出版社.

王建华，王浩，秦大庸，等.2006.基于二元水循环模式的水资源评价理论方法.水利学报，（12）：
　　1496-1502.

王晓蕾.2020. 煤矿开采矿井涌水量预测方法现状及发展趋势. 科学技术与工程，20（30）：
　　12255-12267.

武选民，史生胜，黎志恒，等.2002.西北黑河下游额济纳盆地地下水系统研究（上）.水文地质工程地
　　质，29（1）：16-20.

冼传领.1964.中耕对防治棉田盐渍化的作用.土壤通报，（3）：48-49.

严登华 翁白莎.区域干旱形成机制与风险应对.北京：科学出版社.

杨永国，韩宝平，谢克俊，等.1995.用多变量时间序列相关模型预测矿井涌水量.煤田地质与勘探，6：
　　38-42.

游进军，甘泓，王浩.2005.水资源配置模型研究现状与展望.水资源与水工程学报，（3）：1-5.

余建星，蒋旭光，练继建.2009.水资源优化配置方案综合评价的模糊熵模型.水利学报，40（6）：
　　729-735.

袁长极.1964.地下水临界深度的确定.水利学报，（3）：50-53.

曾发琛.2008.西安市水资源供需平衡分析及优化配置研究.西安：长安大学.

张长青，吴越，王登红，等.2014.中国铅锌矿床成矿规律概要.地质学报，88（12）：2252-2268.

张光辉，刘中培，连英立，等.2009.华北平原地下水演化地史特征与时空差异性研究.地球学报，30
　　（6）：848-854.

张兰影，庞博，徐宗学，等.2013.基于支持向量机的石羊河流域径流模拟适用性评价.干旱区资源与环
　　境，27（7）：113-118.

张楠，王道席，郭欣伟，等.2021.黄河流域（片）煤矿矿井水开发利用潜力评价与开发利用模式分析.
　　北京：中国水利水电出版社.

赵宝峰，牛光亮，丁湘，等.2016.基于时空分区的矿井涌水量预测方法研究.煤炭技术，35（12）：
　　155-157.

赵文举.2013.基于多目标遗传算法的石羊河流域水资源优化配置模型.兰州理工大学学报，39（2）：
　　52-55.

郑金陵，林镜榆.2004.水库水情的长期预报方法研究.水科学进展，15（5）：665-668.

郑临奥，吴迪，张晶晶，等.2018.城市污水泵站改为河道生态补给站的实践总结.中国给水排水，
　　34（20）：92-96.

郑威，吕素琴.2008.超长期洪水预报方法研究.吉林水利，（4）：9-10.

中国大坝协会.2014.高坝建设与运行管理的技术进展//中国大坝协会.中国大坝协会2014学术年会论
　　文集.

朱晓华，王健.2003.中国洪涝灾害及其灾情的分形与自组织结构研究.防灾技术高等专科学校学报，
　　（1）：10-16.

朱愿福，王长申，李彦周，等.2014.改进的灰色系统理论预测矿井涌水量.煤田地质与勘探，42（4）：
　　44-49，54.

Bak P. 2013. How Nature Works: The Science of Self-organized Criticality. NewYork: Springer.

Chen S H, Huang Q X, Xue G, et al. 2016. Technology of underground reservoir construction and water resource utilization in Daliuta Coal Mine. Coal Science and Technology, 44 (8): 21-28.

Chui T F M, Low S Y, Liong S Y. 2011. An ecohydrological model for studying groundwater-vegetation interactions in wetlands. Journal of Hydrology, 409 (1-2): 291-304.

Daliakopoulos I N, Coulibaly P, Tsanis I K. 2005. Groundwater level forecasting using artificial neural networks. Journal of hydrology, 309 (1-4): 229-240.

Gu D Z. 2015. Theory framework and technological system of coal mine underground reservoir. Journal of China Coal Society, 40 (2): 239-246.

He X W, Xiao B Q, Wang P. 2002. Wastewater Treatment and Mine Water Resource Utilization. Beijing: China Coal Industry Publishing House.

He X W, Zhang X Y, Li F Q, et al. 2018. Comprehensive utilization system and technical innovation of coal mine water resources. Coal Science and Technology, 46 (9): 4-11.

Hobbins M T, Ramírez J A, Brown T C. 2004. Trends in pan evaporation and actual evapotranspiration across the conterminous US: Paradoxical or complementary? https://doi.org/10.1029/2004GL01984

Kou Y F, Zhu Z Y, Xiu H F, et al. 2011. Research on ecological use technology of highly mineralized mine water in Shendong mining area. China Water and Wastewater, 27 (22): 86-89.

Mo F, You Z M, Wu G Y, et al. 2009. Resourceful and comprehensive utilization of coal mine water resources. Coal Engineering, (6): 103-105.

Peterson T C, Golubev V S, Groisman P Y. 1995. Evaporation losing its strength. Nature, 377 (6551): 687-688.

Pisinaras V, Petalas C, Gikas G D, et al. 2010. Hydrological and water quality modeling in a medium-sized basin using the Soil and Water Assessment Tool (SWAT). Desalination, 250 (1): 274-286.

Rajurkara M P, Kothyarib U C, Chaubec U C. 2004. Modeling of the daily rainfall-runoff relationship with artificial neural network. Journal of Hydrology, 285: 96-113.

Ren H, Zhu S F, Wang X J, et al. 2020. Study on issues and countermeasures in coal measures mine water resources exploitation and utilization. Coal Geology of China, 32 (9): 9-20.

Rumelhart D E, Hinton G E, Williams R J. 1985. Learning internal representations by error propagation. California University, San Digeo, USA: Technical Report ICS-8506.

Rumelhart D E, Hinton G E, Williams R J. 1986. Learning representations by back-propagating errors. Nature, 323: 533-536.

Sudheer K P, Gosain A K, Ramasastri K S. 2002. A data-driven algorithm for constructing artificial neural network rainfall-runoff models. Hydrological Processes, 16 (6): 1325-1330.

Sun T C. 2003. Discussion on the development and utilization of mine water—The second resource in mining are. Water Resources Protection, (4): 22-23.

Tóth J. 1963. A theoretical analysis of groundwater flow in small drainage basins. Journal of Geophysical Research, 68 (16): 4795-4812.

Tóth J. 1999. Groundwater as a geologic agent: an overview of the causes, processes, and manifestations. Hydrogeology Journal, 7 (1): 1-14.

Tóth J. 2009. Gravitational Systems of Groundwater Flow: Theory, Evaluation, Utilization. Cambridge: Cambridge University Press.

Wang X J. 2019. Coalmine mine water resources study in China since 2014. Coal Geology of China, 31 (12): 85-

88，114.

Werbos P J. 1990. Backpropagation through time：What it does and how to do it. Proceedings of the IEEE, 78（10）：1550-1560.

Werbos P J. 1994. The Roots of Backpropagation：From Ordered Derivatives to Neural Networks and Political Forecasting. New York：John Wiley.

Wu T. 2020. Discussion on the distribution and development direction of mine water in abandoned coal mines in China. Coal and Chemical Industry, 43（1）：49-53，56.

Zhang C H, Lu W J, Zhao G F, et al. 2020. Summary of sustainable coalmine water treatment and resource utilization technology. Energy Science and Technology, 18（1）：25-30.